Python
趣味编程入门与实战

王　征　李晓波◎著

中国铁道出版社有限公司
CHINA RAILWAY PUBLISHING HOUSE CO., LTD.

内 容 简 介

本书首先讲解Python趣味编程的基础知识，如Python的由来、特色、下载、安装、环境配置；然后通过实例剖析讲解Python编程的基本数据类型、基本运算和表达式、选择结构、循环结构、海龟绘图、特征数据类型、自定义函数、面向对象程序设计；接着通过实例剖析讲解Python编程的文件和文件夹操作、日期与时间处理、GUI应用程序；然后通过实例剖析讲解Python的tkinter库绘制图形和制作动画、Matplotlib库绘制图形和制作动画、pygame游戏、计算机视觉，最后通过5个实用经典案例讲解Python编程实战方法与技巧。

在讲解过程中既考虑读者的学习习惯，又通过具体实例剖析讲解Python趣味编程中的热点问题、关键问题及各种难题。

本书适用于完全没有接触过编程的人群，更适用于大学生、Python或信息技术教师、计算机科学爱好者、青少年编程培训机构、校内相关社团、Python爱好者阅读研究使用。

图书在版编目（CIP）数据

Python趣味编程入门与实战/王征，李晓波著. —北京：中国铁道出版社有限公司，2019.9

ISBN 978-7-113-25932-7

Ⅰ.①P… Ⅱ.①王… ②李… Ⅲ.①软件工具-程序设计 Ⅳ.①TP311.561

中国版本图书馆CIP数据核字(2019)第119297号

书　　名：Python 趣味编程入门与实战
作　　者：王　征　李晓波

责任编辑：张亚慧　　　　**读者热线电话**：010-63560056
责任印制：赵星辰　　　　**封面设计**：MXK DESIGN STUDIO

出版发行：中国铁道出版社有限公司（100054，北京市西城区右安门西街 8 号）
印　　刷：北京铭成印刷有限公司
版　　次：2019 年 9 月第 1 版　　2019 年 9 月第 1 次印刷
开　　本：700 mm×1 000 mm　1/16　　**印张**：25　　**字数**：370 千
书　　号：ISBN 978-7-113-25932-7
定　　价：79.00 元

PREFACE
前　言

比尔·盖茨 13 岁开始学编程，后来他成了世界首富；马克·扎克伯格 10 岁开始学编程，后来他成了最年轻的亿万富翁；腾迅创始人马化腾、新浪创始人王志东、网易创始人丁磊，他们都是从编程做起；百度创始人李彦宏曾放弃优越的工作条件，深入研究枯燥的计算机程序，创建的百度成为目前最大的中文搜索引擎。

牛津大学在 2013 年曾发布过一份报告指出，未来 20 年里会有将近一半的工作可能被机器取代。而现在“人类是主宰机器人，还是被机器人反制”这种话题一再被提及，假如现在不学习编程，就像20年前不会打字、上网一样。

2014年英国把图形化编程纳入5岁以上小朋友的必修课；在法国，编程被纳入了初等义务教育的选修课程；在北欧国家如芬兰、爱沙尼亚也把编程作为一门非常重要的义务教育学科；在美国，编程已进入幼儿园和中小学课堂，是备受欢迎的课程之一；在我国，青少儿编程也越来越流行起来，并且在中小学阶段设置相关课程，这是一个重要的发展方向。

2017 年 7 月，中国国务院提出新一代人工智能国家战略，在国家层面对人工智能进行定位，其中提到：“实施全面智能教育项目，在中小学阶段设置人工智能相关课程，逐步推广编程教育，鼓励社会力量参与寓教于乐的编程教学软件、游戏的开发和推广。”

Python 诞生之初就被誉为最容易上手的编程语言。进入火热的 AI 人工智能时代后，它也逐渐取代 Java，成为编程界的头牌语言。

| 内容结构

本书共 16 章，具体章节安排如下：

- 第 1 章：讲解Python编程的基础知识，如Python的由来、特色、下载、安装、环境配置。
- 第 2 章到第 8 章：讲解 Python 编程的基本数据类型、基本运算和表达式、选择结构、循环结构、海龟绘图、特征数据类型、自定义函数、面向对象程序设计。

- 第 9 章到第 11 章：讲解 Python 编程的文件和文件夹操作、日期与时间处理、GUI 应用程序。
- 第 12 章到第 15 章：讲解 Python 编程的 tkinter 库绘制图形和制作动画、Matplotlib 库绘制图形和制作动画、pygame 游戏、计算机视觉。
- 第 16 章：通过 5 个实用经典案例讲解 Python 编程实战方法与技巧。

| 内容特色

本书的特色归纳如下：

- （1）实用性：本书首先着眼于 Python 编程中的实战应用，然后再探讨深层次的技巧问题。
- （2）详尽案例：附有大量的例子，通过这些例子介绍知识点。每个例子都是作者精心选择的，只需反复练习，举一反三，就可以真正掌握 Python 编程中的实战技巧，从而学以致用。
- （3）全面性：包含 Python 中的所有知识，分别是 Python 的下载安装及配置、基本数据类型、基本运算和表达式、选择结构、循环结构、海龟绘图、特征数据类型、自定义函数、面向对象程序设计、文件和文件夹操作、日期与时间处理、GUI 应用程序、tkinter 库绘制图形和制作动画、Matplotlib 库绘制图形和制作动画、pygame 游戏、计算机视觉。

| 适合读者

本书适用于完全没有接触过编程的人群阅读，更适用于大学生、Python 或信息技术教师、计算机科学爱好者、青少年编程培训机构、校内相关社团、Python 爱好者阅读研究。

| 创作团队

本书由王征、李晓波编写，以下人员对本书的编写提出过宝贵意见并参与部分编写工作，他们是周凤礼、周俊庆、张瑞丽、周二社、张新义、周令、陈宣各。

由于时间仓促，加之水平有限，书中的缺点和不足之处在所难免，敬请读者批评指正。

编　者

2019 年 6 月

| 目 录 |

CONTENTS

第 1 章

Python 编程快速入门

科学研究表明，人的大脑在 3 岁可以发育到 60%，5~10 岁正是孩子大脑发育的黄金阶段。此时，大脑对外部环境感知将会转变为逻辑连接。8~18 岁亦是孩子抽象逻辑思维形成期。在这一阶段让孩子学习编程，一方面是新知识吸收较快，另一方面也是掌握了新技术，为青少年未来的学习和职业生涯夯实基础。

本章主要内容包括：

- 青少年编程的重要性
- Python 的发展历程
- 人工智能的研究与应用领域
- Python 的特点
- Python 的下载和安装
- Python 的环境变量配置
- 编写 Python 程序

1.1 编程的重要性

近几年，国内外掀起了一股计算机编程学习浪潮。欧美国家将计算机编程能力作为与阅读、写作、算术能力并列的四大基本能力之一。编程的重要性主要表现在 4 个方面，分别是可以与智能时代同步、可以参与世界竞争、可以激发无限的创造力、可以把握世界上最好的机会。

1.1.1 学习编程可以与智能时代同步

不管你承不承认，人工智能的浪潮已经到来。虽然对于普通人来说，人工智能（AI）看似高深、距离甚远，但它们最终都体现在近在眼前的各种产品中，比如手机、智能音箱、语音助手、搜索引擎、机器人等。

要实现人工智能，计算机编程是其核心组成部分，必不可少。人工智能 = 智能增强 + 智能架构 + 自动算法。智能增强是指利用智能来帮助我们提高工作效率，节省时间和资源的消耗；智能架构是指智能的基础设施，包括 IOT 的万物互联；自动算法是指实现智能的核心算法。

2017 年 7 月，中国国务院新一代人工智能国家战略的提出，在国家层面对人工智能进行了定位，其中提到“实施全面智能教育项目，在中小学阶段设置人工智能相关课程，逐步推广编程教育，鼓励社会力量参与寓教于乐的编程教学软件、游戏的开发和推广。”

现在，我们每天上京东、淘宝、天猫购物，用滴滴打车，用支付宝、微信付款，用百度地图导航，用 12306 手机 APP 购买火车票，用携程订购酒店，等等。生活当中这些我们早已习以为常的智能手机、软件 APP，以及作为纽带的互联网，无不依赖我们人类编写的程序驱动，我们这个世界是被软件驱动和掌控的。学习计算机编程，我们可以更好地理解软件、理解世界的运行规律，更快地接受新事物。

1.1.2 学习编程可以参与世界竞争

当前世界，全球一体化已成为世界共识。地区与地区之间，国家与国家之间，经济与经济体之间的交流和接触日益频繁，资源和信息的流动变得前所未有的畅通。随着全球化步伐的不断迈进，我国的年轻人已经和世界各国的年轻人走到了同一个舞台上，需要和全球同龄人去竞争。出国留学和全球就业已然成为当前和未来时代教育和就业的重要趋势，也离我国青少年越来越近。

我们熟悉的，如微软的比尔盖茨从 13 岁、Facebook 的扎克伯格从 10 岁、战胜世界冠军的围棋程序 AlphaGo 的缔造者杰米斯从 8 岁，就开始学习计算机编程，各自成为时代的精英。

1.1.3 学习编程可以激发无限的创造力

苹果公司 CEO 史蒂夫・乔布斯曾说："国家的每个人都应该学会计算机编程，因为它能教会你如何思考。"

麻省理工学院 MIT 教授米切尔・雷斯尼克说："编程能够帮助人们构架起已有技能之间的桥梁，激发孩子们无限的创造力。"

在编程过程中，你会不断发现自己思维存在的缺陷和问题，并着手去进行完善和解决。将这种编程逻辑应用到日常生活中，应用到读书写作中，你将会有新的收获。

例如，现在要写一篇议论文，但感到无从下手，我们就可以按照编程的方式将问题分解——是想不到论点，还是没有支持的论据？论点不足应该怎么办，论据不足又该怎么办？你手头有哪些工具可以利用？你期待写成什么样子？明确问题之后再将它们逐个击破，问题也就得到了解决。

1.1.4 学习编程可以把握世界上最好的机会

对于很多高薪职业和热门领域来说，编程是一个必不可少的技能。国内外知名互联网公司，如国内的百度、阿里巴巴、腾讯、华为、国外的谷歌、Facebook、推特等，对计算机编程高手的需求非常迫切。

科学研究领域，如计算机科学、信息科学、控制科学、电子科学、航天科学、智能科学等科学研究基本上都离不开计算机编程，各种算法、模型、系统等都需要编程研究和探索实现。

社会各行各业，小到人们的衣食住行，大到国家层面都需要大量的智能信息系统，如电子商务网上商城、饭店酒店的管理系统、交通管理控制系统、军队的指挥信息系统等，这些都离不开编程设计。

1.2 初识 Python 语言

Python 是一个高层次的结合了解释性、编译性、互动性和面向对象的脚本语言。该语言的设计具有很强的可读性，相比其他语言经常使用英文关键字，其他语言的一些标点符号，它具有比其他语言更有特色的语法结构。

1.2.1 Python 的发展历程

Python 的创始人为 Guido van Rossum。1989 年圣诞节期间，在阿姆斯特丹，Guido 为了打发圣诞节的无趣，决心开发一个新的脚本解释程序，作为 ABC 语言的一种继承。之所以选中 Python（大蟒蛇的意思）作为该编程语言的名字，是因为他是一个叫 Monty Python 的喜剧团体的爱好者。

ABC 是由 Guido 参加设计的一种教学语言。就 Guido 本人来看，ABC 这种语言非常优美和强大，是专门为非专业程序员设计的。但是 ABC 语言并没有成功，究其原因，Guido 认为是其非开放造成的。Guido 决心在 Python 中避免这一错误。同时，他还想实现在 ABC 中闪现过但未曾实现的东西。

就这样，Python 在 Guido 手中诞生了。可以说，Python 是从 ABC 发展起来，主要受到了 Modula-3（另一种相当优美且强大的语言，为小型团体所设计的）的影响。并且结合了 Unix shell 和 C 语言的习惯。

Python 已经成为最受欢迎的程序设计语言之一。2011 年 1 月，它被 TIOBE 编程语言排行榜评为 2010 年度语言。自从 2004 年以后，Python 的使用率呈线性增长。

由于 Python 语言的简洁性、易读性以及可扩展性，在国外用 Python 做科学计算的研究机构日益增多，一些知名大学已经采用 Python 来教授程序设计课程。例如卡耐基梅隆大学的编程基础、麻省理工学院的计算机科学及编程导论就使用 Python 语言讲授。众多开源的科学计算软件包都提供了 Python 的调用接口，例如著名的计算机视觉库 OpenCV、三维可视化库 VTK、医学图像处理库 ITK。而 Python 专用的科学计算扩展库就更多了，例如如下 3 个十分经典的科学计算扩展库：NumPy、SciPy 和 Matplotlib，它们分别为 Python 提供了快速数组处理、数值运算以及绘图功能。因此 Python 语言及其众多的扩展库所构成的开发环境十分适合工程技术、科研人员处理实验数据、制作图表，甚至开发科学计算应用程序。

1.2.2 Python 的特点

Python 具有 10 项明显的特点，具体如下：

（1）易于学习：Python 有相对较少的关键字，结构简单，和一个明确定义的语法，学习起来更加简单。

（2）易于阅读：Python 代码定义的更清晰。

（3）易于维护：Python 的成功在于它的源代码是相当容易维护的。

（4）一个广泛的标准库：Python 的最大优势之一是丰富的库，跨平台的，在 UNIX，Windows 和 Macintosh 兼容很好。

（5）互动模式：互动模式的支持，您可以从终端输入执行代码并获得结果的语言，互动的测试和调试代码片断。

（6）可移植：基于其开放源代码的特性，Python 已经被移植到许多平台。

（7）可扩展：如果你需要一段运行很快的关键代码，或者是想要编写一些不愿开放的算法，你可以使用 C 或 C++ 完成那部分程序，然后从你的 Python 程序中调用。

（8）数据库：Python 提供所有主要的商业数据库的接口。

（9）GUI 编程：Python 支持 GUI 可以创建和移植到许多系统调用。

（10）可嵌入：你可以将 Python 嵌入到 C/C++ 程序，让你的程序的用户获得“脚本化”的能力。

1.3 搭建 Python 开发环境

Python 在 PC 三大主流平台（Windows、Linuxt 和 OS X）都可以使用。在这里只讲解 Python 在 Windows 操作系统下的开发环境配置。

1.3.1 Python 的下载

在浏览器的地址栏中输入“https://www.python.org”，然后回车，进入 Python 官网的首页页面。鼠标指向导航栏中“Downloads”，弹出下一级子菜单，如图 1.1 所示。

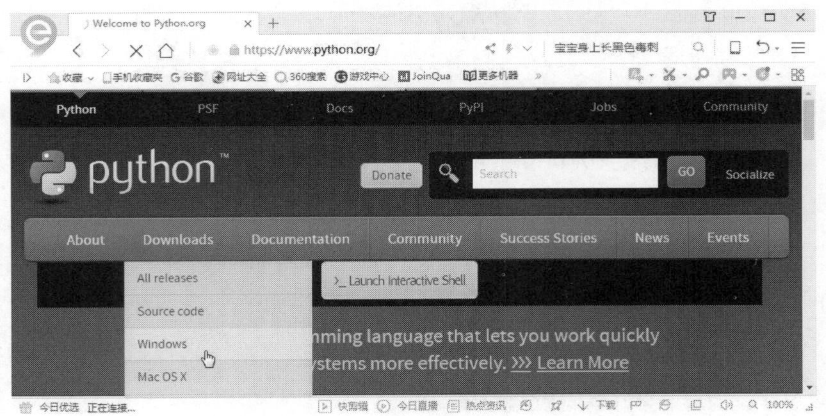

● 图 1.1　Downloads 的下一级子菜单

在 Downloads 的下一级子菜单中，单击“Windows”命令，进入 Python 下载页面，在这里可以看到 Python 的各个版本下载文件。当前 Python 的最新版本是 Python3.7.2，如图 1.2 所示。

在这里需要注意，如果你的计算机是 64 位操作系统，既可以下载“Windows x86-64 executable installer”，也可以下载“Windows x86 executable installer”。如果你的计算机是 32 位操作系统，只能下载“Windows x86 executable installer”进行安装。

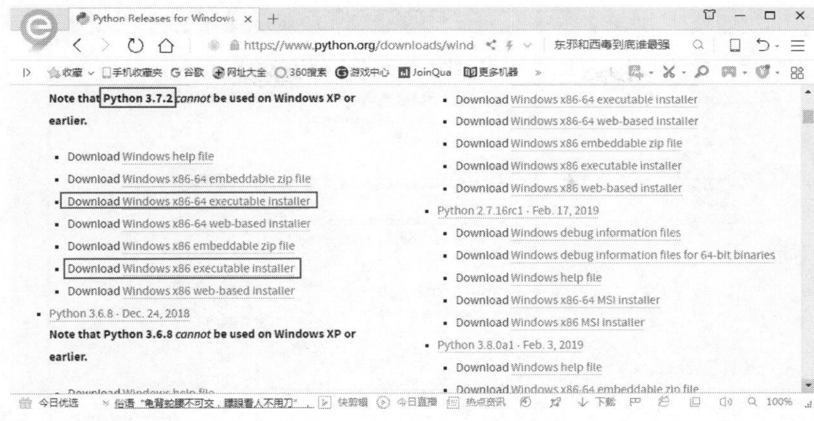

● 图 1.2　Python 下载页面

考虑到通用性，在这里下载“Windows x86 executable installer”，单击该超链接，就会弹出“新建下载任务”对话框，如图 1.3 所示。

● 图 1.3　新建下载任务对话框

单击“下载”按钮，即可开始下载，下载完成后，就可以在桌面看到 Python3.7.2 安装文件图标，如图 1.4 所示。

● 图 1.4　桌面上的安装文件图标

1.3.2　Python 的安装

Python 安装文件下载成功后，双击桌面上的安装文件图标，弹出“Python3.7.2 安装向导”对话框，如图 1.5 所示。

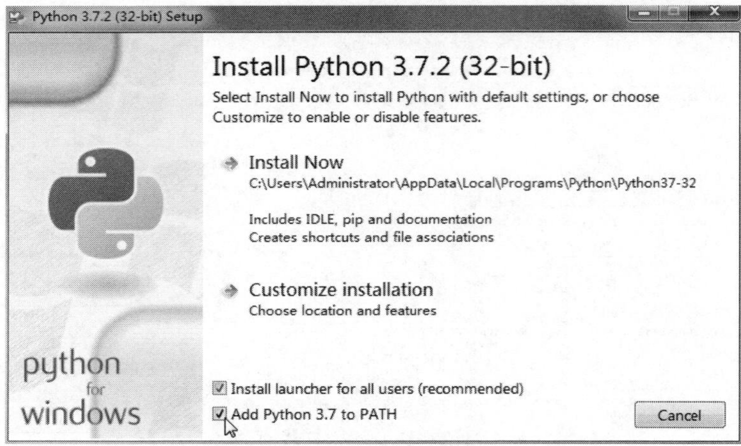

● 图 1.5　Python3.7.2 安装向导对话框

单击“Install Now”，就是采用默认安装，把 Python 3.7.2 安装到 C 盘中。单击“Customize installation”，就是自定义安装，这样就可以选择 Python 3.7.2 安装位置。

> 提醒：在这里要选中“Add Python 3.7 to PATH”复选框，这样就可以把 Python 3.7.2 添加到 Path(路径) 存储在环境变量中。

在这里单击“Customize installation”，即采用自定义安装，就可以设置 Python 的可选特性，如图 1.6 所示。

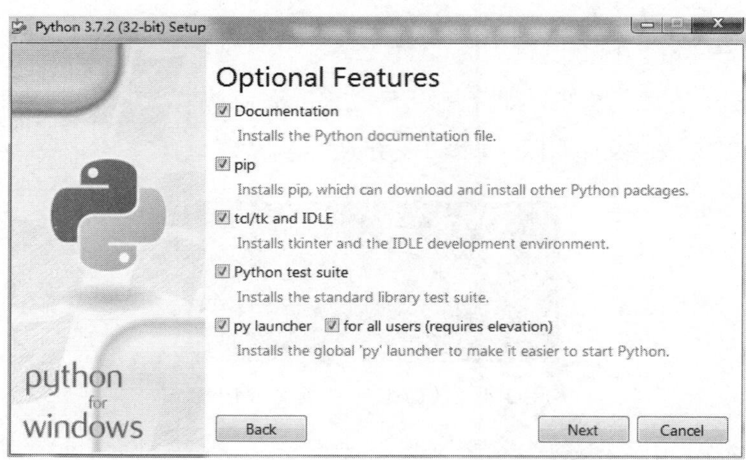

● 图 1.6　设置 Python 的可选特性

在这里选择所有特性，然后单击“Next”按钮，进入 Python 的高级选项页面，如图 1.7 所示。

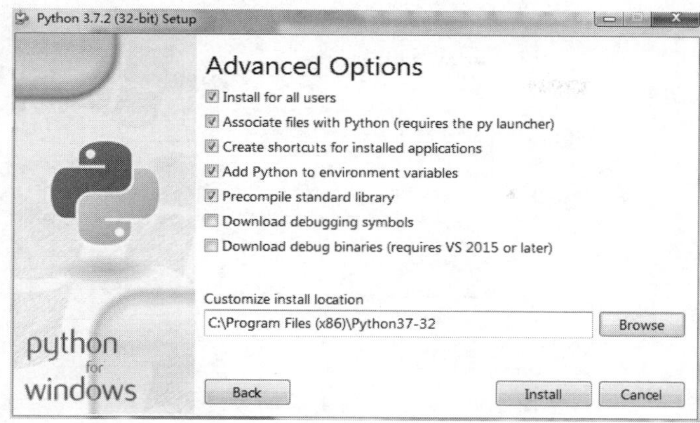

● 图 1.7　Python 的高级选项页面

高级选项有 7 项，每项意义如下：

第一，Install for all users，即安装所有用户。

第二，Associate files with Python (requires the py launcher)，即将文件与 python 关联（需要 py 发射器）。

第三，Create shortcuts for installed applications，即在桌面上创建 Python 快捷方式。

第四，Add Python to environment variables，即把 Python 添加到 Path（路径）存储在环境变量中。

第五，Precompile standard library，即预编译标准库。

第六，Download debugging symbols，即下载调试符号。

第七，Download debug binaries（requires VS 2015 or later），即下载调试二进制文件（需要 VS 2015 或更高版本）。

在这里选中前 5 项即可。接下来设置 Python 的安装位置，单击“Browse”按钮，弹出“浏览文件夹”对话框，在这里选择的是“E:\python37”，如图 1.8 所示。

然后单击“确定”按钮，这时高级选项页面如图 1.9 所示。

● 图 1.8　浏览文件夹对话框

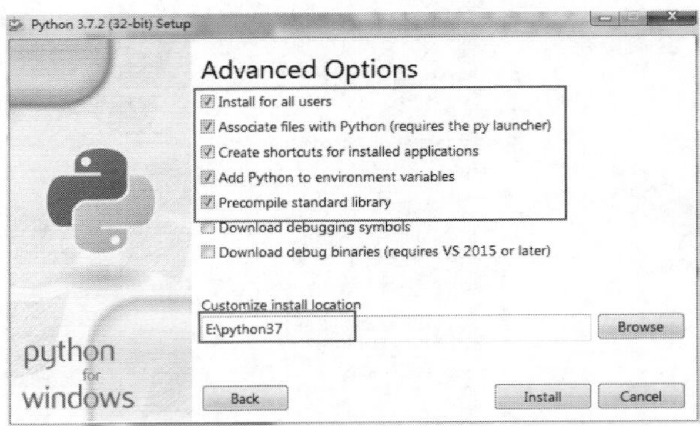

● 图 1.9　高级选项页面的最终设置

接下来，单击“Install”按钮，就开始安装 Python，并显示安装进度，如图 1.10 所示。

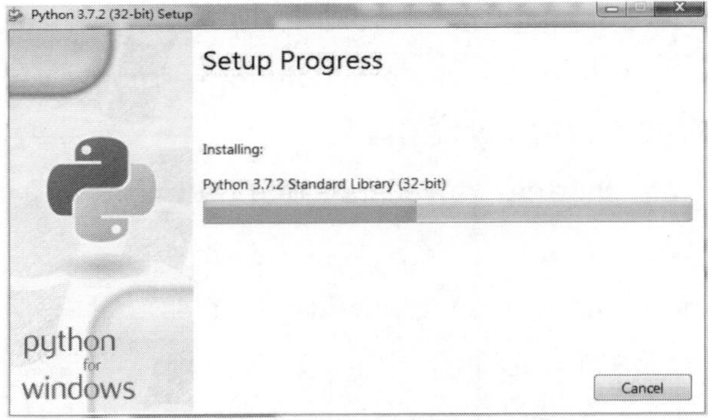

● 图 1.10　开始安装 Python 并显示安装进度

安装完成后，就会显示“安装成功”对话框，如图 1.11 所示。

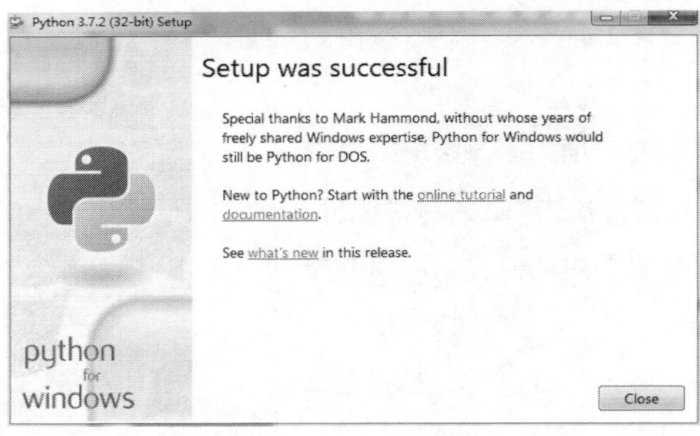

● 图 1.11　安装成功对话框

单击“Close”按钮，这样整个安装程序完毕。

1.3.3 Python 的环境变量配置

程序和可执行文件可以在许多目录中，而这些路径很可能不在操作系统提供可执行文件的搜索路径中。Path（路径）存储在环境变量中，这是由操作系统维护的一个命名的字符串。这些变量包含可用的命令行解释器和其他程序的信息。

> 提醒：虽然在上述安装中已把 Python 3.7.2 添加到 Path（路径）存储在环境变量中，但很多读者在安装时，可能会没有选中“Add Python 3.7 to PATH”复选框，即没有把 Python 3.7.2 添加到 Path（路径）存储在环境变量中，所以这里做一下讲解。

在环境变量中添加 Python 目录，有两种方法，一是利用命令提示框；二是利用计算机属性设置。

1. 命令提示框

单击桌面左下角的“开始”按钮，弹出“开始”菜单，然后在文本框中输入“cmd”，如图 1.12 所示。

● 图 1.12　开始菜单

在文本框中输入“cmd”后，回车，打开 Windows 系统命令行程序，如图 1.13 所示。

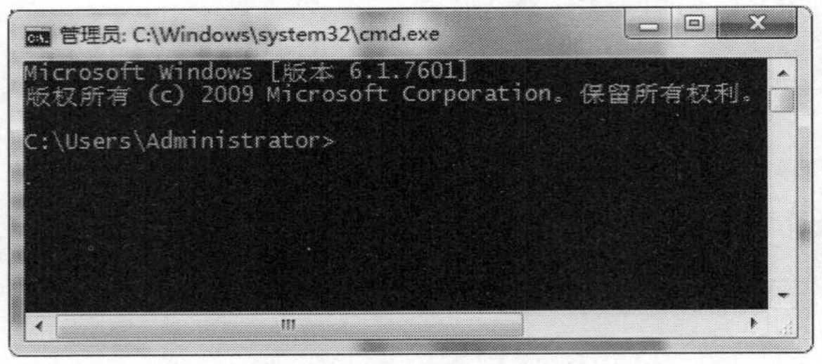

● 图 1.13　Windows 系统命令行程序

在 Windows 系统命令行程序中，输入如下代码：

```
path=%path%;E:\python37
```

然后回车即可。注意，E:\python37 是 Python 的安装目录。

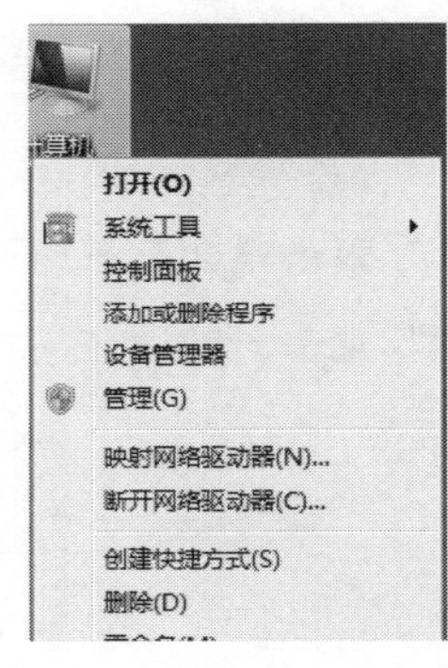

● 图 1.14　右键菜单

2. 利用计算机属性设置

鼠标指向计算机图标，右击，在弹出右键菜单中选择“属性”命令，如图 1.14 所示。

单击“属性”命令，弹出“控制面板”对话框，如图 1.15 所示。

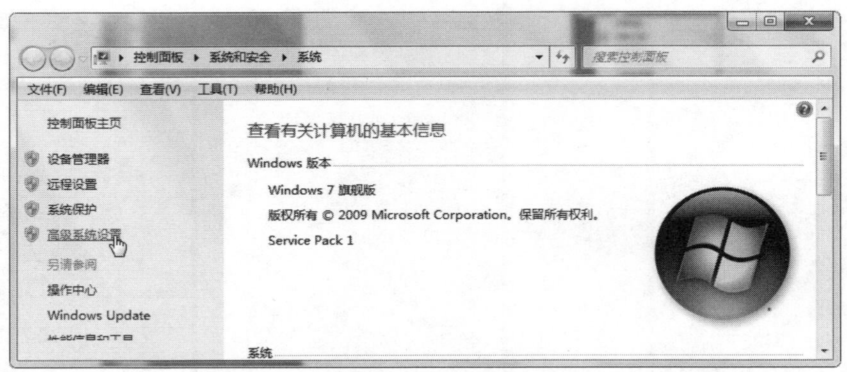

● 图 1.15　控制面板对话框

在控制面板对话框中，单击“高级系统设置”，弹出“系统设置”对话框，如图 1.16 所示。

在系统设置对话框中，单击“环境变量”按钮，弹出“环境变量”对话框，如图 1.17 所示。

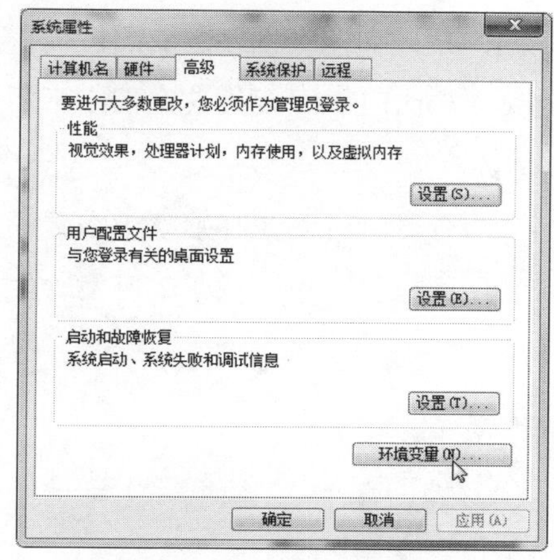

● 图 1.16　系统设置对话框

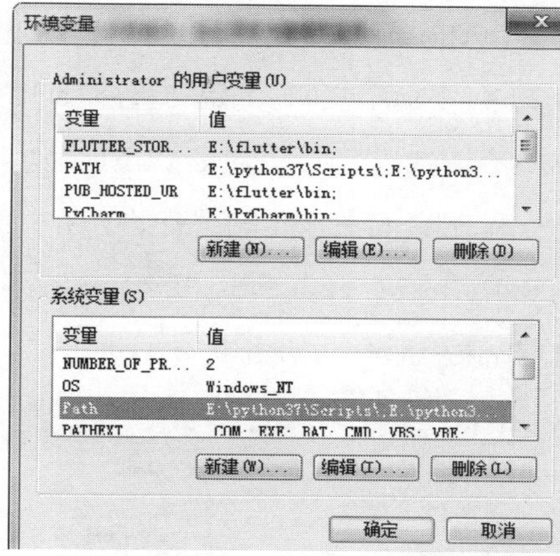

● 图 1.17　环境变量对话框

双击系统变量中的“Path”，弹出“编辑系统变量”对话框，然后在“变量名”文本框中添加 Python 安装路径，即 E:\Python37。需要注意的是，路径一定要用分号“;”隔开。

在环境变量中添加 Python 目录后，在 Windows 系统命令行程序中，输入如下代码：

```
Python  -h
```

然后回车，就可以看到 Python 的相关信息，如图 1.18 所示。

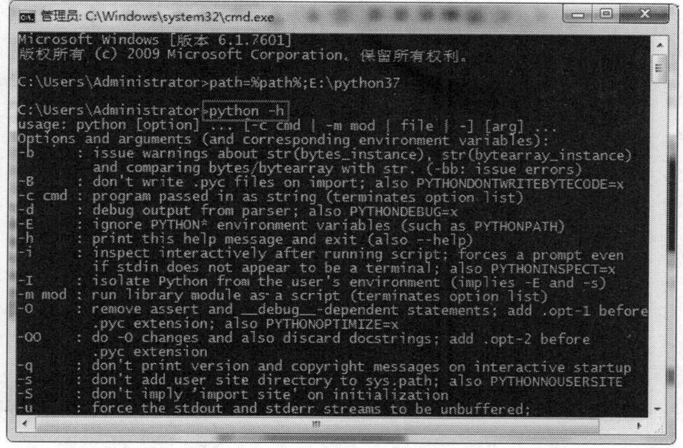

● 图 1.18　Python 的相关信息

1.4　编写 Python 程序

Python 开发环境搭建成功后，下面就来编写 Python 程序。依照传统，学习一门新语言，写的第一程序都叫 "Hello World！ "，因为这个程序所要做的事情就是显示 "Hello World！ "。

单击桌面左下角的“开始 / 所有程序”命令，就可以在开始菜单中看到“Python37”，再单击“Python37”，就可以看到 Python 自带的开发软件 IDEL 菜单命令，如图 1.19 所示。

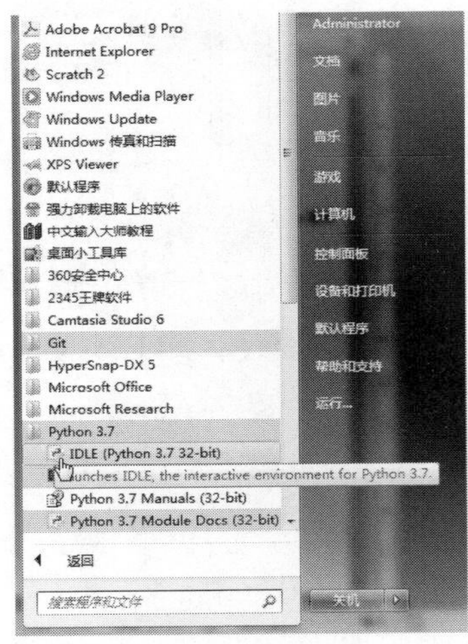

● 图 1.19　Python 自带的开发软件 IDEL 菜单命令

单击“IDEL”菜单命令，打开 Python 3.7.2 Shell 软件，如图 1.20 所示。

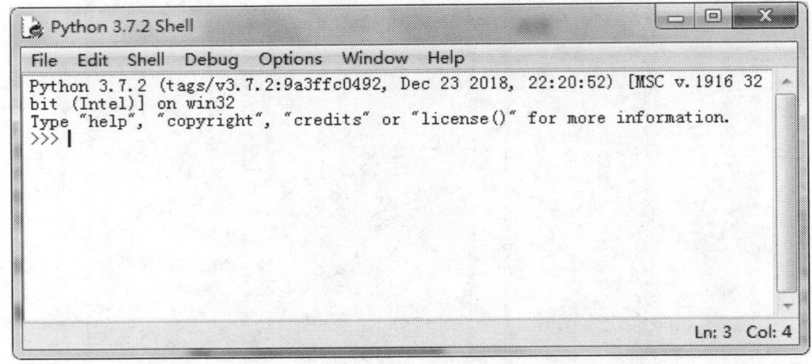

● 图 1.20　打开 Python 3.7.2 Shell 软件

在 Python 3.7.2 Shell 软件，输入如下代码：

```
print ("hello world!")
```

然后回车，就可以看到程序运行结果，如图 1.21 所示。

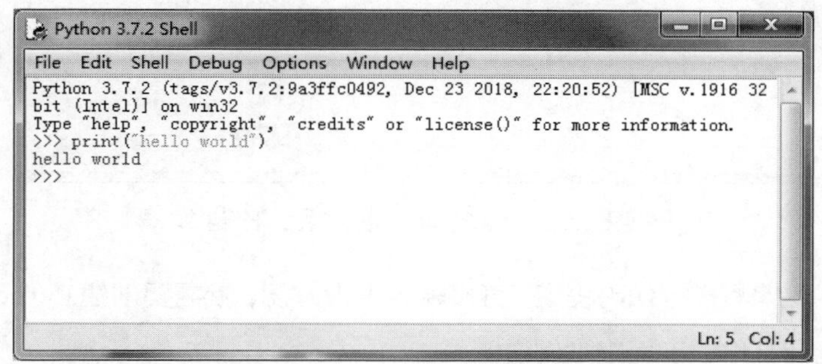

● 图 1.21　程序运行结果

这是 print 语句的一个实例。print 并不会真的往纸上打印文字，而是在屏幕上输出值。

print 语句还可以跟多个字符串，用逗号“,”隔开，就可以连成一串输出。在 Python 3.7.2 Shell 软件，输入如下代码：

```
print("小明是男生","小红是女生","小丽也是女生","一共有 3 个小孩子！ ")
```

然后回车，就可以看到程序运行结果，如图 1.22 所示。

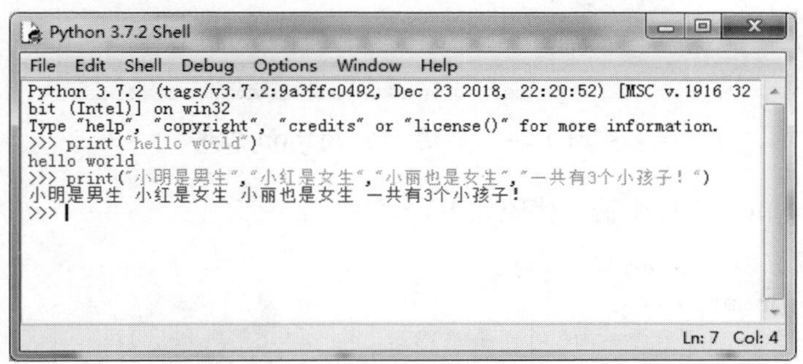

● 图 1.22　程序代码及运行结果

在这里还可以直接计算。在 Python 3.7.2 Shell 软件，输入如下代码：

```
15+8 , 16-7 , 25*6, 80/5
```

在这里一个语句，实现加、减、乘、除运算。正确输入代码后，然后回车，就可以看到程序运行结果，如图 1.23 所示。

```
Python 3.7.2 (tags/v3.7.2:9a3ffc0492, Dec 23 2018, 22:20:52) [MSC v.1916 32
bit (Intel)] on win32
Type "help", "copyright", "credits" or "license()" for more information.
>>> print("hello world")
hello world
>>> print("小明是男生","小红是女生","小丽也是女生","一共有3个小孩子！")
小明是男生 小红是女生 小丽也是女生 一共有3个小孩子！
>>> 15+8 , 16-7 , 25*6, 80/5
(23, 9, 150, 16.0)
>>>
```

● 图 1.23　实现加、减、乘、除运算

如果要编写多行代码程序，直接输入不太方便，就需要创建 Python 文件，然后再运行文件，下面来举例说明。

单击菜单栏中的“File/New File”命令，创建一个 Python 文件，如图 1.24 所示。

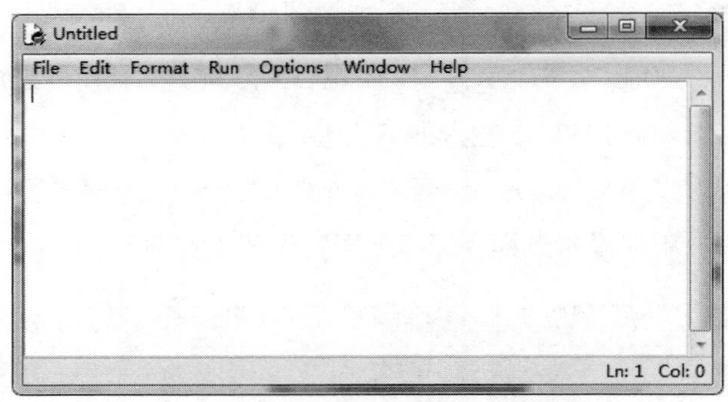

● 图 1.24　创建一个 Python 文件

在 Python 文件中输入代码如下：

```
for i in range(1, 10):
    print()
    for j in range(1, i+1):
        print("%d*%d=%d  " % (i, j, i*j),end='')
```

这里是利用双 for 循环语句，实现 9×9 乘法表的显示。正确输入代码后，单击菜单栏中的“File/Save”命令，弹出“另存为”对话框，保存位置为默认，即 Python 安装目录下，文件名为“Python1-1.py”，如图 1.25 所示。

单击“保存”按钮，就可以保存 Python 程序文件，下面来运行程序。单击菜单栏中的“Run”命令，弹出下一级子菜单，如图 1.26 所示。

● 图 1.25　另存为对话框

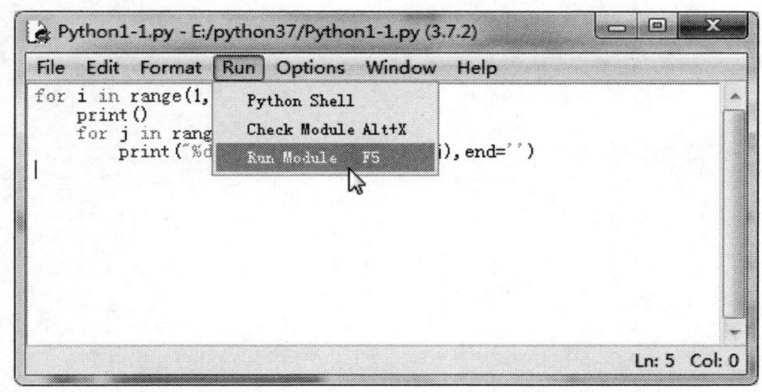

● 图 1.26　下一级子菜单

单击下一级子菜单中的“Run module“命令或按键盘上的“F5”键，都可以运行程序，如图 1.27 所示。

```
Python 3.7.2 Shell
File Edit Shell Debug Options Window Help
Python 3.7.2 (tags/v3.7.2:9a3ffc0492, Dec 23 2018, 22:20:52) [MSC v.1916 32 bit (
Intel)] on win32
Type "help", "copyright", "credits" or "license()" for more information.
>>>
==================== RESTART: E:/python37/Python1-1.py ====================

1*1=1
2*1=2  2*2=4
3*1=3  3*2=6  3*3=9
4*1=4  4*2=8  4*3=12  4*4=16
5*1=5  5*2=10  5*3=15  5*4=20  5*5=25
6*1=6  6*2=12  6*3=18  6*4=24  6*5=30  6*6=36
7*1=7  7*2=14  7*3=21  7*4=28  7*5=35  7*6=42  7*7=49
8*1=8  8*2=16  8*3=24  8*4=32  8*5=40  8*6=48  8*7=56  8*8=64
9*1=9  9*2=18  9*3=27  9*4=36  9*5=45  9*6=54  9*7=63  9*8=72  9*9=81
>>>
Ln: 15 Col: 4
```

● 图 1.27　9 × 9 乘法表

第 2 章

Python 程序设计基础

Python 语言与 C、C++、Java 等语言有许多相似之处。但是也存在一些差异，下面就来讲解一下 Python 程序设计基础。

本章主要内容包括：

- 数值类型
- 字符串
- 变量命名规则
- 变量的赋值
- 算术运算符
- 赋值运算符
- 位运算符
- Python 的代码格式

2.1 基本数据类型

Python 的标准类型只有 6 个，分别是数值、字符串、列表、元组、集合、字典。相对于 C 语言来讲，Python 的数据类型很少，但 Python 该有的功能一个不少。即使 C 语言的代表作链表和二叉树，Python 同样可以轻松应对。下面先来讲解一下 Python 的基本数据类型，即数值和字符串。

2.1.1 数值类型

Python 支持 3 种不同的数值类型，分别是整型（int）、浮点型（floating point real values）、复数（complex numbers），如图 2.1 所示。

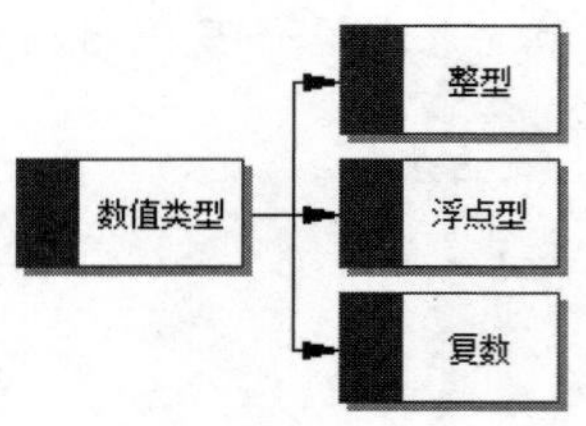

● 图 2.1 数值类型

1. 整型（int）

整型（int），通常被称为是整数，是正整数或负整数，不带小数点。Python3 整型是没有限制大小的，可以当作长整型（Long）类型使用，所以 Python3 没有 Python2 的长整型（Long）类型。需要注意的是，可以使用十六进制和八进制来代表整数。

八进制是指在数学中一种逢 8 进 1 的进位制。在 Python 中，八进制用 0o 来表示，例如 0o12 表示 10，即 8×1 + 2=10。

十六进制是指在数学中一种逢 16 进 1 的进位制。一般用数字 0 到 9 和字母 A 到 F（或 a~f）表示，其中：A~F 表示 10~15，这些称作十六进制数字。十六进制用 0x 来表示，例如 0x12 表示 18，即 16×1 + 2=18。

2. 浮点型（floating point real values）

浮点型由整数部分与小数部分组成，浮点型也可以使用科学计数法表示（$2.5E+03 = 2.5 \times 10^3 = 2500$）。

3. 复数（complex numbers）

复数由实数部分和虚数部分构成，可以用a+ bj或者complex(a，b)表示，复数的实部 a 和虚部 b 都是浮点型。

Python 的数值类型如表 2.1 所示。

表 2.1　Python 的数值类型

int	float	complex
30	0.8	3.14j
−60	−21.8	−25j
0o14	2.5E+2	3+4j
−0o26	−2.8E−5	9.322e−36j
0x72	−5E+3	3e+26j
−0x260	−8E−9	−0.6545+3j

有时候，我们需要对数值类型进行转换，数据类型的转换，只需要将数值类型作为函数名即可，具体如下：

```
int(x)：将 x 转换为一个整数。
float(x)：将 x 转换为一个浮点数。
complex(x)：将 x 转换为一个复数，实数部分为 x，虚数部分为 0。
complex(x， y)：将 x 和 y 转换为一个复数，实数部分为 x，虚数部分为 y。
```

下面来举例说明一下数值类型。

单击“开始”菜单，打开 Python 3.7.2 Shell 软件，然后单击菜单栏中的“File/New File”命令，创建一个 Python 文件，并命名为“Python2-1.py”，然后输入如下代码：

```
a1 = 16              #整型变量
a2 = -36             #整型变量
a3 = 0o24            #八进制整型变量
```

```
a4 = -0x56          # 十六进制整型变量
a5 = -3.6           # 浮点型变量
a6 = 5.1E+6         # 浮点型变量用科学计数法表示
a7 = 3+4j           # 复数变量
                    # 显示各变量的值
print(" 整型变量 a1: ",a1)
print(" 整型变量 a2: ",a2)
print(" 八进制整型变量 a3: ",a3)
print(" 十六进制整型变量 a4: ",a4)
print(" 浮点型变量 a5:",a5)
print(" 浮点型变量 a6:",a6)
print(" 复数变量 a7:",a7)
print()             # 换行
                    # 数据类型的转换
print(" 把整型变量 a1 转化为浮点型变量: ",float(a1))
print(" 把浮点型变量 a6 转化为整型变量: ",int(a6))
print(" 把整型变量 a2 转化为复数: ",complex(a2))
print(" 把整型变量 a1 和浮点型变量 a6 转化为复数: ",complex(a1,a6))
```

单击菜单栏中的“Run/Run Module”命令或按下键盘上的“F5”，就可以运行程序代码，结果如图 2.2 所示。

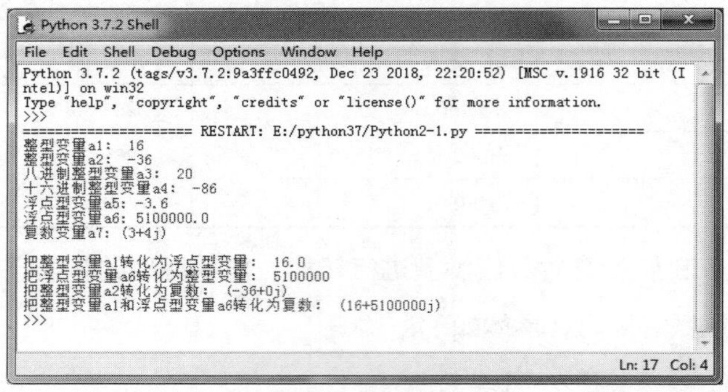

● 图 2.2　数值类型

2.1.2　字符串

字符串是 Python 编程语言中最常用的数据类型，可以使用单引号（‘）或双引号（“）来创建字符串。需要注意的是，Python 不支持单字符类型，单字符在 Python 中也是作为一个字符串使用。

需要使用特殊字符时，Python 用反斜杠 (\) 转义字符。转义字符及意义如表 2.2 所示。

表 2.2　转义字符及意义

转 义 字 符	意　　义
\(在行尾时)	续行符
\\	反斜杠符号
\’	单引号
\”	双引号
\a	响铃
\b	退格 (Backspace)
\e	转义
\000	空
\n	换行
\v	纵向制表符
\t	横向制表符
\r	回车
\f	换页
\oyy	八进制数，yy 代表的字符，例如：\o12 代表换行
\xyy	十六进制数，yy 代表的字符，例如：\x0a 代表换行
\other	其他的字符以普通格式输出

单击“开始”菜单，打开 Python 3.7.2 Shell 软件，然后单击菜单栏中的“File/New File”命令，创建一个 Python 文件，并命名为“Python2-2.py”，然后输入如下代码：

```
    str1 = "Python"                              # 字符串变量
    str2 = "I am lingling, \n  I like dog!"     # 带有转义字符的字
符串变量
                                                 # 输出字符串变量
    print(" 字符串变量 str1:",str1)
    print(" 带有转义字符的字符串变量 str2: ",str2)
                                                 # 输出字符串中的字符
    print(" 字符串变量 str1 中的第一个字符: ",str1[0])
    print(" 字符串变量 str1 中的第 3 个到第 5 个字符: ",str1[2:5])
```

单击菜单栏中的“Run/Run Module”命令或按下键盘上的“F5”，就可以运行程序代码，结果如图 2.3 所示。

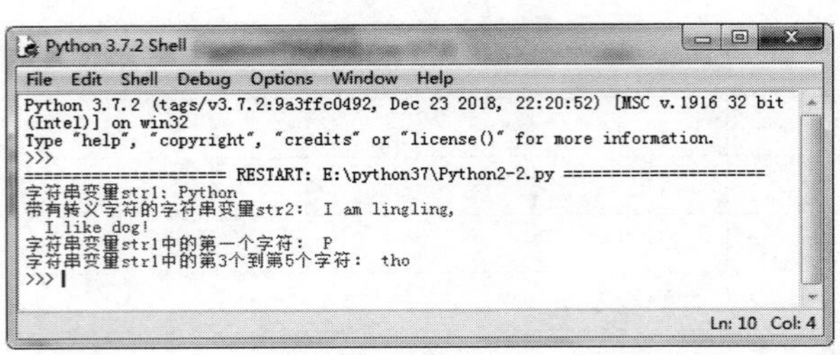

● 图 2.3 字符串

Python 支持格式化字符串的输出，尽管这样可能会用到非常复杂的表达式，但最基本的用法是将一个值插入一个有字符串格式符 %s 的字符串中。

> 提醒：在 Python 中，字符串格式化使用与 C 中 sprintf ( ) 函数一样的语法。

单击“开始”菜单，打开 Python 3.7.2 Shell 软件，然后输入如下代码：

```
print("我的名字是 %s，今年 %d 岁，是 %d 年级学生" % ('周涛',11, 5))
```

然后回车，就可以运行代码，如图 2.4 所示。

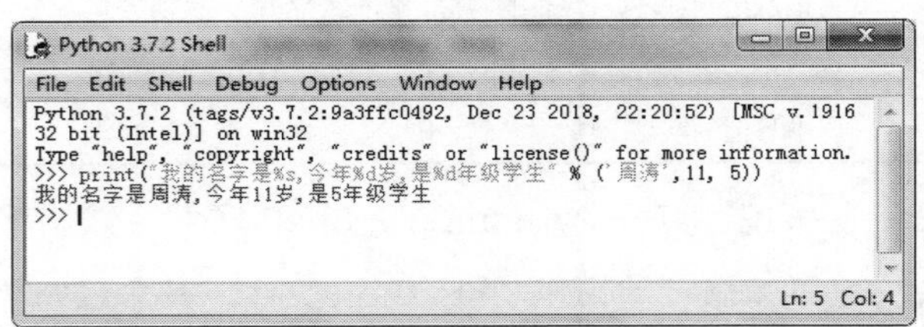

● 图 2.4 格式化字符串的输出

下面调用 input() 函数进行动态输入。单击“开始”菜单，打开 Python 3.7.2 Shell 软件，然后单击菜单栏中的“File/New File”命令，创建一个 Python 文件，并命名为“Python2-3.py”，然后输入如下代码：

```
stuname = input("请输入学生的姓名：")
stusex  = input("请输入学生的性别：")
stuage  = input("请输入学生的年龄：")
print("学生的姓名是 %s，学生的性别是 %s，学生的年龄是 %d" % 
(stuname,stusex,int(stuage)))
```

在这里需要注意，input() 函数默认数据类型是字符串型，要想输出数值型，需要使用 int() 函数进行数据类型转换。

单击菜单栏中的“Run/Run Module”命令或按下键盘上的“F5”，就可以运行程序代码，这时程序要求输入学生的姓名，如图 2.5 所示。

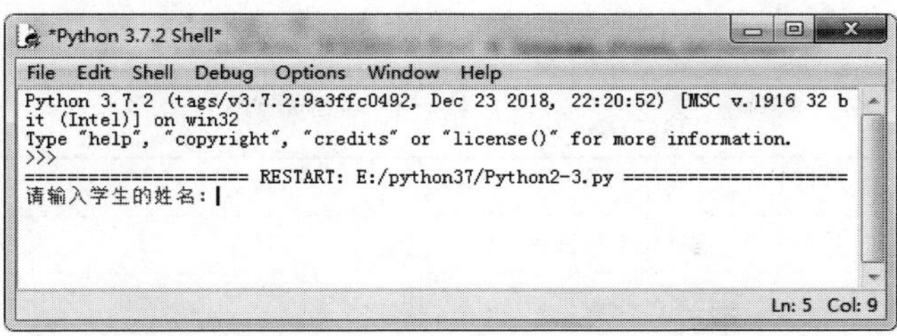

● 图 2.5　请输入学生的姓名

在这里输入“李红波”，然后回车，这时程序要求输入学生的性别，如图 2.6 所示。

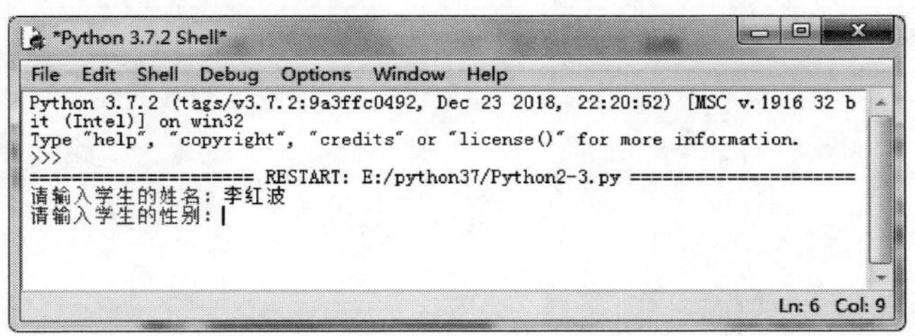

● 图 2.6　请输入学生的性别

在这里输入“男”，然后回车，这时程序要求输入学生的年龄，如图 2.7 所示。

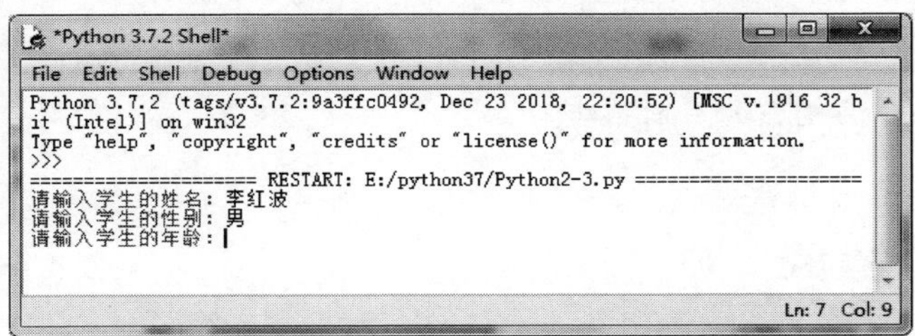

● 图 2.7　请输入学生的年龄

在这里输入“16”，然后回车，这时程序就会显示你输入的名称、性别、年龄信息，如图 2.8 所示。

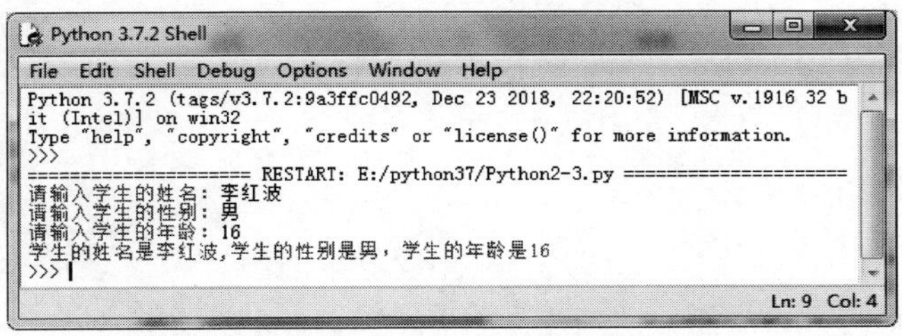

● 图 2.8　格式化显示输入的信息

Python 字符串格式化符号及意义如表 2.3 所示。

表 2.3　字符串格式化符号及意义

字符串格式化符号	意　义
%c	格式化字符及其 ASCII 码
%s	格式化字符串
%d	格式化整数
%u	格式化无符号整型
%o	格式化无符号八进制数
%x	格式化无符号十六进制数
%f	格式化浮点数字，可指定小数点后的精度
%e	用科学计数法格式化浮点数
%p	用十六进制数格式化变量的地址

2.2　变量与赋值

变量是指在程序执行过程中其值可以变化的量，系统为程序中的每个变量分配一个存储单元。变量名实质上就是计算机内存单元的命名。因此，借助变量名就可以访问内存中的数据。

2.2.1　变量命名规则

变量是一个名称，给变量命名时，应遵循以下规则：

第一，名称只能由字母、数字和下画线组成；

第二，名称的第一个字符可以是字母或下画线，但不能是数字；

第三，名称对大小写敏感；

第四，名称不能与 Python 中的关键字相同。

关键字，即保留字。Python 的标准库提供了一个 keyword 模块，可以输出当前版本的所有关键字。

单击“开始”菜单，打开 Python 3.7.2 Shell 软件，然后单击菜单栏中的“File/New File”命令，创建一个 Python 文件，并命名为“Python2-4.

py”，然后输入如下代码：

```
import  keyword      # 导入 keyword 模块
print(" 显示 Python 中所有的关键字：\n",keyword.kwlist)
print("\n 判断 def 是否是关键字：",keyword.iskeyword('def'))
print("\n 判断 dog 是否是关键字：",keyword.iskeyword('dog'))
```

单击菜单栏中的“Run/Run Module”命令或按下键盘上的“F5”，就可以运行程序代码，如图 2.9 所示。

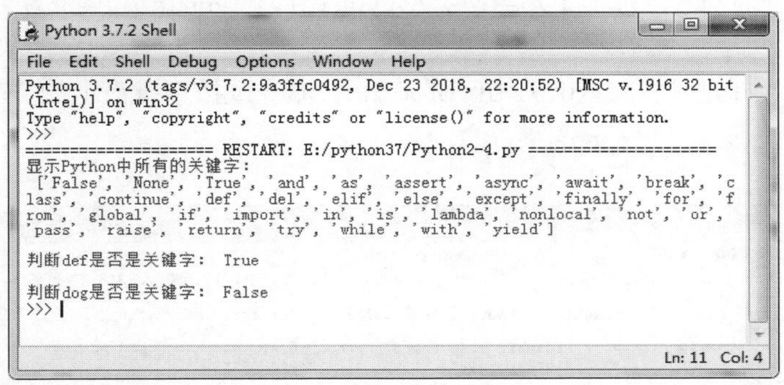

● 图 2.9 关键字

2.2.2 变量的赋值

每个变量在使用前都必须赋值，变量赋值以后该变量才会被创建。在 Python 中，变量就是变量，它没有类型，我们所说的“类型”是变量所指的内存中对象的类型。

等号（=）用来给变量赋值。等号（=）运算符左边是一个变量名，等号（=）运算符右边是存储在变量中的值，例如：

```
counter = 80           # 整型变量
miles   = -160.0       # 浮点型变量
name    =  "runoob"    # 字符串
```

另外，Python 允许同时为多个变量赋值。例如：

```
a = b = c = 80
```

上述代码表示，创建一个整型对象，赋值为 80，三个变量被分配到相同的内存空间上。

还可以为多个对象指定多个变量，例如：

```
a, b, c = 11, 22, "python"
```

上述代码表示，两个整型对象 11 和 22 分配给变量 a 和 b，字符串对象“python”分配给变量 c。

利用 type() 函数，可以查看变量的数据类型。单击“开始”菜单，打开 Python 3.7.2 Shell 软件，然后单击菜单栏中的“File/New File”命令，创建一个 Python 文件，并命名为“Python2-5.py”，然后输入如下代码：

```
a, b, c , d = 20, 5.5,  4+3j, "Python" # 为多个对象指定多个变量
print(type(a),  type(b),  type(c), type(d)) # 查看变量的数据类型
```

单击菜单栏中的“Run/Run Module”命令或按下键盘上的“F5”，就可以运行程序代码，如图 2.10 所示。

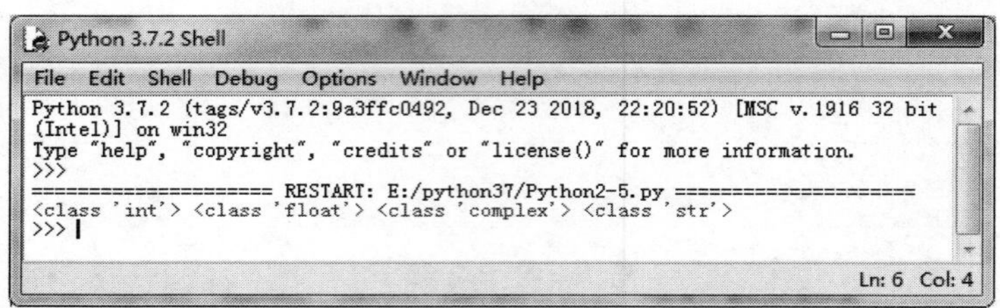

● 图 2.10　查看变量的数据类型

2.3　运算符

运算是对数据的加工，最基本的运算形式可以用一些简洁的符号来描述，这些符号称为运算符。被运算的对象（即数据）称为运算量。例如，4 +5 = 9，其中 4 和 5 称为运算量，“+”称为运算符。

2.3.1　算术运算符

算术运算符及意义如表 2.4 所示。

表 2.4　算术运算符及意义

运　算　符	意　　义
+	两个数相加

续表

运 算 符	意 义
-	两个数相减
*	两个数相乘
/	两个数相除，求商
%	取模，即两个数相除，求余数
//	两个数相除，求商，但只取商的整数部分
**	幂，即返回 x 的 y 次幂

单击“开始”菜单，打开 Python 3.7.2 Shell 软件，然后单击菜单栏中的“File/New File”命令，创建一个 Python 文件，并命名为“Python2-6.py”，然后输入如下代码：

```
num1 = input("请输入第一个数: ")          #用于计算的第一个数
num2 = input("请输入第二个数: ")          #用于计算的第二个数
print("第一个数是: %d， 第二个数是: %d " %(int(num1), int(num2)))
print()
print("两个数相加: ",int(num1)+int(num2))
print("两个数相减: ",int(num1)-int(num2))
print("两个数相乘: ",int(num1)*int(num2))
print("两个数相除: ",int(num1)/int(num2))
print("两个数相除，求余数，即取模: ",int(num1)%int(num2))
print("两个数相除，但只取商的整数部分: ",int(num1)//int(num2))
print("幂，即返回 x 的 y 次幂: ",int(num1)**int(num2))
```

单击菜单栏中的“Run/Run Module”命令或按下键盘上的“F5”，就可以运行程序代码，这时程序要求输入第一个数，如图 2.11 所示。

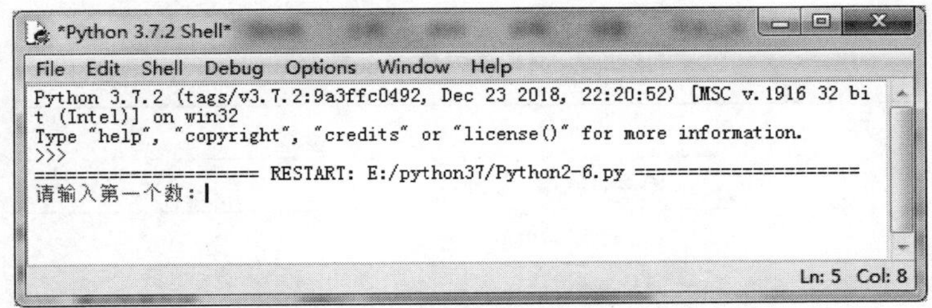

● 图 2.11 程序要求输入第一个数

假如在这里输入“9”，然后回车，这时程序要求输入第二个数，如图 2.12 所示。

假如在这里输入“4”，然后回车，就可以看到这两个数的值，并看到这两个数的加、减、乘、除等运算结果，如图 2.13 所示。

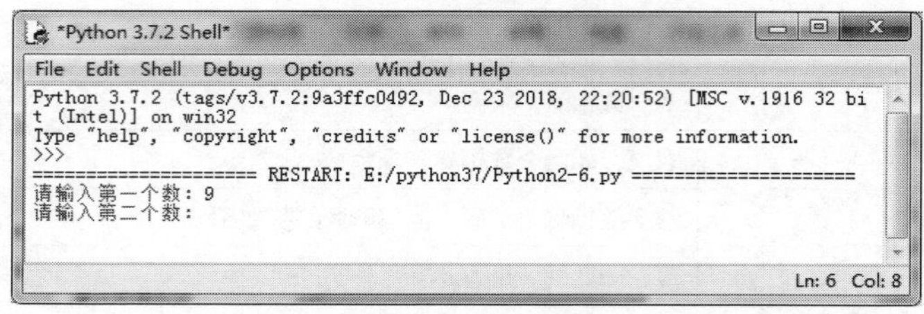

● 图 2.12　程序要求输入第二个数

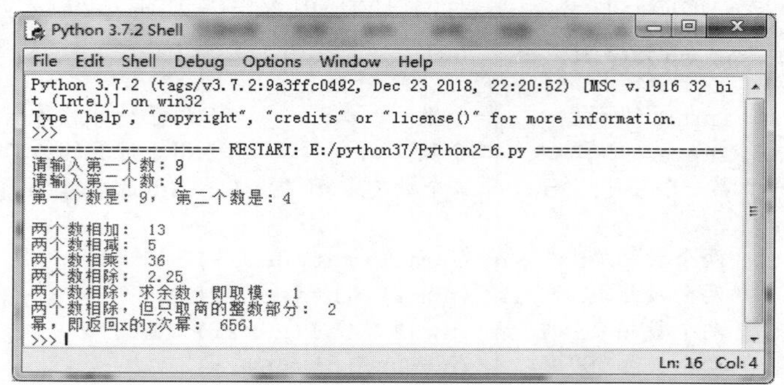

● 图 2.13　算术运算符

2.3.2　赋值运算符

赋值运算符及意义如表 2.5 所示。

表 2.5　赋值运算符及意义

运　算　符	意　　义
=	简单的赋值运算符
+=	加法赋值运算符
-=	减法赋值运算符
*=	乘法赋值运算符
/=	除法赋值运算符
%=	取模赋值运算符
//=	取整除赋值运算符
**=	幂赋值运算符

单击“开始”菜单，打开 Python 3.7.2 Shell 软件，然后单击菜单栏中的“File/New File”命令，创建一个 Python 文件，并命名为“Python2-7.py”，然后输入如下代码：

```
x = 10                    #整型变量 x，并赋值为 10
y = 6                     #整型变量 y，并赋值为 6
print("变量 x 的初始值为 :",x,"    变量 y 的初始值为: ",y )
y += x
print("y += x 后，变量 y 的值为: ",y)
y -= x
print("y -= x 后，变量 y 的值为: ",y)
y *= x
print("y *= x 后，变量 y 的值为: ",y)
y /= x
print("y /= x 后，变量 y 的值为: ",y)
y %= x
print("y %= x 后，变量 y 的值为: ",y)
y //= x
print("y //= x 后，变量 y 的值为: ",y)
y **= x
print("y **= x 后，变量 y 的值为: ",y)
```

单击菜单栏中的“Run/Run Module”命令或按下键盘上的“F5”，就可以运行程序代码，如图 2.14 所示。

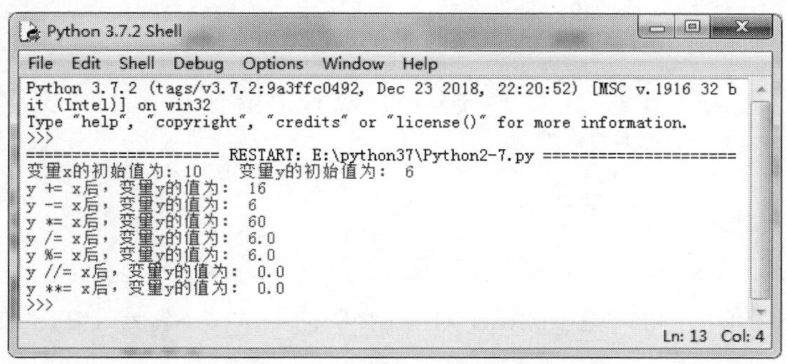

● 图 2.14　赋值运算符

2.3.3　位运算符

位运算符是把数字看作二进制来进行计算的。位运算符及意义如表 4.6 所示。

表 2.6　位运算符及意义

运 算 符	意　义
&	按位与运算符：参与运算的两个值，如果两个相应位都为 1，则该位的结果为 1，否则为 0
|	按位或运算符：只要对应的二个二进位有一个为 1 时，结果位就为 1
^	按位异或运算符：当两个对应的二进位相异时，结果为 1
~	按位取反运算符：对数据的每个二进制位取反，即把 1 变为 0，把 0 变为 1
<<	左移动运算符：运算数的各二进位全部左移若干位，由 "<<" 右边的数指定移动的位数，高位丢弃，低位补 0
>>	右移动运算符：把 ">>" 左边的运算数的各二进位全部右移若干位，">>" 右边的数为指定移动的位数

单击“开始”菜单，打开 Python 3.7.2 Shell 软件，然后单击菜单栏中的“File/New File”命令，创建一个 Python 文件，并命名为“Python2-8.py”，然后输入如下代码：

```
a = 60                    # 60 = 0011 1100
b = 13                    # 13 = 0000 1101
c = 0
c = a & b                 # 12 = 0000 1100
print ("a & b 的值为: ", c)
c = a | b                 # 61 = 0011 1101
print ("a | b 的值为: ", c)
c = a ^ b                 # 49 = 0011 0001
print ("a ^ b 的值为: ", c)
c = ~a                    # -61 = 1100 0011
print ("~a 的值为: ",  c)
c = a << 2                # 240 = 1111 0000
print ("a << 2 的值为: ",  c)
c = a >> 2                # 15 = 0000 1111
print ("a >> 2 的值为: ",  c)
```

单击菜单栏中的“Run/Run Module”命令或按下键盘上的“F5”，就可以运行程序代码，如图 2.15 所示。

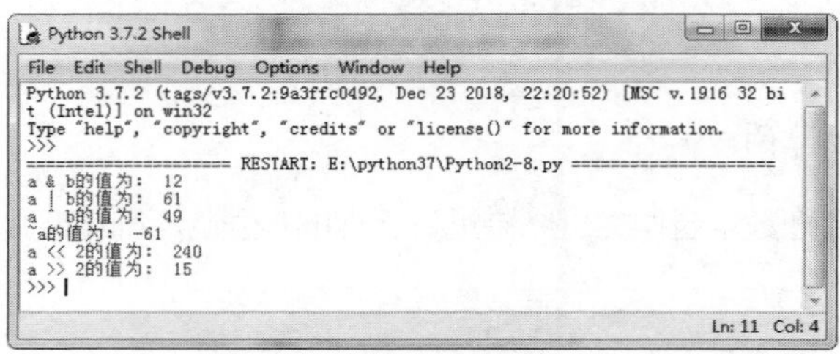

● 图 2.15　位运算符

2.4 Python 的代码格式

Python 是一门新兴的编程语言，在格式上与其他传统编程语言虽然相差不大，但也有不同之处，特别是代码缩进。下面来具体讲解一下 Python 的代码格式。

2.4.1 代码缩进

Python 最具特色的就是使用缩进来表示代码块，不需要使用大括号 {}。缩进的空格数是可变的，但是同一个代码块的语句必须包含相同的缩进空格数。实例如下：

```
if True:
    print (" 正确 ")
else:
    print (" 错误 ")
以下代码最后一行语句缩进数的空格数不一致，会导致运行错误
if True:
    print ("Answer")
    print ("True")
else:
    print ("Answer")
  print ("False")     # 缩进不一致，会导致运行错误
```

错误信息如图 2.16 所示。

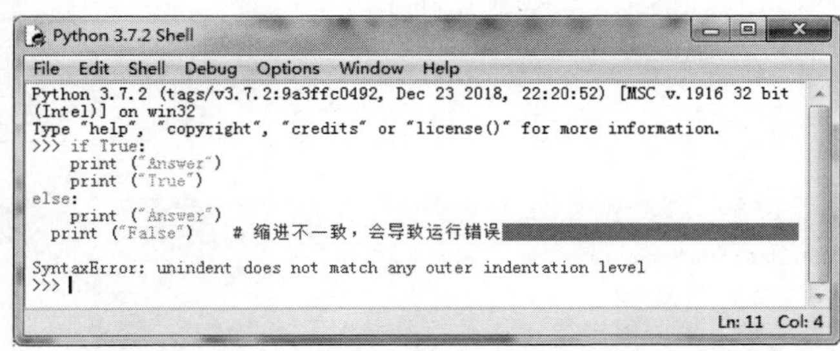

● 图 2.16　缩进不一致，会导致运行错误

2.4.2 代码注释

Python 中单行注释以 # 开头，实例如下：

```
print ("Hello, Python!")   # 第一个注释
多行注释可以用多个 # 号，还有 ''' 和 """
# 第一个注释
# 第二个注释
'''
第三个注释
第四个注释
'''
"""
第五个注释
第六个注释
"""
```

2.4.3　空行

函数之间或类的方法之间用空行分隔，表示一段新的代码开始。类和函数入口之间也用一行空行分隔，以突出函数入口的开始。

空行与代码缩进不同，空行并不是 Python 语法的一部分。书写时不插入空行，Python 解释器运行也不会出错。但是空行的作用在于分隔两段不同功能或含义的代码，便于日后代码的维护或重构。

> 提醒：空行也是程序代码的一部分。

2.4.4　同一行显示多条语句

Python 可以在同一行中使用多条语句，语句之间使用分号 (;) 分隔，在 Python 3.7.2 Shell 软件中，输入如下代码：

```
x=8;y=16;z=15;print(x*y+10/6-z)
```

回车，执行代码，就会显示运行结果，如图 2.17 所示。

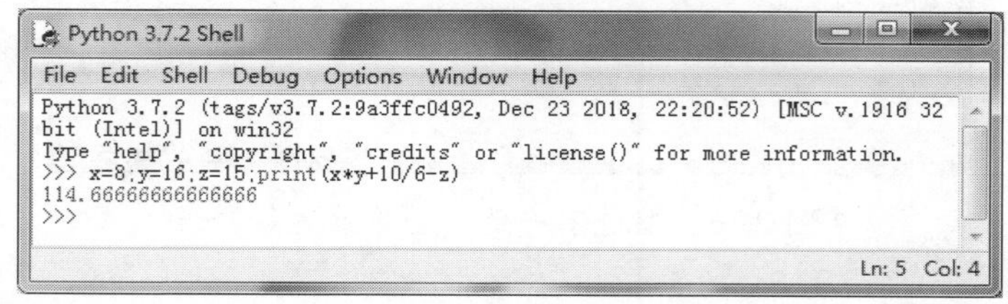

● 图 2.17　同一行显示多条语句

第 3 章

Python 的选择结构

选择结构是一种程序化设计的基本结构，它用于解决这样一类问题：可以根据不同的条件选择不同的操作。对选择条件进行判断只有两种结果，“条件成立”或“条件不成立”。在程序设计中通常用“真”表示条件成立，用“True”表示；用“假”表示条件不成立，用“False”表示；并称“真”和“假”为逻辑值。

本章主要内容包括：

- If 语句的一般格式
- If 语句的注意事项
- 实例：游戏登录判断系统
- 关系运算符及意义
- 实例：学生成绩评语系统
- 实例：分解数字
- 逻辑运算符及意义
- 实例：判断是否是闰年
- 实例：剪刀、石头、布游戏
- 实例：摇骰子游戏
- 实例：每周学习计划系统
- 实例：水仙花数
- 嵌套 if 语句的一般格式
- 实例：判断一个数是否是 2 或 5 的倍数
- 实例：随机产生数并显示最大数和最小数
- 实例：火车站安检系统
- 实例：从小到大给数字排序

3.1 If 语句

if 语句是指 Python 编程语言中用来判定所给定的条件是否满足，根据判定的结果（真或假）决定执行给出的两种操作之一。

3.1.1 If 语句的一般格式

在 Python 中，if 语句的一般格式如下：

```
if  表达式 1:
    语句 1
elif  表达式 2:
    语句 2
else:
    语句 3
```

If 语句的执行具体如下：

第一，如果“表达式 1”为 True，将执行“语句 1”块语句，if 语句结束；

第二，如果“表达式 1”为 False，将判断“表达式 2”，如果“表达式 2”为 True 将执行“语句 2”块语句，if 语句结束；

第三，如果“表达式 2”为 False，将执行“语句 3”块语句。

提醒：Python 中用 elif 代替了 else if，所以 if 语句的关键字为：if，elif，else。

3.1.2 If 语句的注意事项

If 语句的注意事项有 3 点，具体如下：

第一，每个条件后面要使用冒号（:），表示接下来是满足条件后要执行的语句块。

第二，使用缩进来划分语句块，相同缩进数的语句在一起组成一个语句块。

第三，在 Python 中没有 switch-case 语句。

3.1.3 实例：游戏登录判断系统

现在很多游戏不让未成年人玩，也就是说，如果你是小于 18 岁的未成年人，就无法成功登录游戏系统；如果你大于或等于 18 岁，则可以成功登录游戏系统。下面通过编程实现游戏登录判断系统。

单击“开始”菜单，打开 Python 3.7.2 Shell 软件，然后单击菜单栏中的“File/New File”命令，创建一个 Python 文件，并命名为“Python3-1.py”，然后输入如下代码：

```
age = input(" 请输入您的年龄: ")
yourage = int(age)
if yourage <= 0 :
    print("\n 您是在逗我吧！年龄不能小于或等于 0！ ")
elif  yourage < 18 :
    print("\n 您还未成年，不能登录游戏系统玩游戏！ ")
else:
    print("\n 欢迎您登录游戏系统，正在登录，请耐心等待……")
```

在这里，首先定义变量 age，用于存放 input() 函数动态输入的值，注意这里的变量 age 是字符串。为了在后面的 if 语句利用 age 变量进行判断，要把它转化为整型变量。yourage = int(age) 代码，就是把 age 变量转化为整变量，并存放在 yourage 变量中。

在这里如果整型变量 yourage 小于或等于 0，则会显示“您是在逗我吧！年龄不能小于或等于 0！”

如果整型变量 yourage 大于 0 而小于 18，则会显示“您还未成年，不能登录游戏系统玩游戏！”

如果整型变量 yourage 大于或等于 18，则会显示“欢迎您登录游戏系统，正在登录，请耐心等待……”

单击菜单栏中的“Run/Run Module”命令或按下键盘上的“F5”，就可以运行程序代码，并提醒你输入年龄，如果你输入 20，就会显示“欢迎您登录游戏系统，正在登录，请耐心等待……”，如图 3.1 所示。

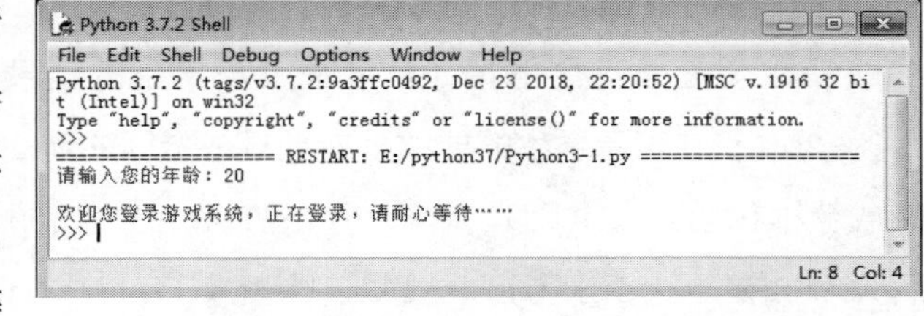

● 图 3.1 游戏登录判断系统

3.2 关系运算符

关系运算用于对两个量进行比较。在 Python 中，关系运算符有 6 种关系，分别为小于、小于等于、大于、等于、大于等于、不等于。

3.2.1 关系运算符及意义

关系运算符及意义如表 3.1 所示。

表 3.1 关系运算符及意义

关系运算符	意 义
==	等于，比较对象是否相等
!=	不等于，比较两个对象是否不相等
>	大于，返回 x 是否大于 y
<	小于，返回 x 是否小于 y。所有比较运算符返回 1 表示真，返回 0 表示假。这分别与特殊的变量 True 和 False 等价。注意这些变量名的大写。
>=	大于等于，返回 x 是否大于等于 y，
<=	小于等于，返回 x 是否小于等于 y，

在使用关系运算符时，要注意以下三点，具体如下：

第一，后四种关系运算符的优先级别相同，前两种也相同。后四种高于前两种。

第二，关系运算符的优先级低于算术运算符。

第三，关系运算符的优先级高于赋值运算符。

3.2.2 实例：学生成绩评语系统

现在学生的成绩分为 5 级，分别是 A、B、C、D、E。A 表示学生的成绩在全县或全区的前 10%；B 表示学生的成绩排在全县或全区的前 10%~20%；C 表示学生的成绩排在全县或全区的前 20%~50%；D 表示学生的成绩排在全县或全区的 50%~80%；E 表示学生的成绩排在全县或全区的后 20%。在一次期末考试成绩中，成绩大于等于 90 的，是 A；成绩大于等于 82 的是 B；成绩大于等于 75 的是 C；成绩大于等于 50 的是 D；成绩小于

50 的是 E，下面编程实现学生成绩评语系统。

单击“开始”菜单，打开 Python 3.7.2 Shell 软件，然后单击菜单栏中的“File/New File”命令，创建一个 Python 文件，并命名为“Python3-2.py”，然后输入如下代码：

```
stuscore = input("请输入学生的成绩：")
score  = int(stuscore)
if score > 100 :
    print("\n 学生的成绩最高为 100，您太会逗了！ ")
elif  score == 100 :
    print("\n 您太厉害了，满分，是 A 级！ ")
elif  score >= 90 :
    print("\n 您的成绩很优秀，是 A 级！ ")
elif  score >= 82 :
    print("\n 您的成绩优良，是 B 级，还要努力呀！ ")
elif  score >= 75 :
    print("\n 您的成绩中等，是 C 级，加油才行哦！ ")
elif  score >= 50 :
    print("\n 您的成绩差，是 D 级，不要放弃，爱拼才会赢！ ")
elif  score >= 0 :
    print("\n 您的成绩很差，是 E 级，只要努力，一定会有所进步！ ")
else:
    print("\n 哈哈，您输错了吧，不可能 0 分以下！ ")
```

在这里，首先定义变量 stuscore，用于存放 input() 函数动态输入的值，注意这里的变量 stuscore 是字符串。为了在后面的 if 语句利用 stuscore 变量进行判断，要把它转化为整型变量。score= int(stuscore) 代码，就把 stuscore 变量转化为整变量，并存放在 score 变量中。

在这里如果整型变量 score 大于 100，则会显示“学生的成绩最高为 100，您太会逗了！”

在这里如果整型变量 score 等于 100，则会显示“您太历害了，满分，是 A 级！”

在这里如果整型变量 score 大于或等于 90，则会显示“您的成绩很优秀，是 A 级！”

在这里如果整型变量 score 大于或等于 82，则会显示“您的成绩优良，是 B 级，还要努力呀！”

在这里如果整型变量 score 大于或等于 75，则会显示“您的成绩中等，是 C 级，加油才行哦！”

在这里如果整型变量 score 大于或等于 50，则会显示“您的成绩差，是 D 级，不要放弃，爱拼才会赢！”

在这里如果整型变量 score 大于或等于 0，则会显示“您的成绩很差，是 E 级，只要努力，一定会有所进步！”

在这里如果整型变量 score 小于 0，则会显示“哈哈，您输错了吧，不可能 0 分以下！”

单击菜单栏中的“Run/Run Module”命令或按下键盘上的“F5”，就可以运行程序代码，并提醒你输入成绩，如果你输入 100，就会显示“您太厉害了，满分，是 A 级！”，如图 3.2 所示。

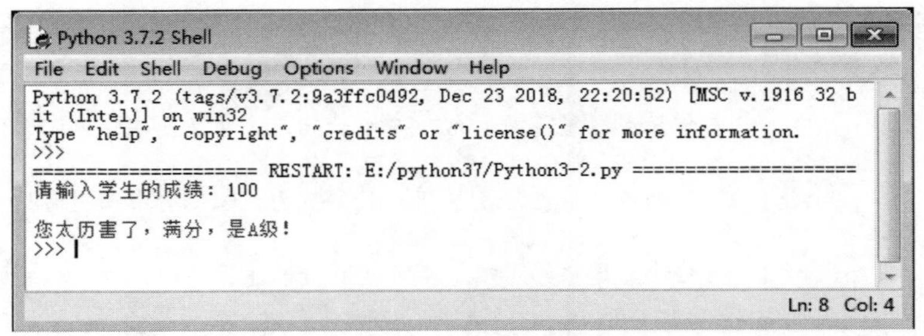

● 图 3.2　学生成绩评语系统

3.2.3 实例：分解数字

任意输入给一个不多于 5 位的正整数，通过 Python 代码编程实现：

第一，求出输入的数是几位数；

第二，逆序打印出各位数字。

单击“开始”菜单，打开 Python 3.7.2 Shell 软件，然后单击菜单栏中的“File/New File”命令，创建一个 Python 文件，并命名为“Python3-3.py”，然后输入如下代码：

```
x = int(input("请输入一个不多于 5 位的正整数：")) # 输入一个不多于 5 位的正整数
a = int(x / 10000)        # 变量 a 为 x 除以 10000 的商的整数
b = int(x % 10000 / 1000) # 变量 b 为 x 除以 10000 的余数，再除以 1000 的商的整数
```

```
    c = int(x % 1000 / 100) # 变量 c 为 x 除以 1000 的余数，再除以 100 的商的整数
    d = int(x % 100 / 10) # 变量 d 为 x 除以 1000 的余数，再除以 100 的商的整数
    e = int(x % 10)           # 变量 x 为 x 除以 1000 的余数
    if a != 0:                # 如果 a 不等于 0，则是 5 位数
       print(" 输入的数是 5 位数，这个数逆序打印为: ",e,d,c,b,a)
    elif b != 0:
       print(" 输入的数是 4 位数，这个数逆序打印为: : ",e,d,c,b)
    elif c != 0:
       print(" 输入的数是 3 位数，这个数逆序打印为: : ",e,d,c)
    elif d != 0:
       print(" 输入的数是 2 位数，这个数逆序打印为: ",e,d)
    else:
       print(" 输入的数是 1 位数，这个数为: ",e)
```

单击菜单栏中的“Run/Run Module”命令或按下键盘上的“F5”，就可以运行程序代码，并提醒你输入一个不多于 5 位的正整数，如果你输入 1268，然后回车，这时如图 3.3 所示。

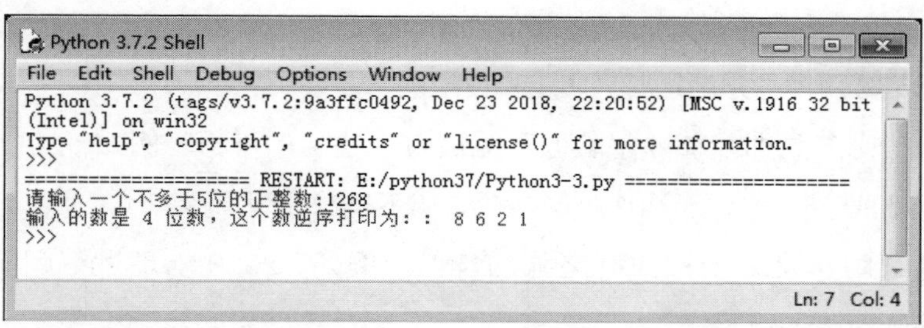

● 图 3.3 分解数字

3.3 逻辑运算符

逻辑运算符可以把语句连接成更复杂的语句。在 Python 中，逻辑运算符有三个，分别是 and、or 和 not。

3.3.1 逻辑运算符及意义

逻辑运算符及意义如表 3.2 所示。

表 3.2　逻辑运算符及意义

运算符	逻辑表达式	意　　义
and	x and y	布尔“与”，如果 x 为 False，x and y 返回 False，否则它返回 y 的计算值
or	x or y	布尔“或”，如果 x 是 True，它返回 x 的值，否则它返回 y 的计算值
not	no t x	布尔“非”，如果 x 为 True，返回 False 。如果 x 为 False，它返回 True

在使用逻辑运算符时，要注意以下两点，具体如下：

第一，逻辑运算符的优先级低于关系运算符。

第二，当 not、and、or 在一起使用时，优先级为 not>and>or。

3.3.2　实例：判断是否是闰年

闰年是为了弥补因人为历法规定造成的年度天数与地球实际公转周期的时间差而设立的，补上时间差的年份为闰年。

闰年分两种，分别是普通闰年和世纪闰年。

普通闰年是指能被 4 整除但不能被 100 整除的年份。例如，2012 年、2016 年是普通闰年，而 2017 年、2018 年不是普通闰年。

世纪闰年是指能被 400 整除的年份。例如，2000 年是世纪闰年，但 1900 不是世纪闰年。

下面编写程序实现，判断输入的年份是否是闰年。

单击“开始”菜单，打开 Python 3.7.2 Shell 软件，然后单击菜单栏中的“File/New File”命令，创建一个 Python 文件，并命名为“Python3-4.py”，然后输入如下代码：

```
year = input(" 请输入一个年份： ")
myyear  =  int(year)
if ( myyear % 400 ==0) or (myyear % 4 ==0 and myyear % 100 !=0) :
    print("\n 您输入的年份 %d 是闰年。" % myyear )
else :
    print("\n 您输入的年份 %d 不是闰年。" % myyear)
```

单击菜单栏中的“Run/Run Module”命令或按下键盘上的“F5”，就

可以运行程序代码，并提醒你输入年份，如果你输入 2019，就会显示“您输入的年份 2019 不是闰年。”如图 3.4 所示。

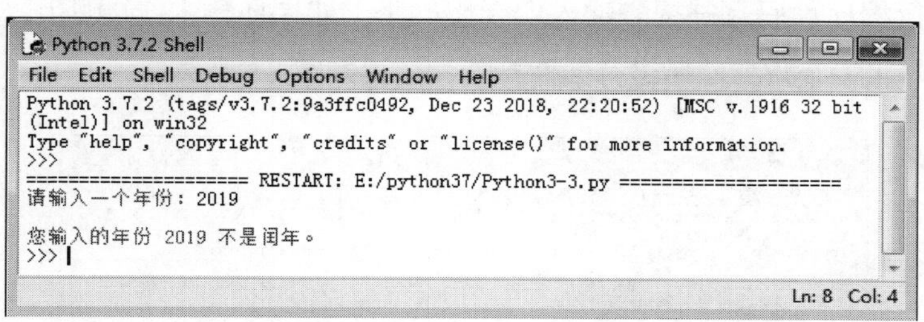
Python 3.7.2 Shell
File Edit Shell Debug Options Window Help
Python 3.7.2 (tags/v3.7.2:9a3ffc0492, Dec 23 2018, 22:20:52) [MSC v.1916 32 bit (Intel)] on win32
Type "help", "copyright", "credits" or "license()" for more information.
>>>
==================== RESTART: E:/python37/Python3-3.py ====================
请输入一个年份：2019

您输入的年份 2019 不是闰年。
>>>
Ln: 8 Col: 4

● 图 3.4　判断是否是闰年

3.3.3　实例：剪刀、石头、布游戏

下面利用 Python 代码，实现剪刀、石头、布游戏，其中 1 表示布，2 表示剪刀、3 表示石头。

单击“开始”菜单，打开 Python 3.7.2 Shell 软件，然后单击菜单栏中的“File/New File”命令，创建一个 Python 文件，并命名为“Python3-5.py”，然后输入如下代码：

```
import  random                # 导入 random 标准库
gameplayer = int(input("请输入您要出的拳，其中 1 表示布、2 表示剪刀、3 表示石头 :"))
gamecomputer = random.randint(1,3)     # 产生一个 1~3 的随机整数
if ((gameplayer ==1 and gamecomputer == 3 ) or (gameplayer == 2 and gamecomputer == 1) or (gameplayer == 3 and gamecomputer == 2)):
    print("\n 您是高手，您赢了！ ")
elif  gameplayer == gamecomputer :
    print("\n 您和电脑一样厉害，平了！ ")
else :
    print("\n 电脑就是厉害，电脑赢了！ ")
```

这里要使用随机函数，所以要先导入 random 标准库。然后利用 input() 函数输入一个数，注意只能是 1、2 或 3，其中 1 表示布、2 表示剪刀、3 表示石头。由于这里使用的是整型变量，所以还要把 input() 函数输入的数利用 int() 函数转化为整型。

接着调用 random.randint(1,3)，产生一个 1~3 的随机整数，然后利用 if

语句进行判断。

单击菜单栏中的“Run/Run Module”命令或按下键盘上的“F5”，就可以运行程序代码，并提醒输入您要出的拳，如果你输入 1，即布，这时电脑随机产生一个数，然后进行条件判断，结果如图 3.5 所示。

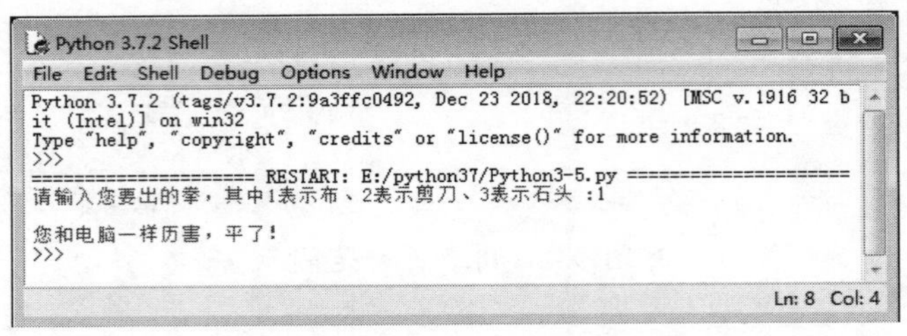

• 图 3.5　剪刀、石头、布游戏

3.3.4　实例：摇骰子游戏

骰子是中国传统民间娱乐用来投掷的工具，通常作为桌上游戏的小道具，最常见的骰子是六面骰，它是一颗正立方体，上面分别有一到六个孔(或数字)，其相对两面之数字和必为七。中国的骰子习惯在一点和四点涂上红色，如图 3.6 所示。

• 图 3.6　骰子

下面编写程序，出现两个玩家，每个玩家赋值一个 1~6 的随机数，然后进行比较。

单击“开始”菜单，打开 Python 3.7.2 Shell 软件，然后单击菜单栏中的“File/New File”命令，创建一个 Python 文件，并命名为“Python3-6.py”，然后输入如下代码：

```
import  random                                    # 导入 random 标准库
first_player = random.randint(1,6)                # 随机产生一个 1~6 的整数
second_player = random.randint(1,6)               # 随机产生一个 1~6 的整数
print("\n 第一个玩家 %d, 第二个玩家 %d" % (first_player,second_player))
if  first_player > second_player :
    print("\n 第一个玩家赢了！ ")
```

```
elif first_player == second_player :
    print("\n 平局！ ")
else :
    print("\n 第二个玩家赢了！ ")
```

单击菜单栏中的“Run/Run Module”命令或按下键盘上的“F5”，就可以运行程序代码，这时会随机产生两个 1~6 的整数。先显示这两个数，再比较大小，如图 3.7 所示。

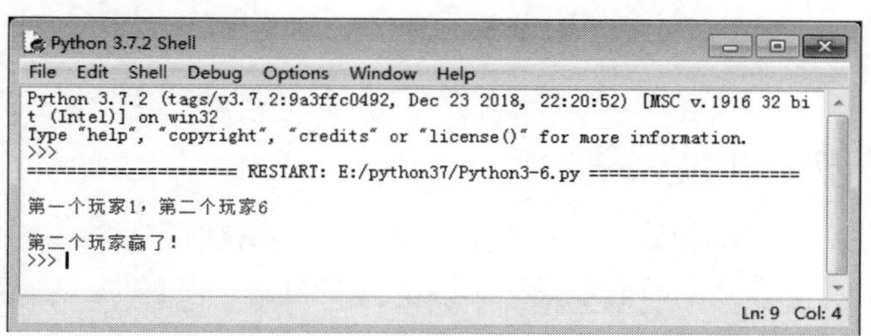

● 图 3.7　摇骰子游戏

3.3.5 实例：每周学习计划系统

下面编写程序，实现星期一，即输入 1，显示“新的一周开始，努力学习开始！”；星期二到星期五，即输入 2~5 之间的任意整数，显示“努力学习中！”；星期六到星期天，即输入 6 或 7，显示“世界这么大，我要出去看看！”；如果输入 1~7 之外的数，会显示“兄弟，一周就七天，您懂的！”。

单击“开始”菜单，打开 Python 3.7.2 Shell 软件，然后单击菜单栏中的“File/New File”命令，创建一个 Python 文件，并命名为“Python3-7.py”，然后输入如下代码：

```
day = int(input("请输入今天星期几: "))
if day == 1 :
    print("\n 新的一周开始，努力学习开始！ ")
elif day >=2  and  day <=5 :
    print("\n 努力学习中！ ")
elif day == 6 or day == 7 :
    print("\n 世界这么大，我要出去看看！ ")
else :
    print("\n 兄弟，一周就七天，您懂的！ ")
```

单击菜单栏中的“Run/Run Module”命令或按下键盘上的“F5”，就可以运行程序代码，并提醒输入今天星期几，如果你输入 8，就会显示“兄弟，一周就七天，您懂的！”，如图 3.8 所示。

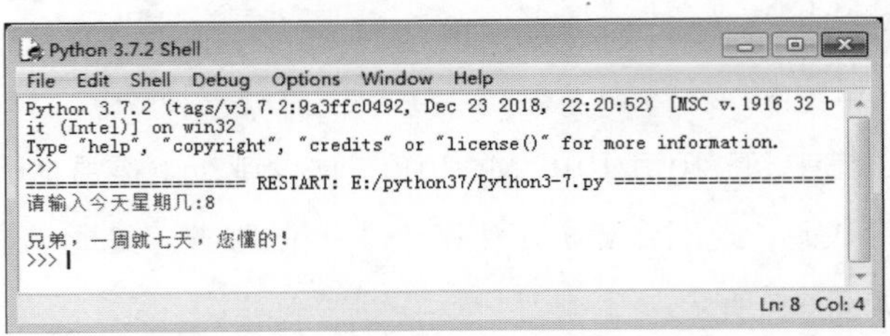

● 图 3.8　每周学习计划系统

3.3.6　实例：水仙花数

水仙花数，又称阿姆斯特朗数、自恋数、自幂数，是指一个 3 位数，它的每个位上的数字的 3 次幂之和等于它本身（例如：13+53+33 = 153）。

水仙花数只是自幂数的一种，严格来说 3 位数的 3 次幂数才称为水仙花数。其他位数的自幂数的名称如下：

一位自幂数：独身数；

两位自幂数：没有；

四位自幂数：四叶玫瑰数；

五位自幂数：五角星数；

六位自幂数：六合数；

七位自幂数：北斗七星数；

八位自幂数：八仙数；

九位自幂数：九九重阳数；

十位自幂数：十全十美数；

下面编写代码，实现输入一个三位数，判断该数是否是水仙花数。单击“开始”菜单，打开 Python 3.7.2 Shell 软件，然后单击菜单栏中的“File/New File”命令，创建一个 Python 文件，并命名为“Python3-8.py”，然后输入如下代码：

```
import math        # 导入 math 标准库
num = input("请输入一个三位数：")
if  int(num)  == pow(int(num[0]),3)  + pow(int(num[1]),3)  +
pow(int(num[2]),3)  :
    print("\n%s 是水仙花数！ " % num)
```

```
else :
    print("\n%s 不是水仙花数！ " % num )
```

首先利用 input() 函数输入一个三位数，需要注意的是，这时的 num 是字符串，这样可以利用字符串索引下标提取三位数中个位、十位、百位上的数。

这里要实现每个位上的数字的 3 次幂之和等于它本身，需要调用 pow() 函数，该函数的功能是返回 xy（x 的 y 次方）的值。但要使用该函数，要先导入 math 标准库，即 import math。

由于 num 是字符串，提出的个位、十位、百位上的数也是字符串类型，所以在使用 pow() 函数时，要利用 int() 函数转化为整型。

最后再利用 if 语句进行判断。

单击菜单栏中的“Run/Run Module”命令或按下键盘上的“F5”，就可以运行程序代码，并提醒输入一个三位数，如果你输入 156，就会显示“156 不是水仙花数！”，如图 3.9 所示。

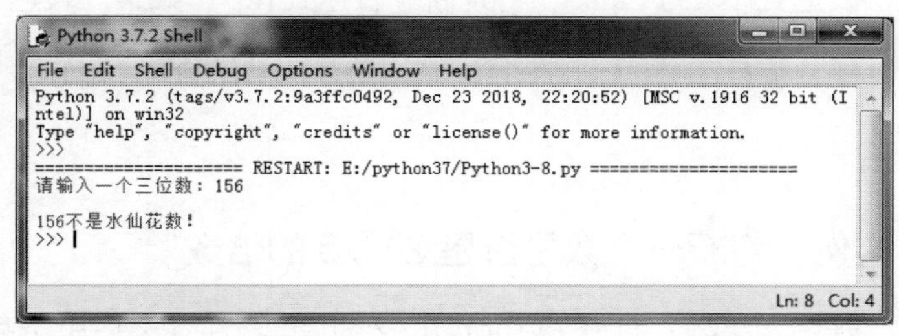

● 图 3.9　水仙花数

3.4 嵌套 if 语句

在嵌套 if 语句中，可以把 if...elif...else 结构放在另外一个 if...elif...else 结构中。

3.4.1 嵌套 if 语句的一般格式

嵌套 if 语句的一般格式如下：

if 表达式 1:

```
    语句 1
    if 表达式 2:
        语句 2
    elif 表达式 3:
        语句 3
    else:
        语句 4
elif 表达式 4:
    语句 5
else:
    语句 6
```

嵌套 if 语句的执行具体如下：

如果“表达式 1”为 True，将执行“语句 1”块语句，并判断“表达式 2”；如果“表达式 2”为 True 将执行“语句 2”块语句；如果“表达式 2”为 False，将判断“表达式 3”，如果“表达式 3”为 True 将执行“语句 3”块语句。如果“表达式 3”为 False，将执行“语句 4”块语句。

如果“表达式 1”为 False，将判断“表达式 4”，如果“表达式 4”为 True 将执行“语句 5”块语句；如果“表达式 4”为 False，将执行“语句 6”块语句。

3.4.2 实例：判断一个数是否是 2 或 5 的倍数

单击“开始”菜单，打开 Python 3.7.2 Shell 软件，然后单击菜单栏中的“File/New File”命令，创建一个 Python 文件，并命名为“Python3-9.py”，然后输入如下代码：

```
num=int(input("输入一个数字: "))
if num%2==0:
    if num%5==0:
        print ("\n输入的数字可以整除 2 和 5")
    else:
        print ("\n输入的数字可以整除 2，但不能整除 5")
else:
    if num%5==0:
        print ("\n输入的数字可以整除 5，但不能整除 2")
    else:
        print  ("\n输入的数字不能整除 2 和 5")
```

单击菜单栏中的“Run/Run Module”命令或按下键盘上的“F5”，就

可以运行程序代码，并提醒你输入一个数，如果你输入 6，就会显示“输入的数字可以整除 2，但不能整除 5”；如果你输入 13，就会显示“输入的数字不能整除 2 和 5”。在这里输入 35，显示“输入的数字可以整除 5，但不能整除 2”，如图 3.10 所示。

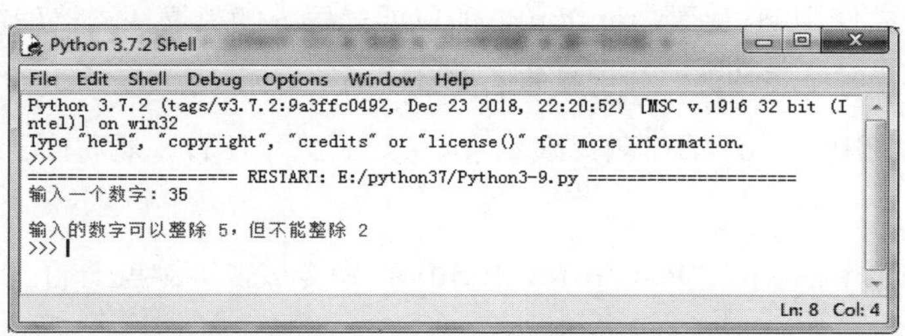

● 图 3.10　判断一个数是否是 2 或 5 的倍数

3.4.3　实例：随机产生数并显示最大数和最小数

在 1~9 之间随机产生三个正整数，并显示最大数和最小数。

单击“开始”菜单，打开 Python 3.7.2 Shell 软件，然后单击菜单栏中的“File/New File”命令，创建一个 Python 文件，并命名为“Python3-10.py”，然后输入如下代码：

```
import random            # 导入 random 标准库
a = random.randint(1,9)
b = random.randint(1,9)
c = random.randint(1,9)
print("显示随机产生的 3 个 9 以内的正整数：",a,b,c)
print()
if a > b:
    if b > c:            # 这时 a>b>c
        print("最大值：%s" %a)
        print("最小值：%s" %c)
    elif c > a :         # 这时 a>b, c>b ,c>a，即 c>a>b
        print("最大值：%s" % c)
        print("最小值：%s" % b)
    else :               # 这时 a>b, c>b  a>c，即 a>c>b
        print("最大值：%s" % a)
        print("最小值：%s" % b)
else :
    if c > b :           # 这时 b>a ,c>b，即 c>b>a
        print("最大值：%s" %c)
        print("最小值：%s" %a)
```

```
    elif a > c :            # 这时 b>a , b>c, a<c 即 b>a>c
        print(" 最大值: %s" % b)
        print(" 最小值: %s" % c)
    else :                  # 这时 b>a,b>c,c>a，即 b>c>a
        print(" 最大值: %s" % b)
        print(" 最小值: %s" % a)
```

这里要使用随机函数 random，所以要先导入随机模块。然后在 1~9 之间随机产生三个正整数，分别赋值给变量 a、b、c。

然后利用嵌套 if 语句对变量 a、b、c 进行大小比较，最后输出最大值和最小值。

单击菜单栏中的“Run/Run Module”命令或按下键盘上的“F5”，就可以运行程序代码，如图 3.11 所示。

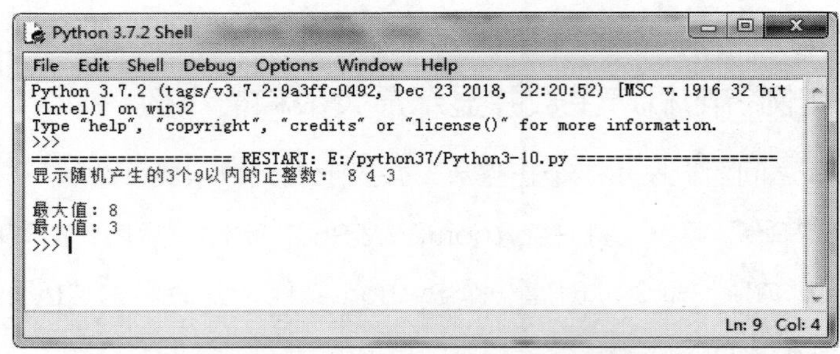

● 图 3.11　随机产生数并显示最大和最小数

3.4.4　实例：火车站安检系统

定义一个 ticket 表示是否有车票，再定义一个变量 kf_length 表示刀的长度，单位：厘米。

首先检查是否有车票，如果有才允许进行安检，如果没有车票，不允许进火车站大门。

有车票进行安检时，需要检查刀的长度，判断是否超过 20 厘米。如果超过 20 厘米，提示刀的长度，不允许上车；如果不超过 20 厘米，安检通过。

单击“开始”菜单，打开 Python 3.7.2 Shell 软件，然后单击菜单栏中的“File/New File”命令，创建一个 Python 文件，并命名为“Python3-11.py”，然后输入如下代码：

```
ticket = int(input(" 请输入你是否有车票，如果有，输入 1；没有输入 0: "))
```

```
if ticket :
    kf_length = int(input("\n 请输入您携带的刀的长度 :"))
    print("\n\n 车票检查通过，准备开始安检 !")
    if  kf_length >20 :
        print("\n 您携带的刀太长了 , 有 %d 厘米长！ " % kf_length)
        print("\n 不允许带上车！ ")
    else:
        print("\n 安检已经通过，祝您旅途愉快！ ")
else:
    print("\n\n 对不起，请先买票 ")
```

单击菜单栏中的“Run/Run Module”命令或按下键盘上的“F5”，就可以运行程序代码，并提醒你“输入你是否有车票，如果有，输入 1；没有输入 0”，如果你输入 0，即没有车票，这时就会显示“对不起，请先买票”，如图 3.12 所示。

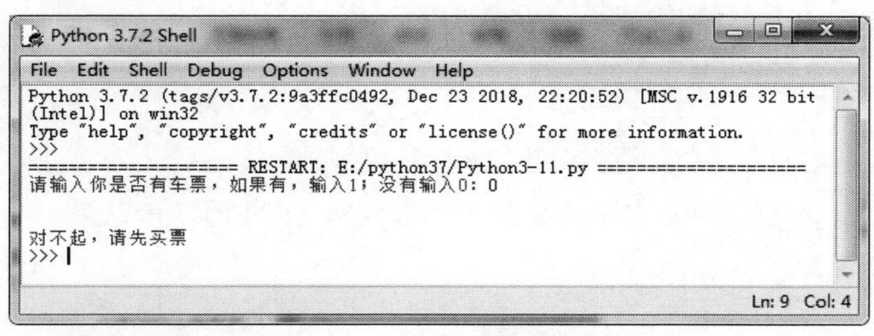

● 图 3.12　没有车票的显示结果

程序运行后，如果你输入 1，即你有车票，这时会提醒你“输入您携带的刀的长度”，如果输入的刀的长度小于或等于 20，这时显示结果如图 3.13 所示。

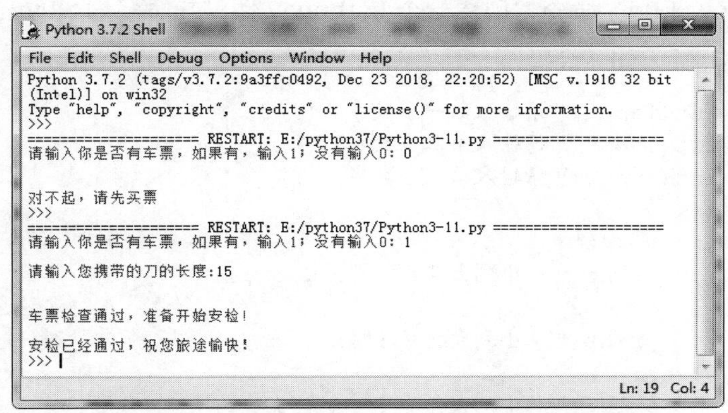

● 图 3.13　有车票并且刀的长度小于或等于 20 的显示结果

如果输入的刀的长度大于 20，这时显示结果如图 3.14 所示。

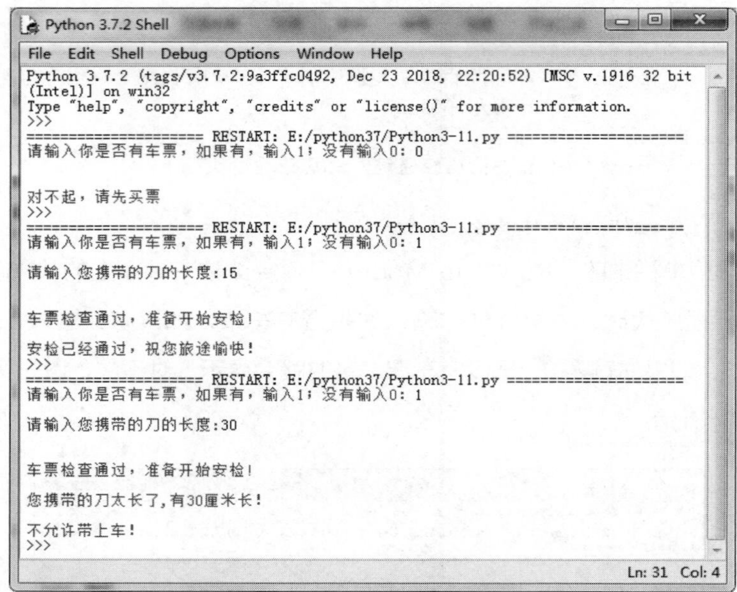

● 图 3.14　有车票并且刀的长度大于 20 的显示结果

3.4.5　实例：从小到大给数字排序

利用 input() 函数，任意输入三个正整数，然后按从大到小的顺序排列显示。

单击“开始”菜单，打开 Python 3.7.2 Shell 软件，然后单击菜单栏中的“File/New File”命令，创建一个 Python 文件，并命名为“Python3-12.py”，然后输入如下代码：

```
x = int(input(" 请输入第一个数字: "))
y = int(input(" 请输入第二个数字: "))
z = int(input(" 请输入第三个数字: "))
if  x < y :
    if  y < z :                                    # 即 x<y<z
        print(" 从小到大排序 :",x , y ,z)
    elif x < z :                                   # 即 x<z<y
        print(" 从小到大排序 :",x , z ,y)
    else :                                         # 即 z<x<y
        print(" 从小到大排序 :",z , x ,y)
else :
```

```
    if  x < z :                                    # 即 y<x<z
        print(" 从小到大排序 :",y , x ,z)
    elif y < z :                                   # 即 y<z<x
        print(" 从小到大排序 :",y , z ,x)
    else :                                         # 即 z<y<x
        print(" 从小到大排序 :",z , y ,x)
```

单击菜单栏中的“Run/Run Module”命令或按下键盘上的“F5”，就可以运行程序代码，根据提醒随意输入三个数，最后这三个数就会从小到大排序，如图 3.15 所示。

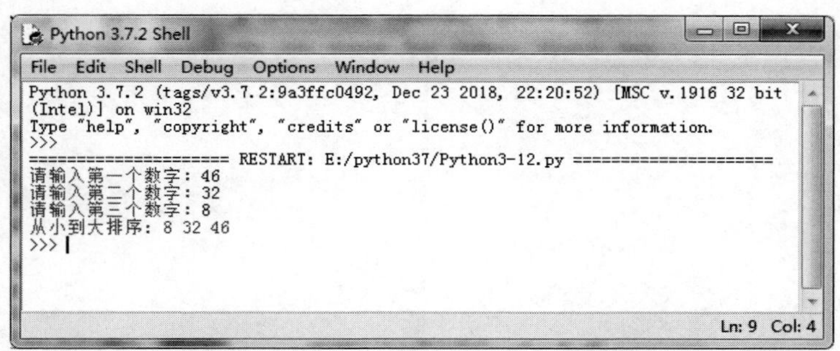

● 图 3.15　从小到大排序数字

第 4 章

Python 的循环结构

在程序设计中，循环是指从某处开始有规律地反复执行某一块语句的现象，我们将复制执行的块语句称为循环的循环体。使用循环体可以简化程序，节约内存、提高效率。Python 中的循环语句有 while 循环和 for 循环。

本章主要内容包括：

- while 循环的一般格式
- 实例：计算 1+2+3+……+100 的和
- 实例：随机产生 10 个随机数，并打印最大的数
- 实例：绘制★的等腰三角形
- 实例：统计字符个数
- while 循环中使用 else 语句的一般格式
- 实例：阶乘求和
- 无限循环
- for 循环的一般格式
- 实例：遍历显示学生的姓名
- 实例：遍历显示字符串中的字符
- 在 for 循环中使用 range() 函数
- 实例：绘制★的菱形
- 实例：查找完数
- 实例：解决数学应用题
- break 语句
- continue 语句
- pass 语句

4.1 while 循环

while 循环是计算机的一种基本循环模式，当满足条件时进入循环，进入循环后，当条件不满足时，跳出循环。

4.1.1 while 循环的一般格式

在 Python 中，while 循环的一般格式如下：

```
while 判断条件:
    语句
```

while 循环语句同样需要注意冒号和缩进。另外，在 Python 中没有 do...while 循环。

4.1.2 实例：计算 1+2+3+……+100 的和

下面编写 Python 代码，计算 1+2+3+……+100 的和。

单击“开始”菜单，打开 Python 3.7.2 Shell 软件，然后单击菜单栏中的“File/New File”命令，创建一个 Python 文件，并命名为“Python4-1.py”，然后输入如下代码：

```
mysum = 0         # 定义两个整型变量
num = 1
while num<=100 :# 条件是 num 小于等于 100，就继续执行 while 循环体中的代码
    mysum= mysum + num
    num +=1       #mysum 变量就是 1+2+3+……+100 的和，而 num 变量是循环计数
print("1 加到 100 的和为：" ,mysum)
```

单击菜单栏中的“Run/Run Module”命令或按下键盘上的“F5”，就可以运行程序代码，如图 4.1 所示。

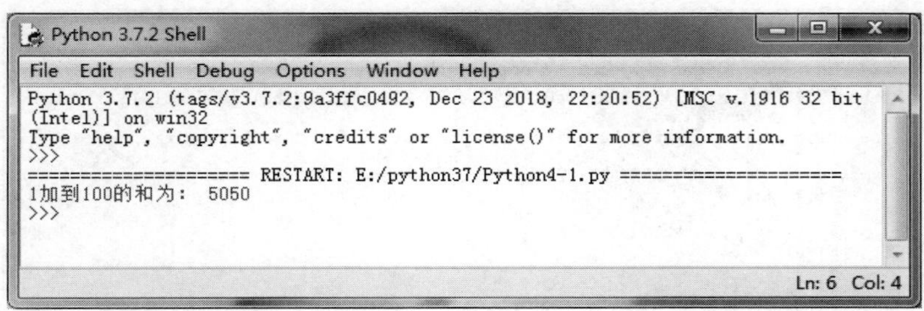
Python 3.7.2 (tags/v3.7.2:9a3ffc0492, Dec 23 2018, 22:20:52) [MSC v.1916 32 bit (Intel)] on win32
Type "help", "copyright", "credits" or "license()" for more information.
>>>
==================== RESTART: E:/python37/Python4-1.py ====================
1加到100的和为： 5050
>>>

● 图 4.1　计算 1+2+3+……+100 的和

4.1.3　实例：随机产生 10 个随机数，并打印最大的数

下面编写 Python 代码，实现随机产生 10 个随机数，并打印最大的数。

单击“开始”菜单，打开 Python 3.7.2 Shell 软件，然后单击菜单栏中的“File/New File”命令，创建一个 Python 文件，并命名为“Python4-2.py”，然后输入如下代码：

```
import random                          # 导入 random 标准库
mymax =0                               # 定义变量，存放随机数中的最大数
i = 1                                  # 定义变量，用于统计循环次数
while i <= 10:
    r = random.randint(1,100)          # 在 1~100 之间随机产生一个数
    i += 1                             # 循环次数加 1
    print(" 第 %d 随机数是 : %s "%(i-1,r)) # 显示第几个随机数是几
    if r > mymax:
        mymax = r                      # 把随机数中的最大数放到 mymax 中
print("\n 这 10 个数中，最大的数是: ",mymax)
```

首先导入 random 标准库，在下面的程序中，就可以利用 randow.randint() 函数；然后定义两个整型变量，分别存放随机数的最大值和用于统计循环次数。

接下来，利用 while 循环语句，产生 10 个随机数，并显示这 10 个随机数，最后显示这 10 个数中最大的数。

单击菜单栏中的“Run/Run Module”命令或按下键盘上的“F5”，就可以运行程序代码，如图 4.2 所示。

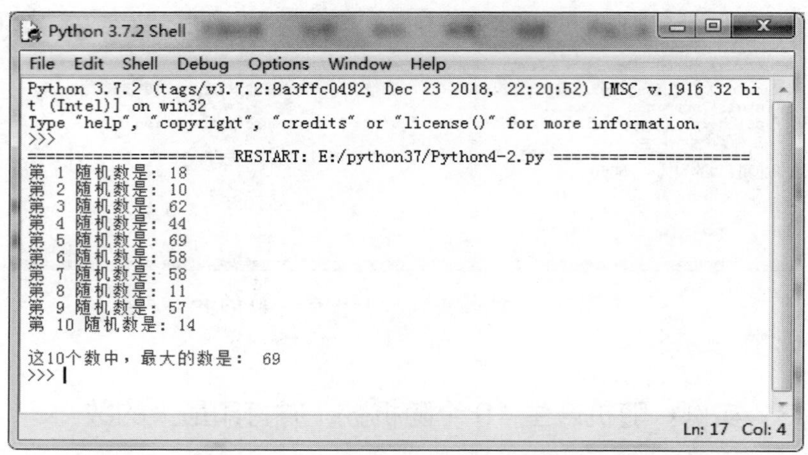
Python 3.7.2 Shell
File Edit Shell Debug Options Window Help
Python 3.7.2 (tags/v3.7.2:9a3ffc0492, Dec 23 2018, 22:20:52) [MSC v.1916 32 bit (Intel)] on win32
Type "help", "copyright", "credits" or "license()" for more information.
>>>
==================== RESTART: E:/python37/Python4-2.py ====================
第 1 随机数是: 18
第 2 随机数是: 10
第 3 随机数是: 62
第 4 随机数是: 44
第 5 随机数是: 69
第 6 随机数是: 58
第 7 随机数是: 58
第 8 随机数是: 11
第 9 随机数是: 57
第 10 随机数是: 14

这10个数中，最大的数是： 69
>>>
Ln: 17 Col: 4

● 图 4.2 随机产生 10 个随机数并打印最大的数

4.1.4 实例：绘制★的等腰三角形

下面编写 Python 代码，绘制★的等腰三角形。

单击“开始”菜单，打开 Python 3.7.2 Shell 软件，然后单击菜单栏中的“File/New File”命令，创建一个 Python 文件，并命名为“Python4-3.py”，然后输入如下代码：

```
n = 8                    # 定义整型变量，设置绘制等腰三角的★个数
i = 0                    # 用来统计循环次数
while i < n:
    # 内容由两部分组成，空格和★符号
    # 空格一开始很多，是 2×（总行数 - 当前行数），然后越来越少
    # ★的个数与行号的关系 ：  ★个数 = 当前行号  ×  2 + 1
    print("%s%s" % ("  "*(n - i), "★"*(i * 2 + 1)))
    i += 1
```

在这里先定义两个整型变量，第一个变量用来设置绘制等腰三角的★个数，第二个变量用来统计循环次数。

接着利用 while 循环打印空格和★符号，空格的个数是 2×（总行数 - 当前行数）；★个数 = 当前行号 × 2 + 1。

单击菜单栏中的“Run/Run Module”命令或按下键盘上的“F5”，就可以运行程序代码，如图 4.3 所示。

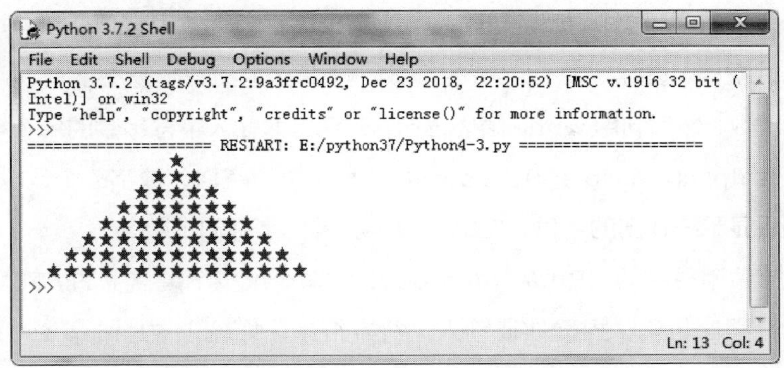

● 图 4.3 绘制★的等腰三角形

4.1.5 实例：统计字符个数

输入一行字符串，分别统计出其中英文字母、空格、数字和其他字符的个数。

单击“开始”菜单，打开 Python 3.7.2 Shell 软件，然后单击菜单栏中的“File/New File”命令，创建一个 Python 文件，并命名为“Python4-4.py”，然后输入如下代码：

```
mystr = input("请输入一行字符串：") #调用 input() 函数输入字符串
myletters = 0    #定义整型变量，用来统计字母的个数
myspaces = 0     #定义整型变量，用来统计空格的个数
mynums = 0       #定义整型变量，用来统计数字的个数
others = 0       #定义整型变量，用来统计其他字符的个数
i =0             #定义整型变量，用来统计循环次数
while  i < len(mystr) :
    mychar = mystr[i]  #定义字符串变量，提取 mystr 中的每个字符
    i = i + 1          #统计循环次数的变量加 1
    if mychar.isalpha() :#调用字符串的 isalpha()，统计字母的个数
        myletters = myletters +1
    elif mychar.isspace() :
        myspaces =myspaces +1
    elif mychar.isdigit() :
        mynums = mynums +1
    else :
        others =others + 1
print("\n字母的个数为：%d" % myletters )
print("空格的个数为：  %d" % myspaces )
print("数字的个数为：  %d" % mynums )
print("其他字符的个数为：  %d" % others )
```

这里首先调用 input() 函数输入字符串，然后定义 4 个整型变量，用于统计字母、空格、数字、其他字符的个数。接着又定义一个整型变量，用来统计循环次数，然后利用 while 循环语句，分别提取输入字符串中的每个字符，再通过 isalpha()、isspace()、isdigit() 统计字母、空格、数字的个数。

最后显示统计出的字母、空格、数字、其他字符的个数。

单击菜单栏中的“Run/Run Module”命令或按下键盘上的“F5”，就可以运行程序代码，提醒你请输入一行字符串，如输入“I am girl，I like cat，1+2=3，5*6=30”，如图 4.4 所示。

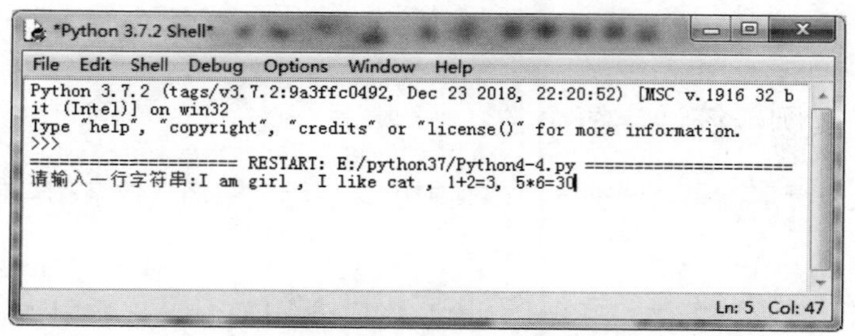

● 图 4.4 输入一行字符串

输入一行字符串后，回车，就可以看到统计信息，即字母、空格、数字、其他字符的个数，如图 4.5 所示。

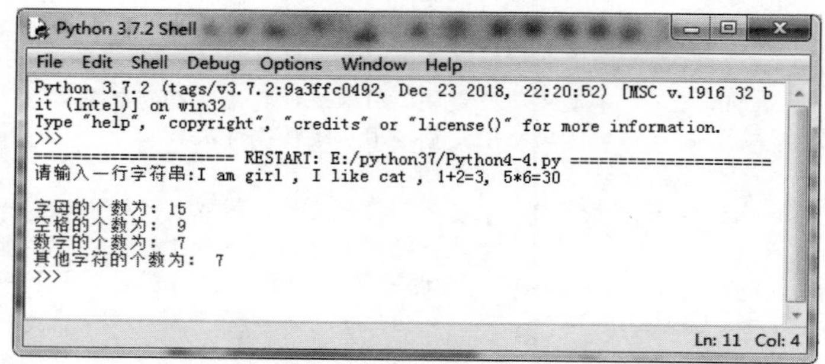

● 图 4.5 字母、空格、数字、其他字符的统计信息

4.2 while 循环中使用 else 语句

在 while……else 语句中，如果条件语句为 False 时，则执行 else 的语句块。

4.2.1 while 循环中使用 else 语句的一般格式

在 Python 中，while 循环中使用 else 语句的一般格式如下：

```
while 判断条件:
    语句 1
else
    语句 2
```

If 语句的执行具体如下：

第一，如果“判断条件”为 True，进入循环，即反复执行“语句 1”块语句。

第二，进入循环后，当条件不满足时，跳出 while 循环，开始执行“语句 2”块语句。

4.2.2 实例：阶乘求和

阶乘是基斯顿 · 卡曼（Christian Kramp，1760 ~ 1826）于 1808 年发明的运算符号，是一个数学术语。

一个正整数的阶乘是所有小于及等于该数的正整数的积，并且 0 的阶乘为 1。自然数 n 的阶乘写作 n!，其计算公式如下：

n!=1×2×3×…×n

下面编写 Python 代码，求出 1！ +2！ +……+30！ 之和。

单击“开始”菜单，打开 Python 3.7.2 Shell 软件，然后单击菜单栏中的“File/New File”命令，创建一个 Python 文件，并命名为“Python4-5.py”，然后输入如下代码：

```
n = 0                    # 定义整型变量，用于统计循环次数
t = 1                    # 定义整型变量，用于计算每个数的阶乘
s = 0                    # 定义整型变量，用于计算阶乘之和
while  n < 30 :
    n = n +1             # 变量 n 加 1
    t = t * n            # 每个数的阶乘
    s = s + t            # 阶乘之和
else :
    print("1!+2!+……+30! = %d" % s)
```

在这里首先定义三个变量，分别用于统计循环次数、计算每个数的阶乘、计算阶乘之和；接下来利用 while 循环语句实现阶乘之和，最后打印输出。

单击菜单栏中的“Run/Run Module”命令或按下键盘上的“F5”，就可以运行程序代码，就可以看到求出 1！ +2！ +……+30！ 之和，如图 4.6 所示。

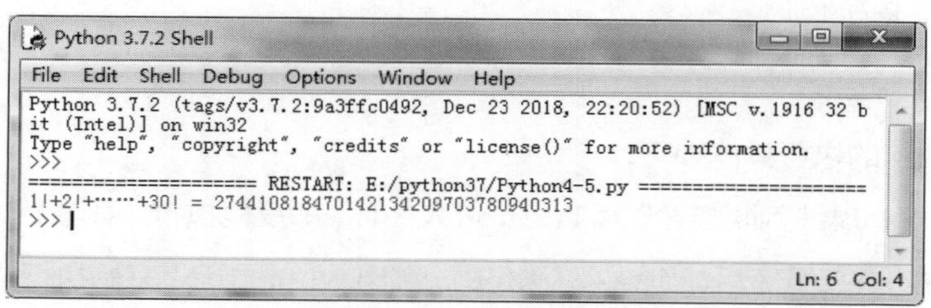

● 图 4.6　阶乘求和

4.3　无限循环

可以通过设置条件表达式永远不为 False 来实现无限循环，下面通过实例来说明一下。

单击“开始”菜单，打开 Python 3.7.2 Shell 软件，然后单击菜单栏中的“File/New File”命令，创建一个 Python 文件，并命名为“Python4-6.py”，然后输入如下代码：

```
num = 1
while num == 1 :        # 表达式永远为 true
   mystr = input(" 请输入一个字母或一个数字   :")
   print (" 您输入的字母或数字是： ", mystr)
```

单击菜单栏中的“Run/Run Module”命令或按下键盘上的“F5”，就可以运行程序代码，这时显示“请输入一个字母或一个数字”，你随便输入一下字母或数字，就会显示这个字母或数字，并继续显示“请输入一个字母或一个数字”，这个程序就这样无限循环运行下去，如图 4.7 所示。

> 提醒：无限循环在服务器的客户端的实时请求非常有用。

对于无限循环，该如何结束程序运行呢？按下键盘上的“Ctrl+C”组合键，就可以结束无限循环。

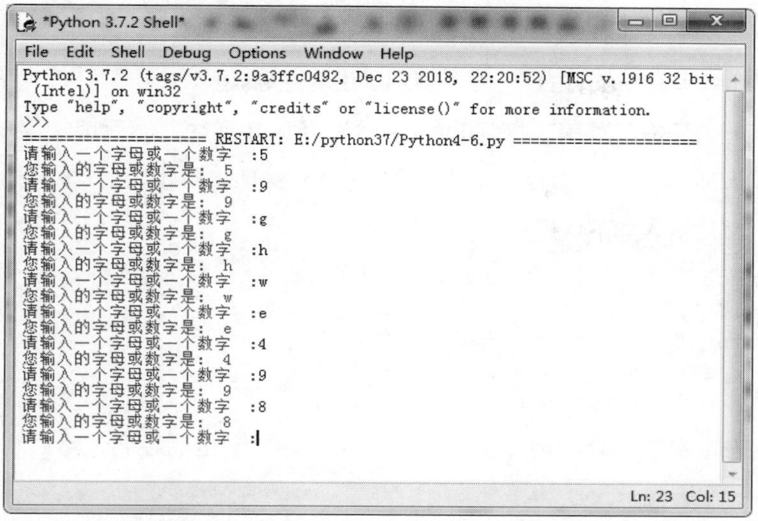

```
*Python 3.7.2 Shell*
File Edit Shell Debug Options Window Help
Python 3.7.2 (tags/v3.7.2:9a3ffc0492, Dec 23 2018, 22:20:52) [MSC v.1916 32 bit
 (Intel)] on win32
Type "help", "copyright", "credits" or "license()" for more information.
>>>
===================== RESTART: E:/python37/Python4-6.py =====================
请输入一个字母或一个数字 :5
您输入的字母或数字是: 5
请输入一个字母或一个数字 :9
您输入的字母或数字是: 9
请输入一个字母或一个数字 :g
您输入的字母或数字是: g
请输入一个字母或一个数字 :h
您输入的字母或数字是: h
请输入一个字母或一个数字 :w
您输入的字母或数字是: w
请输入一个字母或一个数字 :e
您输入的字母或数字是: e
请输入一个字母或一个数字 :4
您输入的字母或数字是: 4
请输入一个字母或一个数字 :9
您输入的字母或数字是: 9
请输入一个字母或一个数字 :8
您输入的字母或数字是: 8
请输入一个字母或一个数字 :|
Ln: 23 Col: 15
```

● 图 4.7　无限循环

4.4　for 循环

for 循环提供了 Python 中最强大的循环结构。for 循环是一种迭代循环机制，而 while 循环是条件循环，迭代即重复相同的逻辑操作，每次操作都是基于上一次的结果而进行的。for 循环可以遍历任何序列的项目，如一个列表或者一个字符串。

4.4.1　for 循环的一般格式

在 Python 中，for 循环的一般格式如下：

```
for <variable> in <sequence>:
    <statements>
```

每次循环，variable 迭代变量被设置为可迭代对象（字符串、序列、迭代器或者是其他支持迭代的对象）的当前元素，提供给 statements 语句块使用。

4.4.2 实例：遍历显示学生的姓名

下面编写 Python 程序，遍历显示学生的姓名。

单击“开始”菜单，打开 Python 3.7.2 Shell 软件，然后单击菜单栏中的“File/New File”命令，创建一个 Python 文件，并命名为“Python4-7.py”，然后输入如下代码：

```
names = ["周涛", "王佳欣", "王雨欣", "张高远","高飞","李硕","周文康","宫志伟"]
print("遍历显示学生的姓名：\n")
for stuname in names:
    print(stuname)
```

首先定义了一个列表变量 names，用于存放学生的姓名，然后利用 for 循环进行遍历显示。

单击菜单栏中的“Run/Run Module”命令或按下键盘上的“F5”，就可以运行程序代码，就可以遍历显示学生的姓名，如图 4.8 所示。

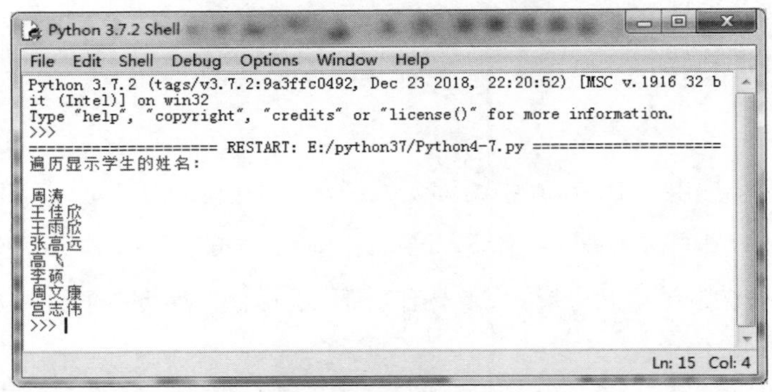

● 图 4.8 遍历显示学生的姓名

4.4.3 实例：遍历显示字符串中的字符

下面编写 Python 程序，遍历显示字符串中的字符。

单击“开始”菜单，打开 Python 3.7.2 Shell 软件，然后单击菜单栏中的“File/New File”命令，创建一个 Python 文件，并命名为“Python4-8.py”，然后输入如下代码：

```
mystr = input("请输入要遍历显示的字符串：")
for char in  mystr :
```

```
print(char)
```

单击菜单栏中的“Run/Run Module”命令或按下键盘上的“F5”，就可以运行程序代码，提醒你“请输入要遍历显示的字符串：”，如图 4.9 所示。

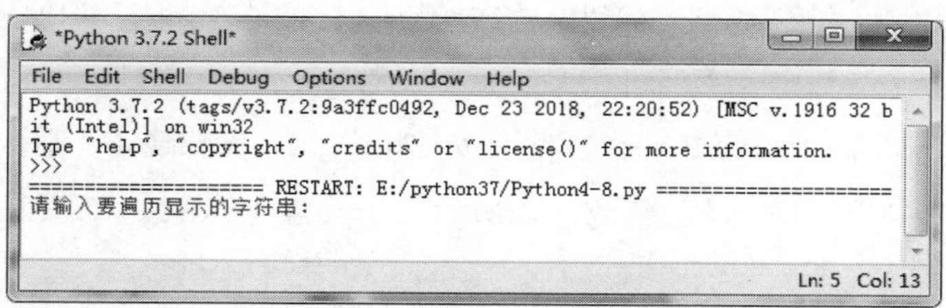

● 图 4.9　输入要遍历显示的字符串

在这里输入“我喜欢 Python 编程语言！”，然后回车，效果如图 4.10 所示。

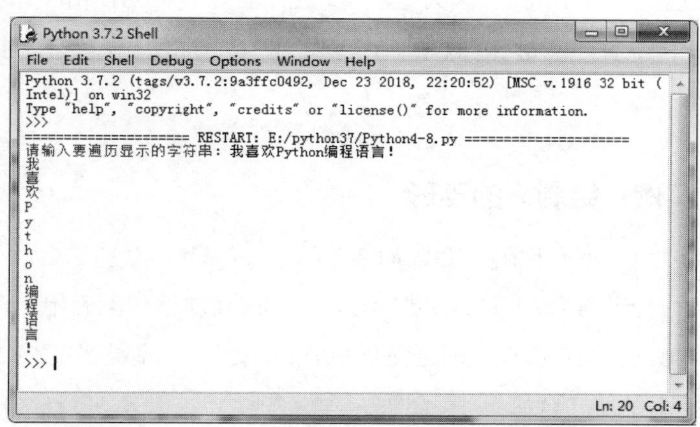

● 图 4.10　遍历显示字符串中的字符

4.5　在 for 循环中使用 range() 函数

如果你需要遍历数字序列，可以使用内置 range() 函数，它会生成数列。

4.5.1　range() 函数

range() 函数的语法如下：

```
range(stop)
range(start, stop[, step])
```

range() 函数是一个用来创建算数级数序列的通用函数，返回一个 [start, start + step, start + 2 * step, ……] 结构的整数序列；range 函数具有一些特性：

第一，如果 step 参数缺省，默认 1；如果 start 参数缺省，默认 0。

第二，如果 step 是正整数，则最后一个元素（start + i×step）小于 stop。

第三，如果 step 是负整数，则最后一个元素（start + i×step）大于 stop。

第四，step 参数必须是非零整数，否则显示异常。

需要注意的是，range() 函数返回一个左闭右开（[left,right)）的序列数。例如 range(4)，显示的是 0，1，2，3，没有 4；range(2，5)，显示的是 2，3，4，没有 5。

4.5.2 实例：绘制★的菱形

下面编写 Python 代码，绘制★的菱形。

单击“开始”菜单，打开 Python 3.7.2 Shell 软件，然后单击菜单栏中的“File/New File”命令，创建一个 Python 文件，并命名为“Python4-9.py”，然后输入如下代码：

```
print("绘制★的菱形\n")
for i in range(4):
    for j in range(2 - i + 1):
        print("  ",end="")
    for k in range(2 * i + 1):
        print('★',end="")
    print()
for i in range(3):
    for j in range(i + 1):
        print("  ",end="")
    for k in range(4 - 2 * i + 1):
        print('★',end="")
    print()
```

单击菜单栏中的“Run/Run Module”命令或按下键盘上的“F5”，就

可以运行程序代码，效果如图 4.11 所示。

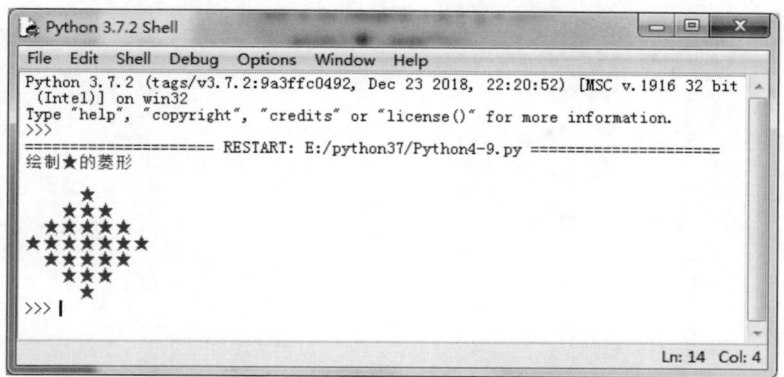

● 图 4.11　绘制★的菱形

4.5.3　实例：查找完数

一个数如果恰好等于它的因子之和，这个数就被称为“完数”，例如 6=1 + 2 + 3。下面编写 Python 代码，查找 500 以内的所有完数。

单击“开始”菜单，打开 Python 3.7.2 Shell 软件，然后单击菜单栏中的“File/New File”命令，创建一个 Python 文件，并命名为“Python4-10.py”，然后输入如下代码：

```
print("显示500以内的所有完数：\n")
for j in range(2, 501):
    k = []
    n = -1
    s = j
    for i in range(1, j):
        if j % i == 0 :
            n = n + 1
            s = s - i
            k.append(i)
    if s == 0:
        print("完数：%d" % j ,"，其因子如下：" )
        for i in range(n+1):
           print(str(k[i]))
```

单击菜单栏中的“Run/Run Module”命令或按下键盘上的“F5”，就可以运行程序代码，效果如图 4.12 所示。

```
Python 3.7.2 Shell
File  Edit  Shell  Debug  Options  Window  Help
Python 3.7.2 (tags/v3.7.2:9a3ffc0492, Dec 23 2018, 22:20:52) [MSC v.1916 32 bit
(Intel)] on win32
Type "help", "copyright", "credits" or "license()" for more information.
>>>
==================== RESTART: E:\python37\Python4-10.py ====================
显示500以内的所有完数:

完数: 6 ，其因子所下:
1
2
3
完数: 28 ，其因子所下:
1
2
4
7
14
完数: 496 ，其因子所下:
1
2
4
8
16
31
62
124
248
>>>
Ln: 27  Col: 4
```

● 图 4.12　查找完数

4.5.4　实例：解决数学应用题

一球从 100 米高度自由落下，每次落地后反跳回原高度的一半；再落下，求它在第 10 次落地时，共经过多少米？第 10 次反弹多高？

下面编写 Python 代码实现。单击“开始”菜单，打开 Python 3.7.2 Shell 软件，然后单击菜单栏中的“File/New File”命令，创建一个 Python 文件，并命名为“Python4-11.py”，然后输入如下代码：

```
Sn = 100.0
Hn = Sn / 2
for n in range(2,11):
    Sn += 2 * Hn
    Hn /= 2
print("第 10 次落地时共经过 %f 米" % Sn)
print('第 10 次反弹 %f 米' % Hn)
```

单击菜单栏中的“Run/Run Module”命令或按下键盘上的“F5”，就可以运行程序代码，结果如图 4.13 所示。

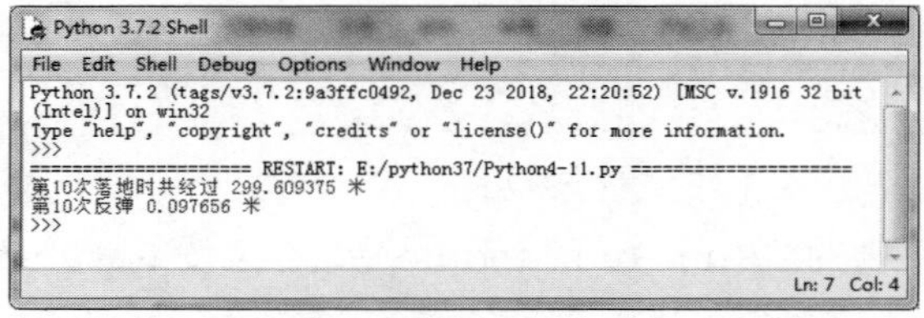

● 图 4.13　第 10 次落地时共经过的米数和第 10 次反弹的高度

猴子吃桃问题：猴子第一天摘下若干个桃子，当即吃了一半，还不过瘾，又多吃了一个；第二天早上又将剩下的桃子吃掉一半，又多吃了一个；以后每天早上都吃了前一天剩下的一半零一个。到第 10 天早上想再吃时，只剩下一个桃子了。求第一天一共摘了多少桃子。

下面编写 Python 代码实现。单击“开始”菜单，打开 Python 3.7.2 Shell 软件，然后单击菜单栏中的“File/New File”命令，创建一个 Python 文件，并命名为“Python4-12.py”，然后输入如下代码：

```
x2 = 1
for day in range(9,0,-1):
    x1 = (x2 + 1) * 2
    x2 = x1
print("第一天共摘 %d 桃子" % x1)
```

单击菜单栏中的“Run/Run Module”命令或按下键盘上的“F5”，就可以运行程序代码，结果如图 4.14 所示。

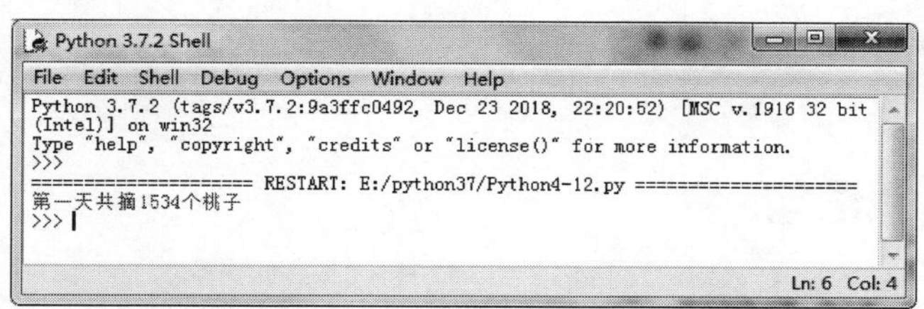

● 图 4.14　第一天共摘 1534 个桃子

有 1、2、3、4 四个数字，能组成多少个互不相同且无重复数字的三位数？都是多少？

下面编写 Python 代码实现。单击“开始”菜单，打开 Python 3.7.2 Shell 软件，然后单击菜单栏中的“File/New File”命令，创建一个 Python 文件，并命名为“Python4-13.py”，然后输入如下代码：

```
n = 0
for i in range(1,5):
    for j in range(1,5):
        for k in range(1,5):
            if( i != k ) and (i != j) and (j != k):
                n= n+1
                print("%d%d%d" %(i,j,k))
print("\n共有 %d 个这样的三位数！ " % n)
```

单击菜单栏中的“Run/Run Module”命令或按下键盘上的“F5”，就可以运行程序代码，结果如图 4.15 所示。

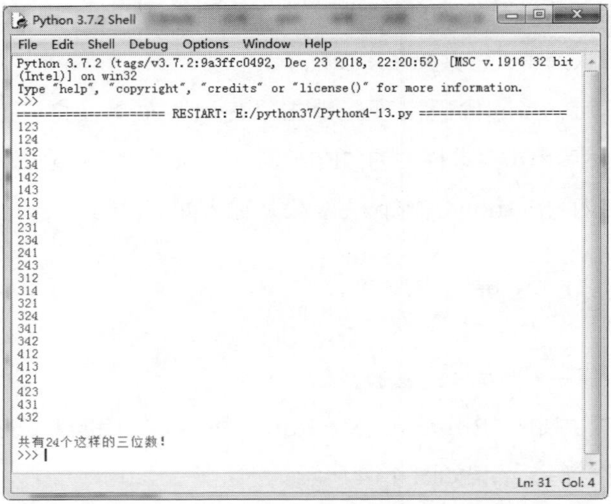

```
Python 3.7.2 Shell
File  Edit  Shell  Debug  Options  Window  Help
Python 3.7.2 (tags/v3.7.2:9a3ffc0492, Dec 23 2018, 22:20:52) [MSC v.1916 32 bit
(Intel)] on win32
Type "help", "copyright", "credits" or "license()" for more information.
>>>
==================== RESTART: E:/python37/Python4-13.py ====================
123
124
132
134
142
143
213
214
231
234
241
243
312
314
321
324
341
342
412
413
421
423
431
432

共有24个这样的三位数!
>>> |
Ln: 31  Col: 4
```

• 图 4.15　共有 24 个这样的三位数

4.6　其他语句

在 Python 的循环结构中，还常常使用其他三种语句，分别是 break 语句、continue 语句和 pass 语句。

4.6.1　break 语句

使用 break 语句可以使流程跳出 while 或 for 的本层循环，特别是在多层次循环结构中，利用 break 语句可以提前结束内层循环。

需要注意的是，如何从 for 或 while 循环中终止，任何对应的循环 else 块将不再执行。

单击“开始”菜单，打开 Python 3.7.2 Shell 软件，然后单击菜单栏中的“File/New File”命令，创建一个 Python 文件，并命名为“Python4-14.py”，然后输入如下代码：

```
for letter in "Python":        # 第一个实例
```

```
    if letter == 'h':
        break
    print ('当前字母为 :', letter)
print()
var = 12                          # 第二个实例
while var > 0:
    print ('当前变量值为 :', var)
    var = var -1
    if var == 6:
        break
print ("\n程序运行完毕，再见！ ")
```

单击菜单栏中的“Run/Run Module”命令或按下键盘上的“F5”，就可以运行程序代码，结果如图 4.16 所示。

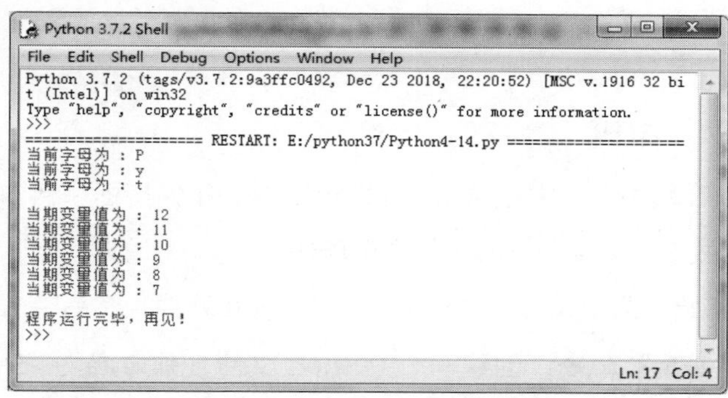

● 图 4.16　break 语句

4.6.2　continue 语句

continue 语句被用来告诉 Python 跳过当前循环块中的剩余语句，然后继续进行下一轮循环，下面通过实例来说明一下。

单击“开始”菜单，打开 Python 3.7.2 Shell 软件，然后单击菜单栏中的“File/New File”命令，创建一个 Python 文件，并命名为“Python4-15.py”，然后输入如下代码：

```
var = 12
while var > 0:
    var = var -1
    if var == 5:                  # 变量为 5 时跳过输出
        continue
    print ('当前变量值 :', var)
print ("\n程序运行完毕，再见！ ")
```

单击菜单栏中的“Run/Run Module”命令或按下键盘上的“F5”，就可以运行程序代码，结果如图 4.17 所示。

```
Python 3.7.2 Shell
File Edit Shell Debug Options Window Help
Python 3.7.2 (tags/v3.7.2:9a3ffc0492, Dec 23 2018, 22:20:52) [MSC v.1916 32 bit
(Intel)] on win32
Type "help", "copyright", "credits" or "license()" for more information.
>>>
==================== RESTART: E:/python37/Python4-15.py ====================
当前变量值 : 11
当前变量值 : 10
当前变量值 : 9
当前变量值 : 8
当前变量值 : 7
当前变量值 : 6
当前变量值 : 4
当前变量值 : 3
当前变量值 : 2
当前变量值 : 1
当前变量值 : 0

程序运行完毕，再见!
>>>
Ln: 18 Col: 4
```

● 图 4.17　continue 语句

4.6.3　pass 语句

在 Python 程序设计中，pass 是空语句，是为了保持程序结构的完整性。pass 语句不做任何事情，一般用作占位语句。

单击“开始”菜单，打开 Python 3.7.2 Shell 软件，然后单击菜单栏中的“File/New File”命令，创建一个 Python 文件，并命名为“Python4-16.py”，然后输入如下代码：

```
for a in "letter":
   if a == 'e':
      pass
      print ('执行 pass 块')
   print ('当前字母 :', a)
print ("\n程序运行完毕，再见! ")
```

单击菜单栏中的“Run/Run Module”命令或按下键盘上的“F5”，就可以运行程序代码，结果如图 4.18 所示。

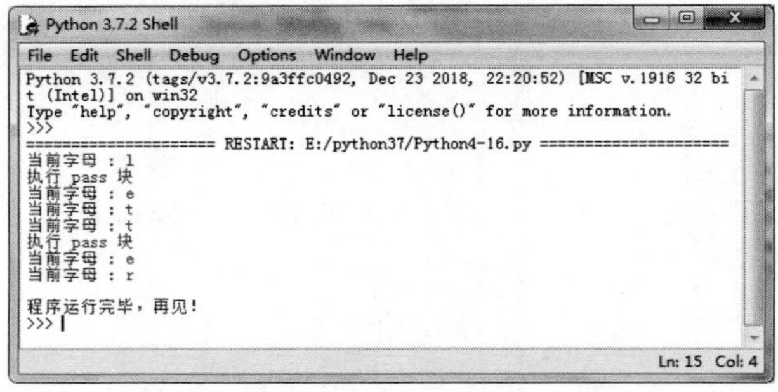

● 图 4.18　pass 语句

第 5 章

Python 的海龟绘图

Turtle 是 Python 内置的一个比较有趣的标准模块，俗称海龟绘图，它是基于 tkinter 库打造，提供一些简单的绘图工具，海龟绘图最初源自 20 世纪 60 年代的 Logo 编程语言，之后一些很酷的 Python 程序员构建了 turtle 库，让其他程序员只需要导入 turtle，就可以在 Python 中使用海龟绘图。

本章主要内容包括：

- Turtle 库概述
- 导入 Turtle 库
- 画笔运动命令及意义
- 实例：绘制简单的图形
- 画笔控制命令及意义
- 实例：绘制太阳花
- 实例：绘制多彩六边形
- 实例：绘制小蟒蛇
- 全局控制命令及意义
- 实例：绘制旋转文字效果
- 实例：绘制太极图
- 实例：绘制矩形螺旋线

5.1 海龟绘图 Turtle 库

利用Python的Turtle库可以绘制很多好玩的图形，下面来详细讲解一下。

5.1.1 Turtle 库概述

Turtle 库是一个点线面的简单图形库，在 Python2.6 之后被引入进来，能够完成一些简单的几何图形绘制。它就像一个小乌龟，在一个横轴为 x、纵轴为 y 的坐标系原点 (0,0) 位置开始，根据一组函数指令的控制，在这个平面坐标系中移动，从而在它爬行的路径上绘制出图形。

5.1.2 导入 Turtle 库

Turtle 库是 Python 内置的图形化模块，属于标准库之一，位于 Python 安装目录的 lib 文件夹下，如图 5.1 所示。

● 图 5.1 Turtle 库的位置

要在 Python 中使用 Turtle 库，首先要导入该库，具体代码如下：

```
import turtle     # 导入 Turtle 库
```

或

```
import turtle  as  t    # 导入 Turtle 库，并指定导入库的别名为 t
```

导入 Turtle 库后，就可以在 Turtle 库的画布上用画笔绘制各种图形。Turtle 库的画布绝对坐标如图 5.2 所示。

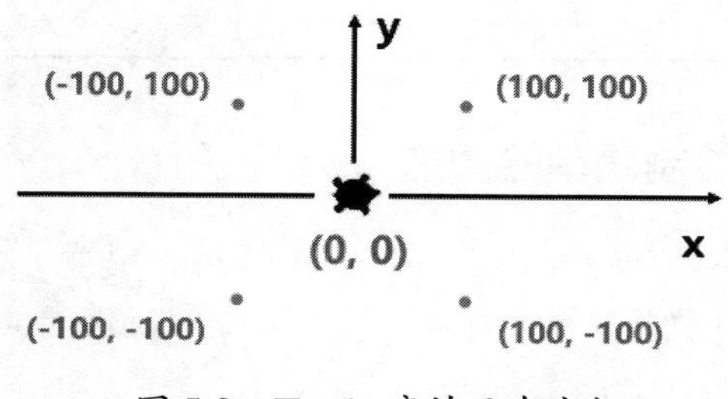

● 图 5.2　Turtle 库的画布坐标

在画布上，坐标原点上有一只面朝 x 轴正方向小乌龟。这里我们描述小乌龟时使用了两个词语，分别是坐标原点（位置）和面朝 x 轴正方向（方向）。在 Turtle 绘图中，就是使用位置方向描述小乌龟（画笔）的状态。

5.2　画笔运动命令

在 Python 程序中，操纵海龟绘图有着许多的命令，这些命令可以分为三种，分别是画笔运动命令、画笔控制命令和全局控制命令。下面先来讲解画笔运动命令。

5.2.1　画笔运动命令及意义

画笔运动命令及意义如表 5.1 所示。

表 5.1　画笔运动命令及意义

turtle.forward()	向当前画笔方向移动多少像素
turtle.backward()	向当前画笔相反方向移动多少像素
turtle.right()	顺时针旋转多少度

续表

turtle.left()	逆时针旋转多少度
turtle.pendown()	移动时绘制图形，即不提笔
turtle.goto(x,y)	将画笔移动到坐标为 (x,y) 的位置
turtle.penup()	移动时不绘制图形，即提起笔
turtle.speed(speed)	画笔绘制的速度范围 [0,10] 整数
turtle.circle()	画圆，半径为正 (负), 表示圆心在画笔的左边 (右边) 画圆

5.2.2 实例：绘制简单的图形

下面利用 turtle.goto(x,y) 绘制一个多边形。单击“开始”菜单，打开 Python 3.7.2 Shell 软件，然后单击菜单栏中的“File/New File”命令，创建一个 Python 文件，并命名为“Python5-1.py”，然后输入如下代码：

```
import turtle    # 导入 Turtle 库
# 注意小乌龟的最初位置在 ( 0,0 )，所以将画笔移动已绘制一条线段
turtle.goto(100, 100)      # 将画笔移动到坐标为 (100,100) 的位置
turtle.goto(100, -100)     # 将画笔移动到坐标为 (100,-100) 的位置
turtle.goto(-100, -100)    # 将画笔移动到坐标为 (-100,-100) 的位置
turtle.goto(-100, 100)     # 将画笔移动到坐标为 (-100,100) 的位置
turtle.goto(0, 0)         # 将画笔移动到坐标为 (0,0) 的位置，绘制一个多边形
```

单击菜单栏中的“Run/Run Module”命令或按下键盘上的“F5”，就可以运行程序代码，结果如图 5.3 所示。

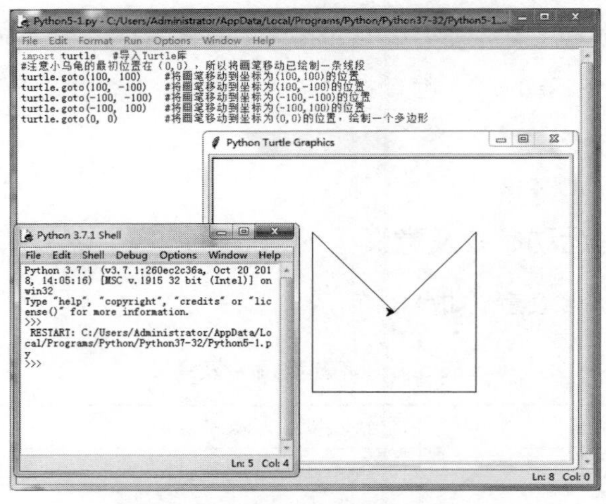

● 图 5.3　绘制一个多边形

下面绘制一个心形。单击“开始”菜单，打开 Python 3.7.2 Shell 软件，然后单击菜单栏中的“File/New File”命令，创建一个 Python 文件，并命名为“Python5-2.py”，然后输入如下代码：

```
import turtle               # 导入 Turtle 库
turtle.penup()              # 移动时不绘制图形，即提起笔
turtle.speed(6)             # 设置画笔绘制的速度为 6
turtle.goto(-30, 100)       # 将画笔移动到坐标为 (-30,100) 的位置
turtle.pendown()            # 移动时绘制图形，即落笔
turtle.left(90)             # 逆时针旋转 90 度
turtle.circle(120,180)      # 绘制圆，半径为 120，弧为 180 度
turtle.circle(360,70)       # 绘制圆，半径为 360，弧为 70 度
turtle.left(38)             # 逆时针旋转 38 度
turtle.circle(360,70)       # 绘制圆，半径为 360，弧为 70 度
turtle.circle(120,180)      # 绘制圆，半径为 121，弧为 180 度
turtle.penup()              # 移动时不绘制图形，即提起笔
turtle.goto(0,0)            # 将画笔移动到坐标为 (0,0) 的位置
turtle.pendown()            # 移动时不绘制图形，即提起笔
```

单击菜单栏中的“Run/Run Module”命令或按下键盘上的“F5”，就可以运行程序代码，结果如图 5.4 所示。

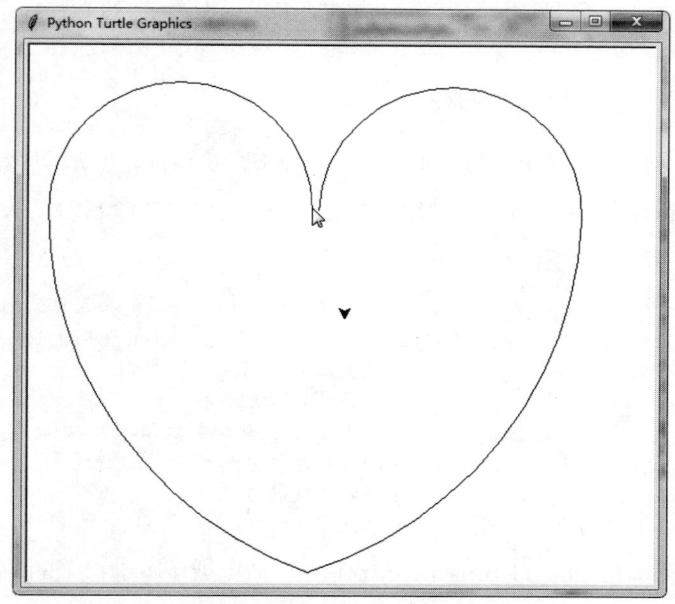

● 图 5.4　绘制一个心形

5.3 画笔控制命令

前面讲解了画笔运动命令，下面来讲解画笔控制命令，即设置画笔的颜色、宽度的命令。

5.3.1 画笔控制命令及意义

画笔控制命令及意义如表 5.2 所示。

表 5.2 画笔控制命令及意义

turtle.pencolor()	画 笔 颜 色
turtle.pensize()	画笔宽度（绘制图形时的宽度）
turtle.color(color1，color2)	同时设置 pencolor=color1，fillcolor=color2
turtle.filling()	返回当前是否在填充状态
turtle.begin_fill()	准备开始填充图形
turtle.end_fill()	填充完成
turtle.hideturtle()	隐藏画笔的 turtle 形状
turtle.showturtle()	显示画笔的 turtle 形状

5.3.2 实例：绘制太阳花

单击“开始”菜单，打开 Python 3.7.2 Shell 软件，然后单击菜单栏中的“File/New File”命令，创建一个 Python 文件，并命名为“Python5-3.py”，然后输入如下代码：

```
import turtle as t         # 导入 Turtle 库，并指定导入库的别名为 t
t.color("red", "yellow")  # 同时设置 pencolor=red, fillcolor =yellow
t.speed(10)                # 设置画笔绘制的速度为 10
t.begin_fill()             # 准备开始填充图形
for x in range(50):        # 利用 for 循环绘制太阳花
    t.forward(200)         # 向当前画笔方向移动 200 像素
    t.left(170)            # 逆时针旋转 170 度
t.end_fill()               # 填充完成
```

单击菜单栏中的“Run/Run Module”命令或按下键盘上的“F5”，就可以运行程序代码，结果如图 5.5 所示。

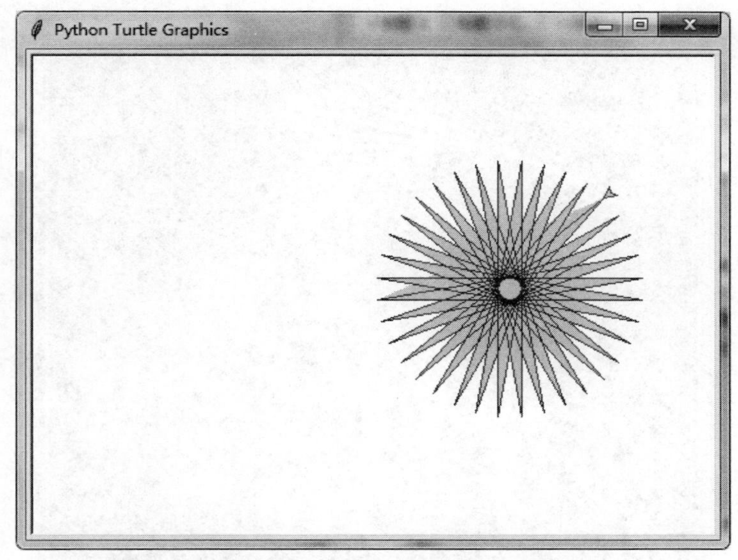

● 图 5.5　绘制太阳花

5.3.3 实例：绘制多彩六边形

单击“开始”菜单，打开 Python 3.7.2 Shell 软件，然后单击菜单栏中的“File/New File”命令，创建一个 Python 文件，并命名为“Python5-4.py”，然后输入如下代码：

```
import turtle as t      # 导入 Turtle 库，并指定导入库的别名为 t
t.bgcolor("black")      # 设置背景颜色为黑色
sides = 6               # 变量 sides 为 6，即绘制六边形
# 定义颜色变量
colors = ["red", "yellow", "green", "blue", "orange", "purple"]
# 利用 for 循环绘制多彩六边形
for x in range(360):
    t.pencolor(colors[x % sides])
    t.forward(x * 3 / sides + x)
    t.left(360 / sides + 1)
    t.width(x * sides / 200)
```

单击菜单栏中的“Run/Run Module”命令或按下键盘上的“F5”，就可以运行程序代码，结果如图 5.6 所示。

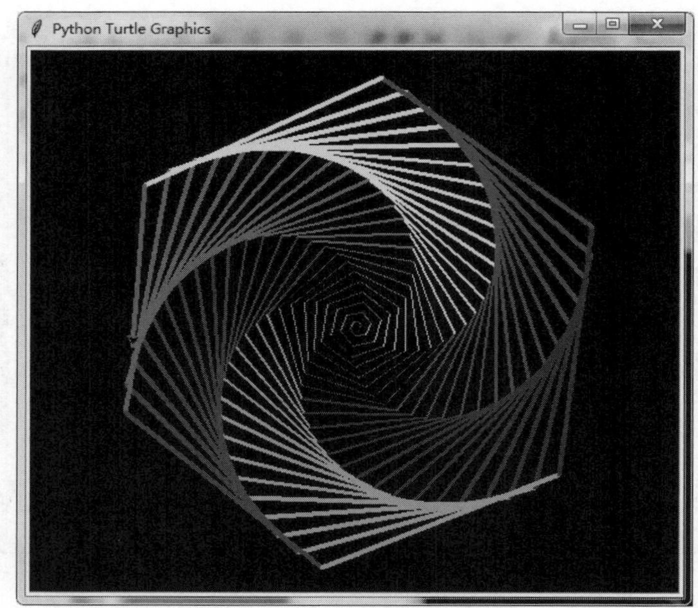

● 图 5.6　绘制多彩六边形

5.3.4　实例：绘制小蟒蛇

单击“开始”菜单，打开 Python 3.7.2 Shell 软件，然后单击菜单栏中的“File/New File”命令，创建一个 Python 文件，并命名为“Python5-5.py”，然后输入如下代码：

```
import turtle                    # 导入 Turtle 库
turtle.penup()                   # 抬起笔
turtle.pencolor("green")         # 设置画笔颜色为绿色
turtle.forward(-250)             # 向当前画笔方向移动 -250 像素
turtle.pendown()                 # 落笔，开始画
turtle.pensize(20)               # 设置画笔大小为 20
turtle.right(45)                 # 顺时针旋转 45 度
                                 # 利用 for 循环绘制 4 个半圆
for i in range(4):
    turtle.circle(40, 80)
    turtle.circle(-40, 80)
turtle.circle(40, 80 / 2)
turtle.forward(40)               # 向当前画笔方向移动 40 像素
turtle.circle(16, 180)
turtle.forward(40 * 2 / 3)
turtle.done()                    # 停止画笔绘制，但绘图窗体不关闭
```

单击菜单栏中的“Run/Run Module”命令或按下键盘上的“F5”，就可以运行程序代码，结果如图 5.7 所示。

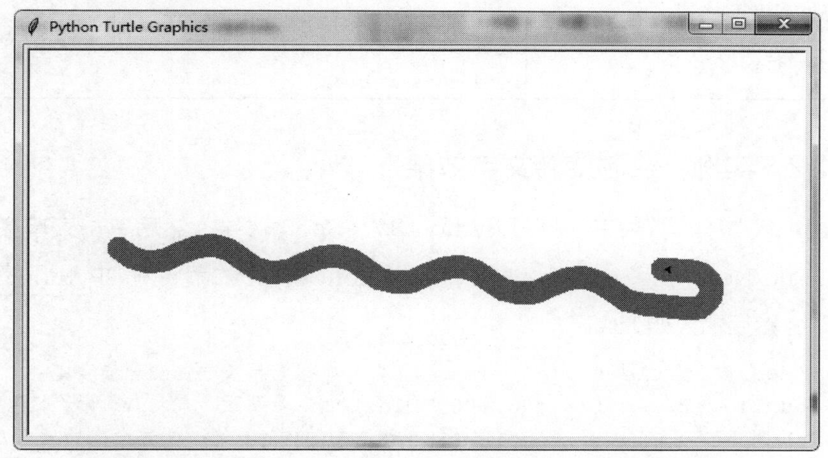

● 图 5.7　绘制小蟒蛇

5.4　全局控制命令

前面讲解了画笔运动命令和画笔控制命令，下面来讲解全局控制命令，即设置画布的大小和背景颜色、清空窗口、复制图形、写文本等。

5.4.1　全局控制命令及意义

全局控制命令及意义如表 5.3 所示。

表 5.3　全局控制命令及意义

turtle.screensize()	设置画布的宽 (单位像素)、高、背景颜色
turtle.setup()	设置画布的大小，还可以设置窗口左上角顶点的位置
turtle.clear()	清空 turtle 窗口，但是 turtle 的位置和状态不会改变
turtle.reset()	清空窗口，重置 turtle 状态为起始状态
turtle.undo()	撤销上一个 turtle 动作
turtle.isvisible()	返回当前 turtle 是否可见

续表

turtle.stamp()	复制当前图形
turtle.write()	写文本
turtle. shape()	设置乌龟的图形形状，取值：“arrow”、“turtle”、“circle”、“square”、“triangle”、“classic”

5.4.2 实例：绘制旋转文字效果

单击“开始”菜单，打开 Python 3.7.2 Shell 软件，然后单击菜单栏中的“File/New File”命令，创建一个 Python 文件，并命名为“Python5-6.py”，然后输入如下代码：

```
import turtle                                #导入 turtle 标准库
turtle.screensize(800,600,"black")  #设置画布大小及背景颜色
stuname = turtle.textinput("请输入学生的姓名：","学生的姓名")
                                         #调用 textinput 函数输入学生姓名
mycolors = ["green","red","blue","yellow"]
                                             #定义列表变量，存放颜色
for  x  in  range(80) :                     #利用 for 循环显示文本
    turtle.pencolor(mycolors[x % 4])#设置画笔颜色
    turtle.penup                             #抬笔
    turtle.forward(x * 4)                    #向前移动像素
    turtle.down()                            #落笔
    turtle.write(stuname,font=("Arial",int((x+4)
/4),"bold"))                                 #写文本并显示
    turtle.left(93                           #逆时针旋转 93 度
```

在这里首先导入 turtle 标准库，然后调用 screensize() 函数设置画布大小及背景颜色，这里画布大小为 800×600 像素，背景颜色为黑色。

接着调用 textinput() 函数，实现动态输入学生的姓名。需要注意的是，运行时该函数会弹出一个对话框，并在对话框中有提示信息。所以 textinput() 函数有两个字符串型的必需参数，第一个参数是对话框的标题，第二个参数是对话框中有提示信息。

然后定义列表变量，存放颜色。接着利用 for 循环显示输入的文本。

在这里还要注意 write() 函数，第一个参数是显示的内容，第二个参数设置字体格式，即字体类型、字体大小、字体是否加粗等。

单击菜单栏中的“Run/Run Module”命令或按下键盘上的“F5”，

就可以运行程序代码，弹出提示对话框，如图 5.8 所示。

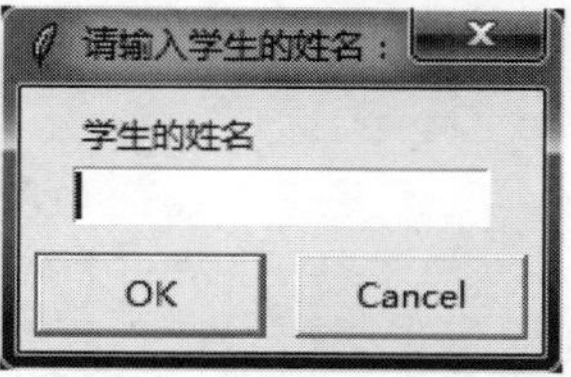

● 图 5.8　提示对话框

在这里输入学生的姓名为“李红波”，然后单击“OK”按钮，这开始绘制旋转文字，最终效果如图 5.9 所示。

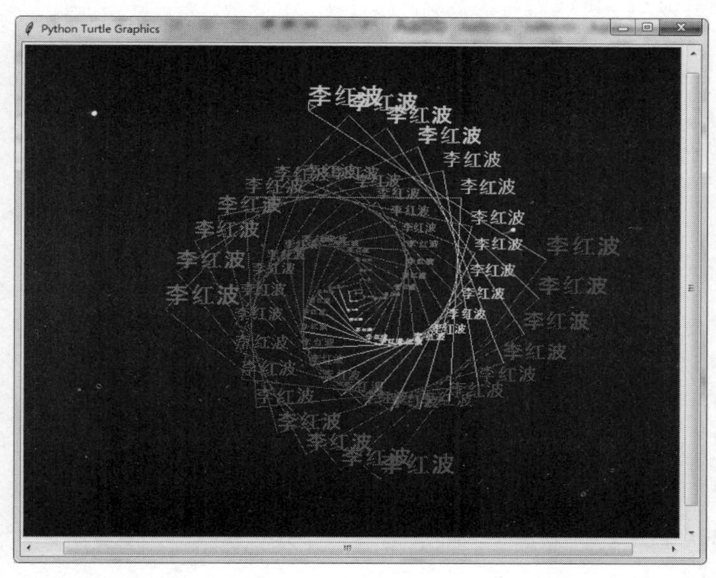

● 图 5.9　旋转文字效果

5.4.3　实例：绘制太极图

单击“开始”菜单，打开 Python 3.7.2 Shell 软件，然后单击菜单栏中的“File/New File”命令，创建一个 Python 文件，并命名为“Python5-7.py”，然后输入如下代码：

```
    import turtle                         # 导入 turtle 标准库
    R = 150                               # 太极图半径
    turtle.screensize(400, 300, "yellow")      # 画布长、宽、背景
色，长宽单位为像素
    turtle.pensize(3)                     # 画笔宽度
    turtle.pencolor('black')              # 画笔颜色
    turtle.speed(10)                      # 画笔移动速度
    TJT_color = {1: 'white', -1: 'black'}      # 太极图填充色 1
白色 -1 黑色
```

```
    color_list = [1, -1]
    #先画半边，再画另一边
    for c in color_list:
        turtle.fillcolor(TJT_color.get(c))  # 获取该半边的填充色
        turtle.begin_fill()          # 开始填充
        #开始画出半边的轮廓
        turtle.circle(R / 2, 180)
        turtle.circle(R, 180)
        turtle.circle(R / 2, -180)
        turtle.end_fill()            #结束填充 上色完成
                                     #绘制该半边的鱼眼
        turtle.penup()               #提起画笔，移动不留痕
        turtle.goto(0, R / 3 * c)   #移动到该半边的鱼眼的圆上 R/3*c
表示移动到哪边
        turtle.pendown()             #放下画笔，移动留痕
         turtle.fillcolor(TJT_color.get(-c))   #获取鱼眼填充色 ， 与
该半边相反
        turtle.begin_fill()
        turtle.circle(-R / 6, 360)
        turtle.end_fill()
                                     #回到原点，为下一循环的开始做准备
        turtle.penup()
        turtle.goto(0, 0)
        turtle.pendown()
```

在这里首先导入 turtle 标准库，然后进行绘制之前的设置，即太极图半径、画布大小及背景、画笔宽度、画笔颜色、画笔移动速度、填充颜色。

然后利用 for 循环先画太极图的半边，再画另一边。

单击菜单栏中的“Run/Run Module”命令或按下键盘上的“F5”，就可以运行程序代码，太极图效果如图 5.10 所示。

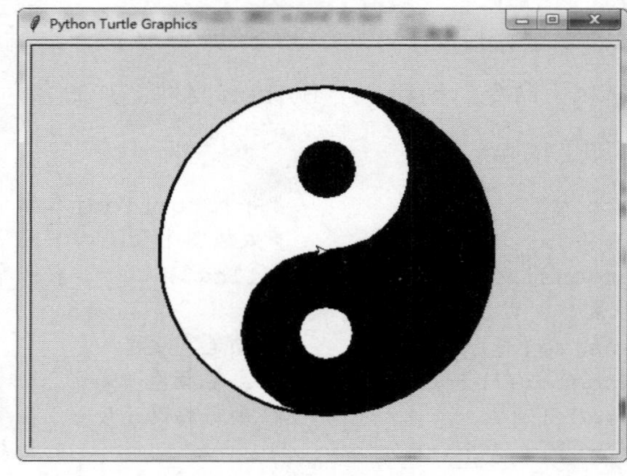

● 图 5.10 太极图效果

5.4.4 实例：绘制矩形螺旋线

单击“开始”菜单，打开 Python 3.7.2 Shell 软件，然后单击菜单栏中的“File/New File”命令，创建一个 Python 文件，并命名为“Python5–8.py”，然后输入如下代码：

```
import turtle                          # 导入 turtle 标准库
n = 300                                # 绘制矩形螺旋线的大小
turtle.screensize(400,300,"black")     # 设置画布大小和颜色
turtle.penup()                         # 抬笔
turtle.goto(-100,150)                  # 移动到 (-100,150) 位置
turtle.pendown()                       # 落笔
turtle.pencolor("yellow")              # 画笔颜色为黄色
for i in range(300):                   # 利用 for 循环绘制矩形螺旋线
    n = n - 1
    if n < 200 :
        turtle.pencolor("red")
    turtle.speed(10)
    turtle.forward(n)
    turtle.right(90)
```

单击菜单栏中的“Run/Run Module”命令或按下键盘上的“F5”，就可以运行程序代码，矩形螺旋线效果如图 5.11 所示。

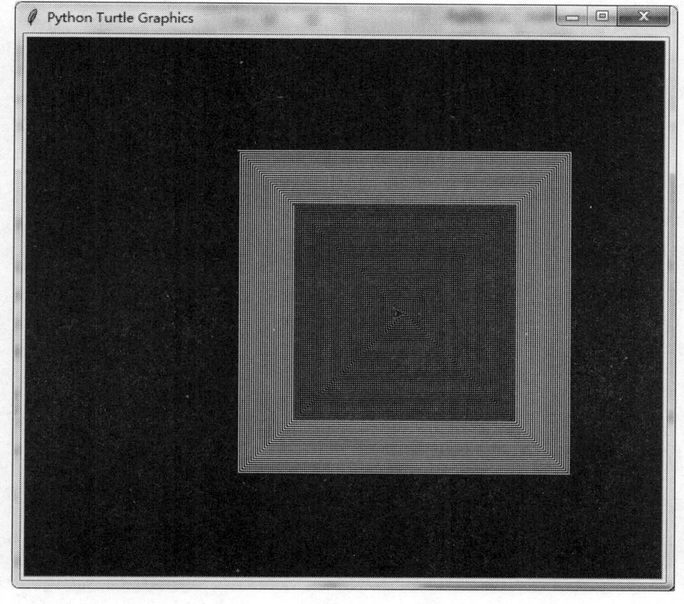

● 图 5.11　绘制矩形螺旋线

第6章

Python 的特征数据类型

Python 有两个基本数据类型，即数值和字符串；有 4 个特征数据类型，分别是列表、元组、字典、集合。本章来详细讲解一下 Python 的 4 个特征数据类型。

本章主要内容包括：

- 列表的定义
- 访问、修改、删除列表中的值
- 列表的函数和方法
- 实例：排序数字
- 实例：彩色的蜘蛛网
- 创建元组和连接元组
- 访问元组中的值和删除整个元组
- 元组的函数
- 实例：显示自动售货系统中的数据
- 实例：绘制五角星
- 创建字典和修改字典
- 访问字典中的值和键
- 字典中的函数
- 实例：用户注册系统
- 实例：用户登录系统
- 创建集合和集合的两个基本功能
- 集合的运算符和方法
- 实例：利用集合排序无重复的随机数

6.1 列表

列表是Python程序设计中最常用的数据类型之一。列表是一个可变序列，序列中的每个元素都分配一个数字，即它的位置或索引。第一个索引是 0，第二个索引是 1，依此类推。

6.1.1 列表的定义

在 Python 语言中，是用中括号 [ ] 来解析列表的。列表中的元素可以是数学、字符串、列表、元组等。创建一个列表，只要把逗号分隔的不同的数据项使用中括号括起来即可，具体如下：

```
list1 = ["C" , "python", "C++" , "Java"]
list2 = [11, 22, 53, 84, 95 ,206 ]
list3 = ["张亮", "男", 96]
```

还可以定义空列表，具体如码如下：

```
List4 = []
```

6.1.2 访问列表中的值

可以使用下标索引来访问列表中的值，也可以使用中括号的形式截取字符，还可以利用 for 循环语句来遍历列表中的值。

单击“开始”菜单，打开 Python 3.7.2 Shell 软件，然后单击菜单栏中的“File/New File”命令，创建一个 Python 文件，并命名为“Python6-1.py”，然后输入如下代码：

```
#定义列表变量
list1 = ["C" , "python", "C++" , "Java" ]
#使用下标索引来访问列表中的值
print ("列表中的第一个值，list1[0]: ", list1[0])
print ("列表中的第三个值，list1[3]: ", list1[2])
```

```
#使用中括号的形式截取字符
print ("\n列表中的第二个和第三个值，list1[1:3]: ", list1[1:3])
#利用for循环语句来遍历列表中的值
print("\n利用for循环语句来遍历列表中的值")
for i in list1:
    print(i)
```

单击菜单栏中的“Run/Run Module”命令或按下键盘上的“F5”，就可以运行程序代码，结果如图 6.1 所示。

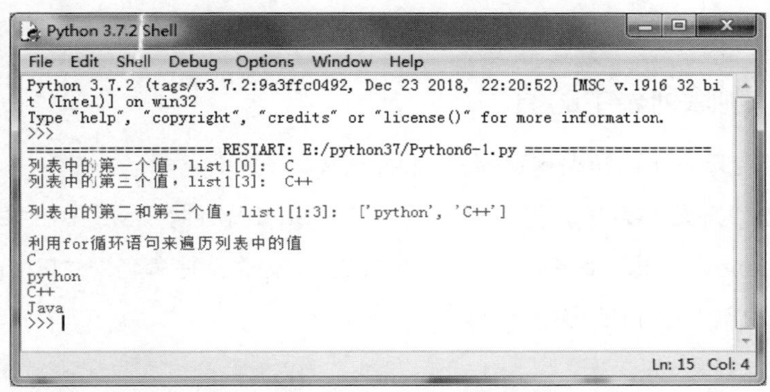

● 图 6.1　访问列表中的值

6.1.3 修改列表中的值

可以对列表的数据项进行修改或更新，也可以使用 append() 方法来添加列表项，需要注意的是，利用 append() 每次只能添加一个列表项。

单击“开始”菜单，打开 Python 3.7.2 Shell 软件，然后单击菜单栏中的“File/New File”命令，创建一个 Python 文件，并命名为“Python6-2.py”，然后输入如下代码：

```
#定义列表变量
list1 = ["C" , "python", "C++" , "Java" ]
print ("第三个元素为 : ", list1[2])
list1[2] = "PHP"
print ("修改后的第三个元素为 : ", list1[2])
list1.append("Julia")
print ("修改后的列表 : ", list1)
```

单击菜单栏中的“Run/Run Module”命令或按下键盘上的“F5”，就可以运行程序代码，结果如图 6.2 所示。

```
Python 3.7.2 Shell
File Edit Shell Debug Options Window Help
Python 3.7.2 (tags/v3.7.2:9a3ffc0492, Dec 23 2018, 22:20:52) [MSC v.1916 32 bit (Intel)] on win32
Type "help", "copyright", "credits" or "license()" for more information.
>>>
===================== RESTART: E:/python37/Python6-2.py =====================
第三个元素为 :  C++
修改后的第三个元素为 :  PHP
修改后的列表 :  ['C', 'python', 'PHP', 'Java', 'Julia']
>>>
Ln: 8 Col: 4
```

● 图 6.2　修改列表中的值

6.1.4　删除列表中的值

可以使用 del 语句来删除列表中的元素。

单击“开始”菜单，打开 Python 3.7.2 Shell 软件，然后单击菜单栏中的“File/New File”命令，创建一个 Python 文件，并命名为“Python6-3.py”，然后输入如下代码：

```
# 定义列表变量
list1 = ["C" , "python", "C++" , "Java" ]
print(" 没有删除元素之前的列表数据: ",list1)
del list1[2]
print ("\n 删除第三个元素之后的列表数据 : ", list1)
# 删除列表，就可以删除列表中的所有数据
del list1
print(" 成功删除所有列表数据！ ")
```

单击菜单栏中的“Run/Run Module”命令或按下键盘上的“F5”，就可以运行程序代码，结果如图 6.3 所示。

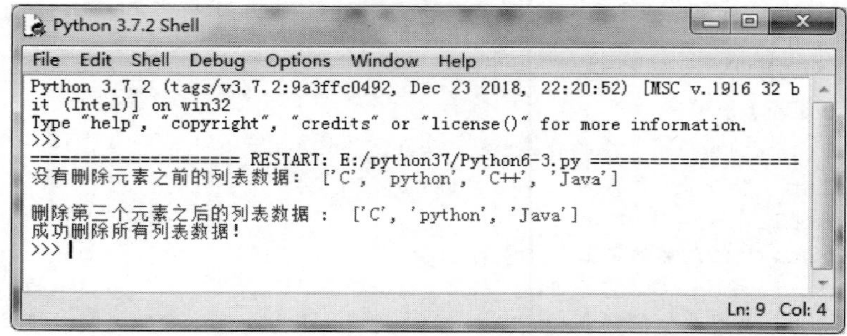

● 图 6.3　删除列表中的值

6.1.5 列表的函数

列表包括 5 个函数，函数的名称及意义如表 6.1 所示。

表 6.1 列表的函数名及意义

列表的函数名	意　义
len(list)	列表元素个数
max(list)	返回列表元素最大值
min(list)	返回列表元素最小值
list(seq)	将元组转换为列表
id(list)	获取列表对象的内存地址

需要注意的是，如果要使用 max() 和 min() 函数，列表中的数据要属于同一个类型，即要么都是数值类型，要么都是字符串。

单击“开始”菜单，打开 Python 3.7.2 Shell 软件，然后单击菜单栏中的“File/New File”命令，创建一个 Python 文件，并命名为“Python6-4.py”，然后输入如下代码：

```
#list1 列表中都是字符串数据
list1 = ["我","爱","python"]
#list2 列表中都是数值型数据
list2 = [100, 200, 300,400,125]
print("list1 的最大值 :", max(list1) )
print("list2 的最大值 :", max(list2) )
print("list1 的最小值 :", min(list1) )
print("list2 的最小值 :", min(list2) )
print("list1 的元数个数 :",len(list1))
print("list2 的元数个数 :",len(list2))
 # id() 函数用于获取对象的内存地址
print("\n 我的内存地址值: ", id(list1[0]) )
print("爱的内存地址值: ", id(list1[1]) )
print("python 的内存地址值", id(list1[2]) )
aTuple = (123, 'Google', 'Runoob', 'Taobao')  # 定义元组
list1 = list(aTuple)                          # 把元组变成列表
print ("\n 列表元素 : ", list1)
```

单击菜单栏中的“Run/Run Module”命令或按下键盘上的“F5”，就可以运行程序代码，结果如图 6.4 所示。

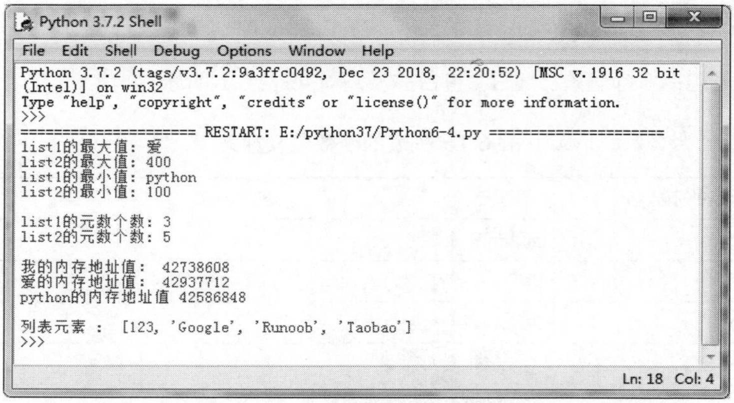

```
Python 3.7.2 Shell
File  Edit  Shell  Debug  Options  Window  Help
Python 3.7.2 (tags/v3.7.2:9a3ffc0492, Dec 23 2018, 22:20:52) [MSC v.1916 32 bit
(Intel)] on win32
Type "help", "copyright", "credits" or "license()" for more information.
>>>
==================== RESTART: E:/python37/Python6-4.py ====================
list1的最大值: 爱
list2的最大值: 400
list1的最小值: python
list2的最小值: 100

list1的元数个数: 3
list2的元数个数: 5

我的内存地址值:  42738608
爱的内存地址值:  42937712
python的内存地址值 42586848

列表元素 :  [123, 'Google', 'Runoob', 'Taobao']
>>>
                                                              Ln: 18  Col: 4
```

● 图 6.4　列表的函数

6.1.6　列表的方法

前面已讲解列表的 append() 方法，下面来讲解一下其他列表方法。列表的方法名称及意义如表 6.2 所示。

表 6.2　列表的方法名称及意义

列表的方法名称	意　　义
list.copy()	复制列表
list.clear()	清空列表
list.sort([func])	对原列表进行排序
list.reverse()	反向列表中的元素
list.remove(obj)	移除列表中某个值的第一个匹配项
list.pop(obj=list[-1])	移除列表中的一个元素（默认最后一个元素），并且返回该元素的值
list.insert(index，obj)	将对象插入列表
list.index(obj)	从列表中找出某个值第一个匹配项的索引位置
list.extend(seq)	在列表末尾一次性追加另一个序列中的多个值（用新列表扩展原来的列表）
list.count(obj)	统计某个元素在列表中出现的次数

单击“开始”菜单，打开 Python 3.7.2 Shell 软件，然后单击菜单栏中的“File/New File”命令，创建一个 Python 文件，并命名为“Python6-5.py”，然后输入如下代码：

```
#定义列表变量
```

```
    list1 = ["C" , "python", "C++" , "Java" ]
    print("原来列表 list1 中的数据: ",list1)
    list2 = list1.copy()                     # 复制列表
    print("\n 复制列表 list2 中的数据: ",list2)
    list2.reverse()
    print("反向显示列表 list2 中的数据: ",list2)
    list2.sort()
    print("排序显示列表 list2 中的数据: ",list2)
    list2.remove("C++")
    print("\n 移除 "C++" 后的列表 list2 中的数据: ",list2)
    list2.pop()
    print("移除最后一项数据后的列表 list2 中的数据 ",list2)
    list2.insert(1,"C#")
    print("\n 利用 insert 插入一项数据: ",list2)
    list2.extend(["VB","VC","C","Julia","C++","PHP"])
    print("利用 extend 插入多项数据: ",list2)
    print("\n 查找 list2 列中是否有 "C#"，如果有是第几个数据: ",list2.
index("C#"))
    print("统计一下 "C" 在 list2 中出现几次: ",list2.count("C"))
    list2.clear()
    print ("\n 列表 list2 清空后 : ", list2)
    print("原来列表 list1 中的数据: ",list1)
```

在这里需要注意的是，list2.clear() 只是把列表中的数据清空了，但 list2 对象还存在。而 del list2，不仅把列表中的数据清空了，还删除了 list2 对象。

单击菜单栏中的“Run/Run Module”命令或按下键盘上的“F5”，就可以运行程序代码，结果如图 6.5 所示。

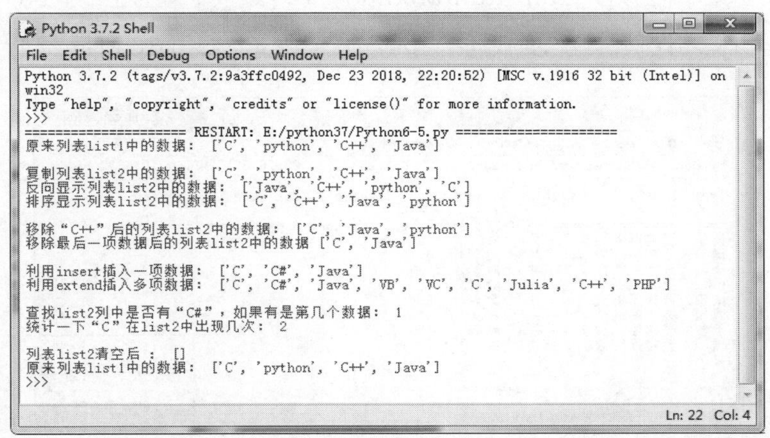

● 图 6.5　列表的方法

6.1.7 实例：排序数字

前面利用 if 语句实现三个数的排序很麻烦，但如果利用列表来实现，就简单很多，并且可以实现多个数字的排序，下面通过实例来讲解一下。

单击“开始”菜单，打开 Python 3.7.2 Shell 软件，然后单击菜单栏中的“File/New File”命令，创建一个 Python 文件，并命名为“Python6-6.py”，然后输入如下代码：

```
list1 = []                          # 定义一个空列表
for i in  range(8) :                # 利用 for 循环向列表中添加数据
    mynum = int(input(" 请输入要排序的数字（一共 8 个数字）： "))
    list1.append(mynum)
list1.sort()                        # 默认为升序
print("\n 从小到大排序数字 :",list1)
list1.sort(reverse = True)          # 设置排序为降序
print("\n 从大到小排序数字 :",list1)
print("\n 数字中的最大值: ",max(list1))
print(" 数字中的最小值: ",min(list1))
```

首先定义一个空列表，然后利用 for 循环向列表中添加 8 个数字。需要注意的是，这里是利用 input() 函数实现动态输入。

然后利用列表的 sort() 方法来排序，需要注意的是，默认排序方式为升序，要降序排列数字，需要添加 reverse=True。最后调用 max() 和 min() 函数显示数字中的最大值和最小值。

单击菜单栏中的“Run/Run Module”命令或按下键盘上的“F5”，就可以运行程序代码，首先要根据提示输入 8 个数字，如图 6.6 所示。

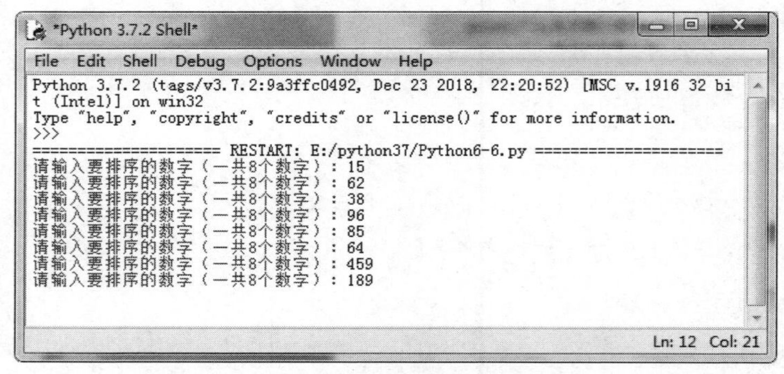

● 图 6.6　输入 8 个数字

正确输入 8 个数字后，然后回车，就可以看到这 8 个数字的升序、降序排列效果，还可以看到这 8 个数字中的最大值和最小值，如图 6.7 所示。

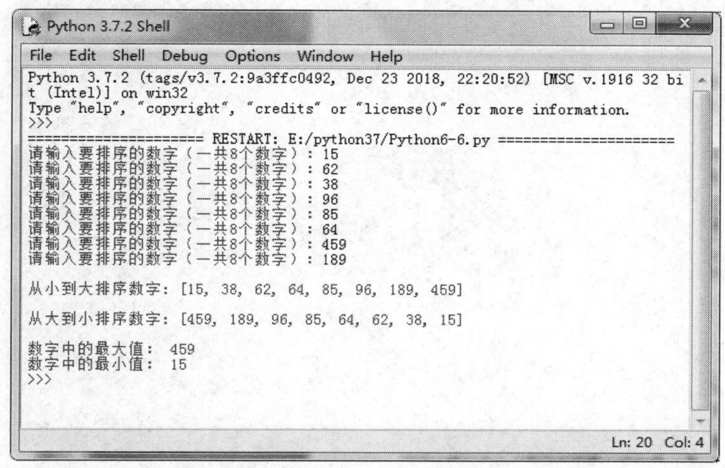

● 图 6.7　排序数字

6.1.8　实例：彩色的蜘蛛网

单击“开始”菜单，打开 Python 3.7.2 Shell 软件，然后单击菜单栏中的“File/New File”命令，创建一个 Python 文件，并命名为“Python6-7.py”，然后输入如下代码：

```
import turtle as t    # 导入 turtle 标准库，并指定导入库的别名为 t
t.bgcolor("black")    # 设置背景颜色为黑色
sides = 4             # 变量 sides 为 4
# 定义列表变量
colors = ["red", "yellow", "green", "blue"]
# 利用 for 循环绘制多彩图形
for x in range(100):
    t.pencolor(colors[x % sides])  # 设置画笔颜色
    t.forward(x * 4 / sides + x)   # 设置画笔向前的像素数
    t.left(180 / sides + 1)        # 设置画笔逆时针旋转的度数
    t.width(x * sides / 60)        # 设置画笔的宽度
```

在这里首先导入 turtle 标准库，并指定导入库的别名为 t，然后设置背景颜色为黑色。接着定义一个整型变量，其值为 4，然后又定义一个列表变量，用于存放绘制图形的颜色。最后利用 for 循环显示彩色的蜘蛛网。

单击菜单栏中的“Run/Run Module”命令或按下键盘上的“F5”，就可以运行程序代码，彩色的蜘蛛网如图 6.8 所示。

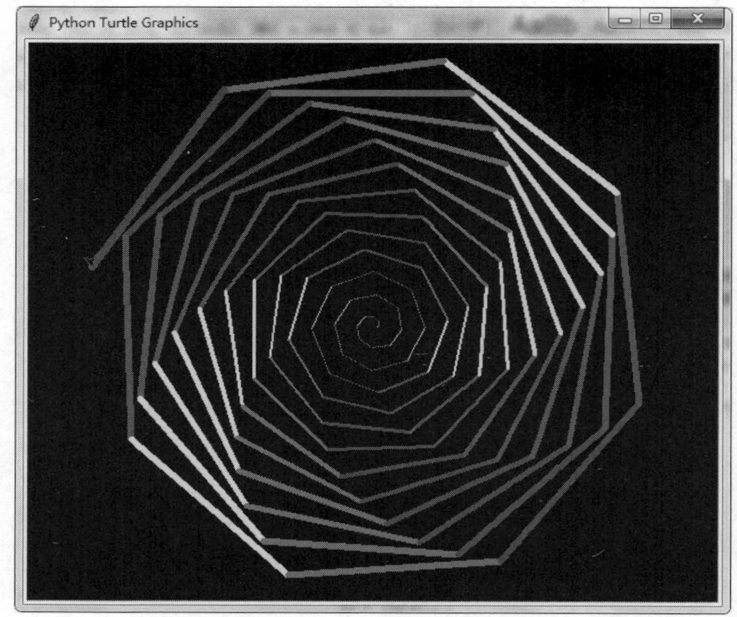

● 图 6.8　彩色的蜘蛛网

6.2　元组

Python 程序设计中的元组与列表类似，不同之处在于元组的元素不能修改。另外，元组使用小括号，列表使用中括号。

6.2.1　元组的定义

元组创建很简单，只需要在括号中添加元素，并使用逗号隔开即可，具体代码如下：

```
tup1 = ("Google", "Baidu", 2017, 2018)
tup2 = (1, 2, 3, 4, 5,6,7,8,9 )
tup3 = "a", "b", "c", "d","f","g"  # 不需要括号也可以
```

还可以定义空元组，具体如码如下：

```
tup1 = ()
```

元组中只包含一个元素时，需要在元素后面添加逗号，否则括号会被当

作运算符使用，下面举例说明一下。

单击“开始”菜单，打开 Python 3.7.2 Shell 软件，然后单击菜单栏中的“File/New File”命令，创建一个 Python 文件，并命名为“Python6-8.py”，然后输入如下代码：

```
tup1 = (50)
tup2 = (50,)
tup3 = ("hello")
tup4 = ("hello",)
print("tup1 = (50) 的数据类型是：",type(tup1))
print("tup2 = (50,) 的数据类型是：",type(tup2))
print("\ntup3 = ("hello") 的数据类型是：",type(tup3))
print("tup4 = ("hello",) 的数据类型是：",type(tup4))
```

单击菜单栏中的“Run/Run Module”命令或按下键盘上的“F5”，就可以运行程序代码，结果如图 6.9 所示。

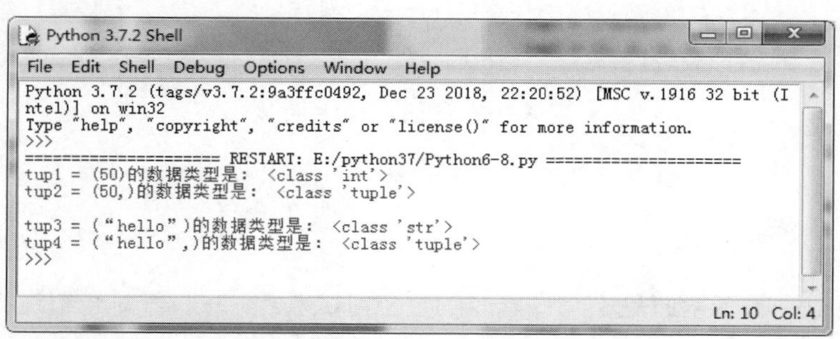

● 图 6.9　元组数据类型

6.2.2　访问元组中的值

可以使用下标索引来访问元组中的值，也可以使用中括号的形式截取字符，还可以利用 for 循环语句来遍历元组中的值。

单击“开始”菜单，打开 Python 3.7.2 Shell 软件，然后单击菜单栏中的“File/New File”命令，创建一个 Python 文件，并命名为“Python6-9.py”，然后输入如下代码：

```
tup1 = ("book" , "desk", "bag", "chair", "dog", "cat", "panda", "sheep")
#使用下标索引来访问元组中的值
print ("元组中的第二个值，tup1[1]: ", tup1[1])
```

```
#使用中括号的形式截取字符
print ("元组中的第二和第五个值，tup1[1:5]: ", tup1[1:5])
#利用 for 循环语句来遍历元组中的值
print("\n 利用 for 循环语句来遍历元组中的值 ")
for i in tup1:
    print(i)
```

单击菜单栏中的“Run/Run Module”命令或按下键盘上的“F5”，就可以运行程序代码，结果如图 6.10 所示。

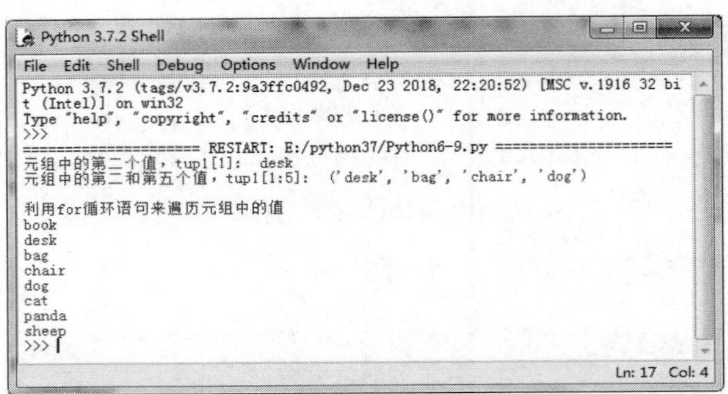

● 图 6.10　访问元组中的值

6.2.3　连接元组

元组中的元素值是不允许修改的，但可以利用“+”号对元组进行连接组合。

单击“开始”菜单，打开 Python 3.7.2 Shell 软件，然后单击菜单栏中的“File/New File”命令，创建一个 Python 文件，并命名为“Python6-10.py”，然后输入如下代码：

```
tup1 = ("周文康","李硕","李晓波")
tup2 = ('男', '女',"男")
tup3 = (96, 89 ,97)
# 以下修改元组元素操作是非法的。
# tup1[0] = 100
# 创建一个新的元组
tup4 = tup1 + tup2 + tup3
print ("连接元组: ",tup4)
```

单击菜单栏中的“Run/Run Module”命令或按下键盘上的“F5”，就可以运行程序代码，结果如图 6.11 所示。

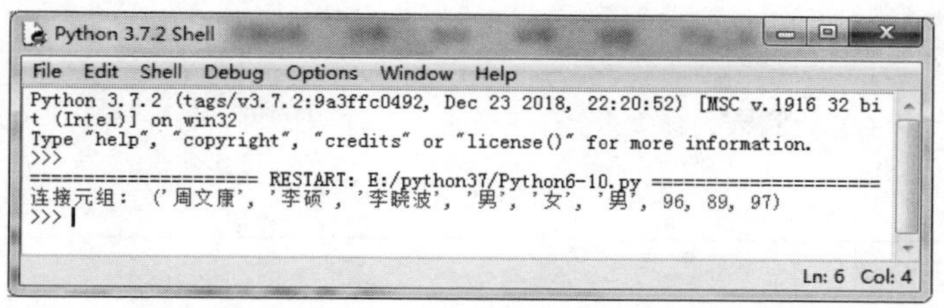

● 图 6.11　连接元组

6.2.4　删除整个元组

元组中的元素值是不允许删除的，但我们可以使用 del 语句来删除整个元组。

单击“开始”菜单，打开 Python 3.7.2 Shell 软件，然后单击菜单栏中的“File/New File”命令，创建一个 Python 文件，并命名为“Python6-11.py”，然后输入如下代码：

```
tup = ("周文康","李硕","李晓波")
print (tup)
del tup
print ("删除后的元组 tup : ")
print (tup)
```

第一行代表为元组赋值；第二行代码是显示元组内容；第三行代码是利用 del 语句删除元组；第四行代表显示提示信息。这些都会正常运行，不会出错。在运行第五行代码时，程序就会报错，即元组删除后，就没有该元组了，所以再显示元组，就会报错。

单击菜单栏中的“Run/Run Module”命令或按下键盘上的“F5”，就可以运行程序代码，结果如图 6.12 所示。

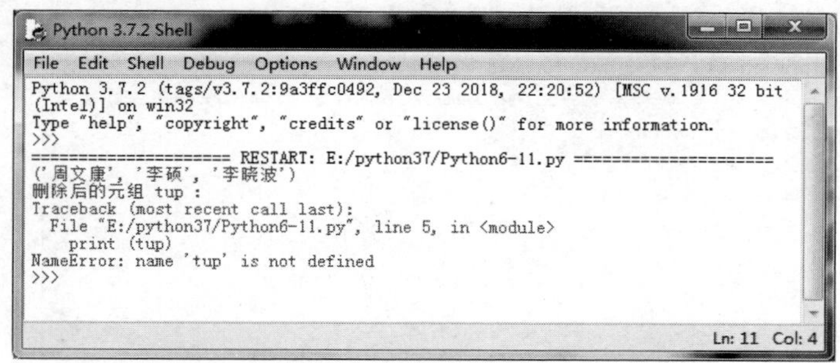

● 图 6.12　删除整个元组

6.2.5 元组的函数

元组包括 4 个函数，函数的名称及意义如表 6.3 所示。

表 6.3 元组的函数名及意义

元组的函数名	意　义
len(tuple)	元组元素个数
max(tuple)	返回元组元素最大值
min(tuple)	返回元组元素最小值
tuple (seq)	将列表转换为元组

需要注意的是，如果要使用 max() 和 min() 函数，元组中的数据要属于同一个类型，即要么都是数值类型，要么都是字符串类型。

单击“开始”菜单，打开 Python 3.7.2 Shell 软件，然后单击菜单栏中的“File/New File”命令，创建一个 Python 文件，并命名为“Python6-12.py”，然后输入如下代码：

```
tuple1 = (5, 4, 8,12,16,38,999,1562)
tuple2 = ("who", "what", "whose", "when")
print(" 元组中元素的最大值: ",max(tuple1))
print(" 元组中元素的最小值: ",min(tuple1))
print(" 元组中元素的最大值: ",max(tuple2))
print(" 元组中元素的最小值: ",min(tuple2))
print("\n 元组中元素的个数: ",len(tuple1))
print("\n 元组中元素的个数: ",len(tuple2))
print("\n 把元组转换成列表, 并显示: ",list(tuple1))
print(" 把列表转换成元组, 并显示: ",tuple(list(tuple1)))
```

单击菜单栏中的“Run/Run Module”命令或按下键盘上的“F5”，就可以运行程序代码，结果如图 6.13 所示。

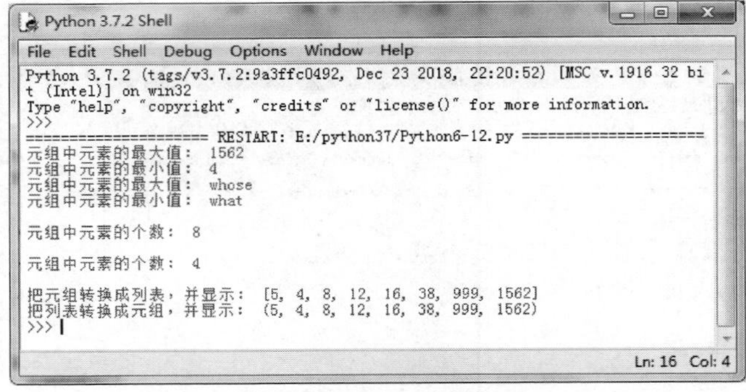

● 图 6.13 元组的函数

6.2.6 实例：显示自动售货系统中的数据

单击“开始”菜单，打开 Python 3.7.2 Shell 软件，然后单击菜单栏中的“File/New File”命令，创建一个 Python 文件，并命名为“Python6-13.py”，然后输入如下代码：

```
goods = (("Apple",2685),("iphoneX",7899),("oppo",2999),("vivo",2798))
print("商品编号\t商品名称\t商品价格")
for index , value in enumerate(goods):
    print ("%.2d\t\t%s\t\t%.2f" %(index,value[0],value[1]))
```

首先定义自动售货系统中的数据，注意元组中的数据还是元组。然后利用转义字符 \t 来制定表格，再利用 enumerate() 函数将一个可遍历的数据对象(如列表、元组、字典或字符串)组合为一个索引序列，这样就可以利用 for 循环语句进行格式化输出。

单击菜单栏中的“Run/Run Module”命令或按下键盘上的“F5”，就可以运行程序代码，结果如图 6.14 所示。

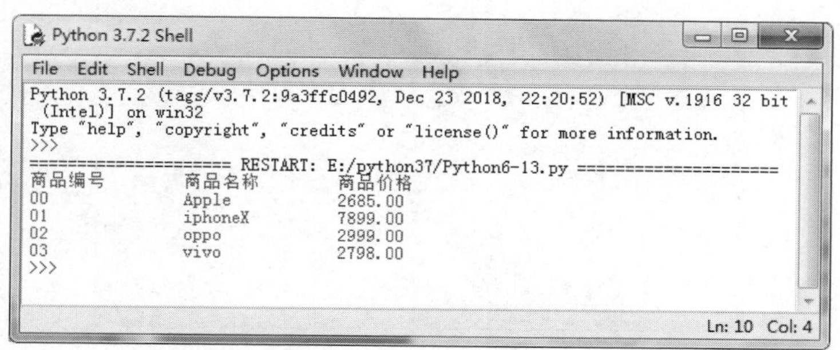

● 图 6.14 显示自动售货系统中的数据

6.2.7 实例：绘制五角星

单击“开始”菜单，打开 Python 3.7.2 Shell 软件，然后单击菜单栏中的“File/New File”命令，创建一个 Python 文件，并命名为“Python6-14.py”，然后输入如下代码：

```
import turtle  as p      #导入Turtle库，并指定导入库的别名为p
p.screensize(200,150)
```

```
p.bgcolor("pink")        #设置背景颜色为粉色
p.pensize(10)            #设置画笔大小为 10
#定义元组变量
colors = ("red", "yellow", "green", "blue", "orange")
p.penup()                #提笔
p.goto(-150,0)           #画笔前往坐标 (-100,100) 位置
p.pendown()              #落笔
#利用 for 循环绘制五边形
for x in range(5):
    p.pencolor(colors[x % 5]) #设置画笔颜色
    p.forward(300)            #设置画笔向前的像素数为 300
    p.left(144)               #设置画笔逆时针旋转的度数为 144
```

单击菜单栏中的“Run/Run Module”命令或按下键盘上的“F5”，就可以运行程序代码，结果如图 6.15 所示。

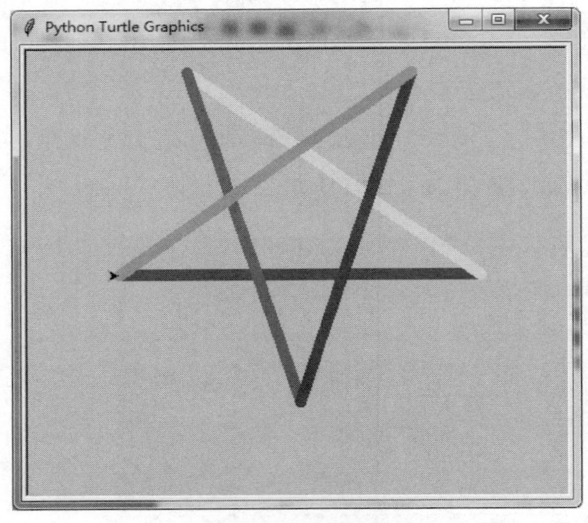

• 图 6.15　绘制五角星

6.3　字典

从某种意义上来讲，字典和列表是相似的。字典使用的是 { }，列表使用的是 [ ]，元素的分隔符都是逗号。不同的是列表的索引是从 0 开始的有序整数，并且不能重复；而字典的索引称为键，虽然字典中的键和列表中的索引一样是不可重复的，但键是元素的。字典中元素的任意排列都不影响字典的使用。

6.3.1 字典的定义

字典的键，可以是数字、字符串、元组等，但一般是用字符串来表示，键与键值之间用冒号分开。创建一个字典，代码如下：

```
dict1 = {'姓名': '张可可', '年龄': 15, '年级': '8','学习成绩':'优'}
```

> 提醒：字典中的键必须是唯一的，并且不可变；字典中的值可以不唯一，也可以变。

6.3.2 访问字典中的值和键

访问字典中的值，可以使用标索引来访问，也可以利用 values() 方法来访问。可以利用 keys() 方法访问字典中的键，利用 items() 方法同时访问字典中的值和键。

单击“开始”菜单，打开 Python 3.7.2 Shell 软件，然后单击菜单栏中的“File/New File”命令，创建一个 Python 文件，并命名为“Python6-15.py”，然后输入如下代码：

```
dict1 = {'姓名': '张可可', '年龄': 15, '年级': '8','学习成绩':'优'}
print("姓名: ",dict1['姓名'])
print("年龄: ",dict1['年龄'])
print("年级: ",dict1['年级'])
print("学习成绩: ",dict1['学习成绩'])
print ("\n字典所有值是 : ",  tuple(dict1.values()))  #以元组方式返回字典中的所有值
print ("\n字典所有的键是 : ",  list(dict1.keys()))    #以列表方式返回字典中的所有键
print ("\n字典所有值和键是 : %s" %  dict1.items())    #利用items()方法同时访问字典中的值和键
```

单击菜单栏中的“Run/Run Module”命令或按下键盘上的“F5”，就可以运行程序代码，结果如图 6.16 所示。

还可以利用 for 循环语句来遍历字典中的键和值。

单击“开始”菜单，打开 Python 3.7.2 Shell 软件，然后单击菜单栏中的“File/New File”命令，创建一个 Python 文件，并命名为“Python6-16.py”，然后输入如下代码：

```
dict1 = {'姓名': '张可可', '年龄': 15, '年级': '8','学习成绩':'优'}
for i,j in dict1.items():
```

```
    print(i, ":", j)
```

```
Python 3.7.2 Shell
File Edit Shell Debug Options Window Help
Python 3.7.2 (tags/v3.7.2:9a3ffc0492, Dec 23 2018, 22:20:52) [MSC v.1916 32 bit (Intel)] on win32
Type "help", "copyright", "credits" or "license()" for more information.
>>>
==================== RESTART: E:/python37/Python6-15.py ====================
姓名: 张可可
年龄: 15
年级: 8
学习成绩: 优

字典所有值是 : ('张可可', 15, '8', '优')

字典所有的键是: ['姓名', '年龄', '年级', '学习成绩']

字典所有值和键是 : dict_items([('姓名', '张可可'), ('年龄', 15), ('年级', '8'), ('学习成绩', '优')])
>>> |
Ln: 15 Col: 4
```

● 图 6.16　访问字典中的值和键（1）

单击菜单栏中的“Run/Run Module”命令或按下键盘上的“F5”，就可以运行程序代码，结果如图 6.17 所示。

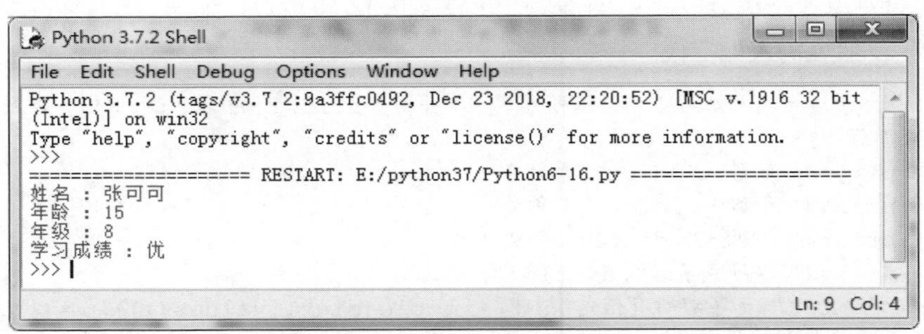

● 图 6.17　访问字典中的值和键（2）

6.3.3 修改字典

修改字典，即向字典中添加新的数据项、修改字典中原有的数据项、删除字典中的某一项数据、清空字典中的所有数据项。

单击“开始”菜单，打开 Python 3.7.2 Shell 软件，然后单击菜单栏中的“File/New File”命令，创建一个 Python 文件，并命名为“Python6-17.py”，然后输入如下代码：

```
    dict1 = {'姓名': '张可可', '年龄': 15, '年级': '8','学习成绩':'优'}
    print("没有修改前的字典数据: ",dict1.items())
    dict1['性别'] = '男'      #添加新的数据项
```

```
print ("\n 添加数据项后的字典是 : %s" %  dict1.items())
dict1['学习成绩'] = '及格'      # 修改原有的数据项
print ("\n 修改数据项后的字典是 : %s" %  dict1.items())
del dict1['学习成绩']           # 删除字典中的某一项数据
print ("\n 删除某一项数据后的字典是 : %s" %  dict1.items())
dict1.clear()                   # 清空字典中的所有数据项
print ("\n 清空所有数据后的字典是 : %s" %  dict1.items())
```

单击菜单栏中的“Run/Run Module”命令或按下键盘上的“F5”，就可以运行程序代码，结果如图 6.18 所示。

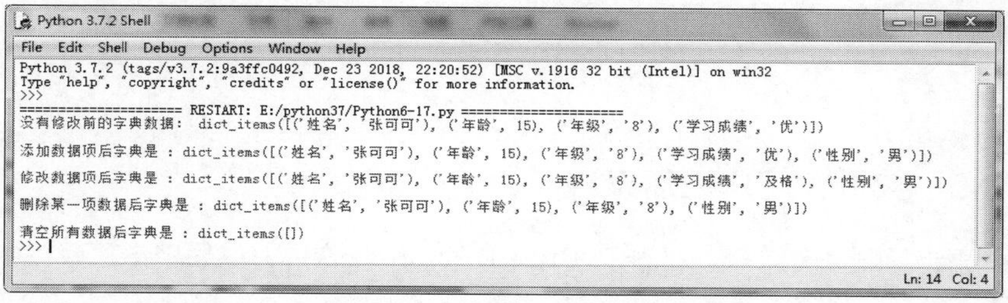

```
Python 3.7.2 Shell
File  Edit  Shell  Debug  Options  Window  Help
Python 3.7.2 (tags/v3.7.2:9a3ffc0492, Dec 23 2018, 22:20:52) [MSC v.1916 32 bit (Intel)] on win32
Type "help", "copyright", "credits" or "license()" for more information.
>>>
==================== RESTART: E:/python37/Python6-17.py ====================
没有修改前的字典数据:  dict_items([('姓名', '张可可'), ('年龄', 15), ('年级', '8'), ('学习成绩', '优')])

添加数据项后字典是 : dict_items([('姓名', '张可可'), ('年龄', 15), ('年级', '8'), ('学习成绩', '优'), ('性别', '男')])

修改数据项后字典是 : dict_items([('姓名', '张可可'), ('年龄', 15), ('年级', '8'), ('学习成绩', '及格'), ('性别', '男')])

删除某一项数据后字典是 : dict_items([('姓名', '张可可'), ('年龄', 15), ('年级', '8'), ('性别', '男')])

清空所有数据后字典是 : dict_items([])
>>>
Ln: 14  Col: 4
```

● 图 6.18　修改字典

6.3.4　字典中的函数

字典包括 3 个函数，函数的名称及意义如表 6.4 所示。

表 6.4　字典的函数名及意义

字典的函数名	意　义
len(dict)	字典中元素个数，即键的总数
str(dict)	输出字典，用可打印的字符串表示
type(dict)	返回输入的变量类型，如果变量是字典就返回字典类型

单击“开始”菜单，打开 Python 3.7.2 Shell 软件，然后单击菜单栏中的“File/New File”命令，创建一个 Python 文件，并命名为“Python6-18.py”，然后输入如下代码：

```
dict1 = {'姓名': '张可可', '年龄': 15, '年级': '8','学习成绩':'优'}
print(" 字符串表示的字典数据 :",str(dict1))
print("\n 字典中的元素个数，即键的总数 :",len(dict1))
print("\n 字典的数据类型 :",type(dict1))
```

单击菜单栏中的“Run/Run Module”命令或按下键盘上的“F5”，就

可以运行程序代码，结果如图 6.19 所示。

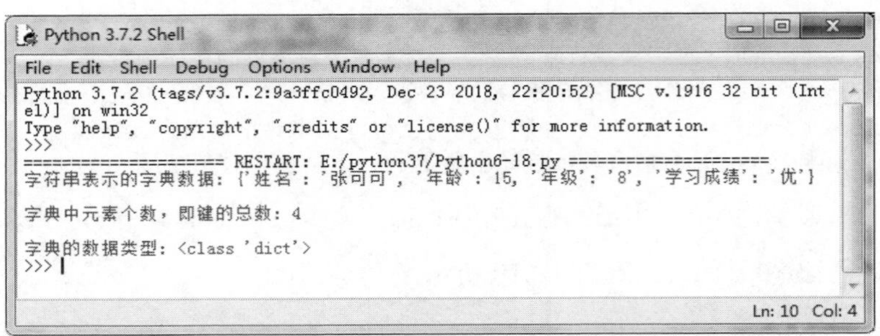

● 图 6.19　字典中的函数

6.3.5　实例：用户注册系统

单击“开始”菜单，打开 Python 3.7.2 Shell 软件，然后单击菜单栏中的“File/New File”命令，创建一个 Python 文件，并命名为“Python6-19.py”，然后输入如下代码：

```
users = {'num1':{"name":"admin","passwd":"admin",
"sex":"1"},}                              # 字典的初始值
list1 = []                                # 定义一个空列表
for name,info in users.items():           # 利用双 for 循环，提出嵌套
字典中的数据
    for key,value in info.items():
        list1.append(value)               # 把字典中的数据添加到列表中
print("用户注册之前信息：",users)
print("********************用户的创建**********************")
                                          # 提示信息
print('注册'.center(50,'*'))              # 注册
name = input('请输入注册姓名：')           # 利用 input() 函数输入
注册姓名
if not name in list1[0]:                  # 如果姓名没有在 users 中，
就可以继续输入其他信息
    passwd = input('请输入注册密码：')
    sex = input("请输入性别：0表示'女',1表示'男':")
    users["num2"] = {"name":name,"passwd":passwd,
"sex":sex}                                # 向字典中添加数据
    print("新用户注册成功")
    print("新用户注册成功后的信息：",users)
else :
    print("该用户名已注册，对不起！")
```

首先定义字典变量，存放已注册的用户，然后再定义一个列表变量，用于存放双 for 循环提取的嵌套字典中的数据。接着显示一下注册的用户信息，并显示用户注册提示信息。然后利用 input() 函数输入注册姓名，如果姓名没有在 users 中，就可以继续输入其他信息，就可以继续填写其他注册信息。接着添加到字典变量 users 中，最后再显示新用户注册成功后的信息。

单击菜单栏中的“Run/Run Module”命令或按下键盘上的“F5”，就可以运行程序代码，首先输入注册用户的姓名，如图 6.20 所示。

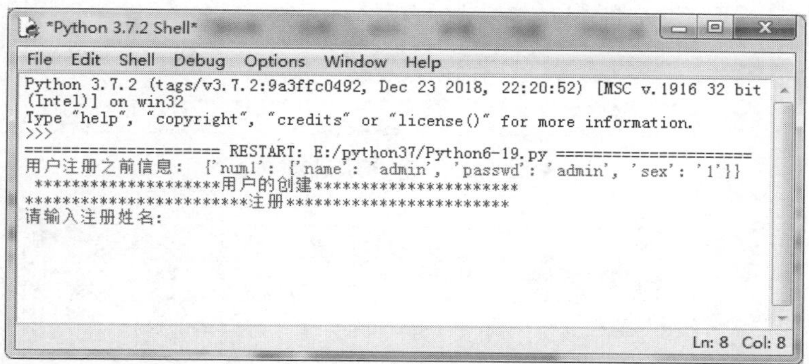

● 图 6.20　注册用户的姓名

在这里输入“周文静”，然后回车，如果该用户名没有注册，就可以继续输入注册密码和性别信息，如图 6.21 所示。

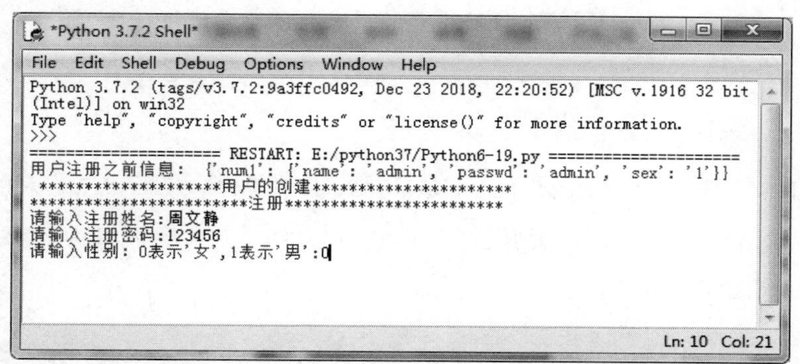

● 图 6.21　注册密码和性别信息

正确输入注册信息后，然后回车，就可以看到注册成功提示信息，并显示新用户注册成功后的信息，如图 6.22 所示。

在程序运行时，如果输入注册用户的姓名在字典中已经存在，回车后，就会显示“该用户名已注册，对不起！”，如图 6.23 所示。

```
Python 3.7.2 Shell
File Edit Shell Debug Options Window Help
Python 3.7.2 (tags/v3.7.2:9a3ffc0492, Dec 23 2018, 22:20:52) [MSC v.1916 32 bit
(Intel)] on win32
Type "help", "copyright", "credits" or "license()" for more information.
>>>
===================== RESTART: E:/python37/Python6-19.py =====================
用户注册之前信息： {'num1': {'name': 'admin', 'passwd': 'admin', 'sex': '1'}}
 *******************用户的创建**********************
***********************注册***********************
请输入注册姓名:周文静
请输入注册密码:123456
请输入性别：0表示'女',1表示'男':0
新用户注册成功
新用户注册成功后的信息： {'num1': {'name': 'admin', 'passwd': 'admin', 'sex': '1
'}, 'num2': {'name': '周文静', 'passwd': '123456', 'sex': '0'}}
>>>
Ln: 13 Col: 4
```

● 图 6.22 用户注册成功

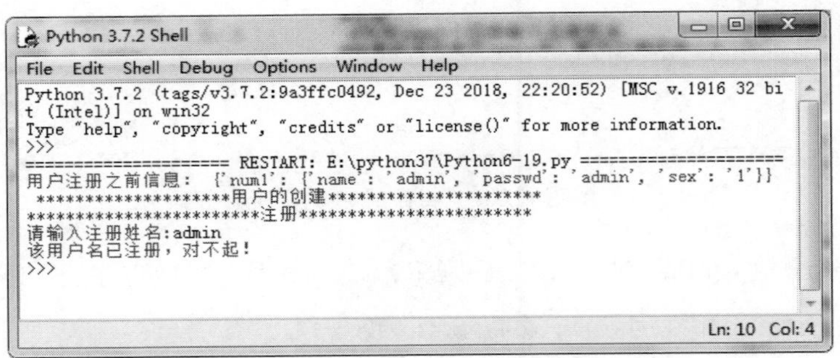

● 图 6.23 输入注册用户的姓名在字典中已经存在

6.3.6 实例：用户登录系统

单击“开始”菜单，打开 Python 3.7.2 Shell 软件，然后单击菜单栏中的“File/New File”命令，创建一个 Python 文件，并命名为“Python6-20.py”，然后输入如下代码：

```
#定义一个嵌套字典变量
users = {'num1': {'name': 'admin', 'passwd': 'admin',
'sex': '1'}, 'num2': {'name': '周文静', 'passwd': '123456',
'sex': '0'}}
list1 = []                          #定义两个空的列表
list2 = []
for key1 ,value1 in users.items() :
    list1.append(value1['name'])    #添加用户姓名
```

```
        list2.append(value1['passwd'])   # 添加用户密码
    print(" 用户登录系统 ".center(50,'*'))
    timeout = 0                          # 定义整型变量，用于统计次数
    name = input(" 请输入用户的姓名：")
    while timeout < 3 :
            if  not name in  list1 :     # 如果用户姓名不在嵌套字典
            if timeout == 2 :      # 如果已输入 3 次，就会显示登录失败
                print(" 登录失败！ ")
                break
            print(" 用户不存在，请重新输入！ ")        # 显示提示信息
            timeout = timeout +1  # 统计次数加上 1，并显示还有几次机会
            print(" 您还有 %d 次机会（共有 3 次机会）" %(3-timeout),
"\n")
            name = input(" 请输入用户的姓名：")
        else :                       # 如果用户姓名在嵌套字典
            passwd = input(" 请输入用户的密码：") # 利用 input() 函数
输入密码
             if   (name == list1[0] and passwd == list2[0]) or
(name == list1[1] and passwd == list2[1]):
                print(" 登录成功！ ")        # 如果密码正确，就会显示
登录成功
                break
            else :  # 如果密码不正确，就会显示提示信息，并显示还有几次
机会，当 timeout 等于 2 时，就会显示登录失败，并结束程序
                if timeout == 2 :
                    print(" 登录失败！ ")
                    break
                print(" 密码不正确，请重新输入 ")
                timeout = timeout +1
                print("\n 您还有 %d 次机会（共有 3 次机会）" %(3-timeout)
,"\n")
```

首先定义一个嵌套字典和两个空的列表，然后利用 for 循环语句提取嵌套字典中用户姓名和用户密码，添加到两个空列表中。

接下来实现用户登录的判断，首先这里通过 while 循环语句，实现用户登录有三次出错机会。用户的姓名正确，就判断用户的密码，如果都正确，就可以登录成功，否则就显示密码错误，并显示还有几次机会。如果用户姓名不正确，就会提醒“用户不存在，请重新输入！”，并显示还有几次机会。

单击菜单栏中的“Run/Run Module”命令或按下键盘上的“F5”，就可以运行程序代码，首先输入用户的姓名，如图 6.24 所示。

在这里输入“周文康”，由于周文康不在嵌套字典中，所以就会显示“用户不存在，请重新输入！”和“您还有 2 次机会（共有 3 次机会）”，还显

示请输入用户的姓名，如图 6.25 所示。

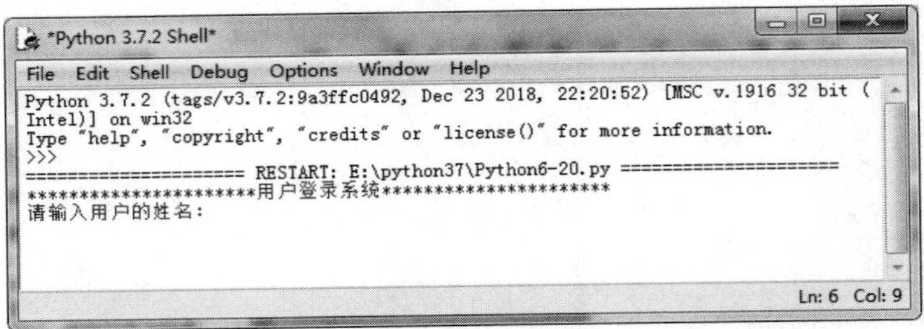

• 图 6.24　输入用户的姓名

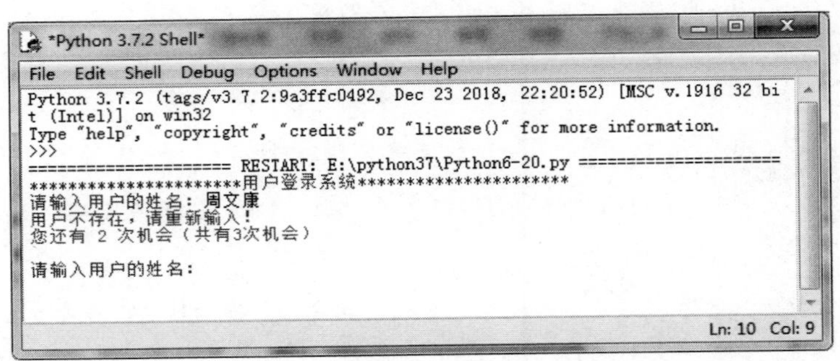

• 图 6.25　周文康不在嵌套字典中的提示信息

如果连续输入三个用户姓名都不在嵌套字典中，就会显示登录失败，如图 6.26 所示。

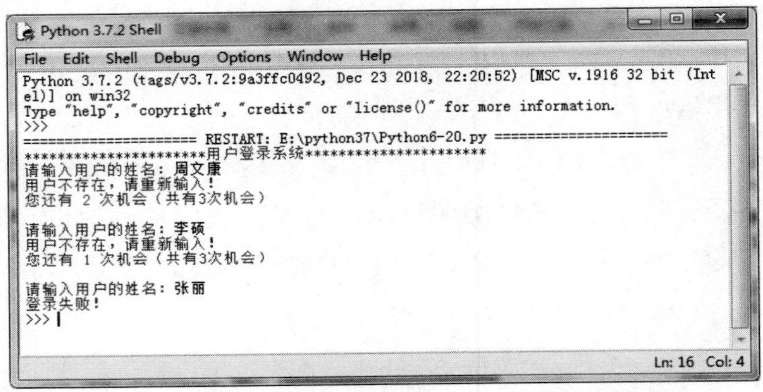

• 图 6.26　用户名不存在的登录失败

如果输入的用户名存在，但连续输入三次密码都错了，也会显示登录失败，如图 6.27 所示。

如果输入的用户名存在，输入的密码也正确，就会显示登录成功，如图 6.28 所示。

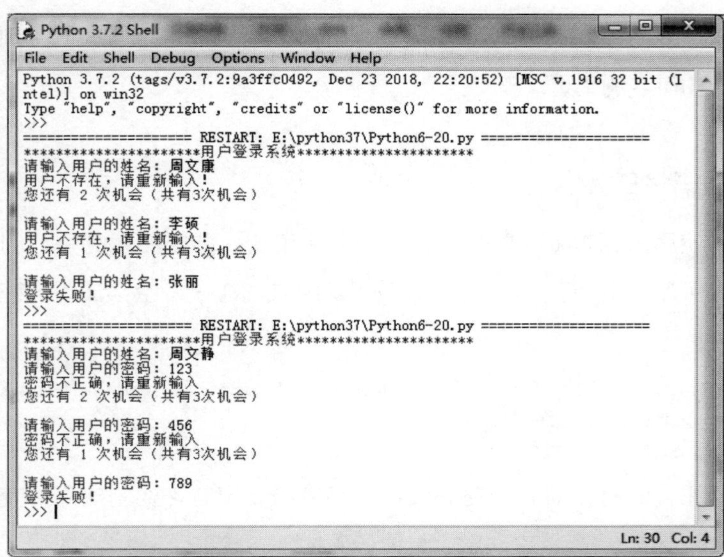

• 图 6.27　三次密码都错误的提示信息

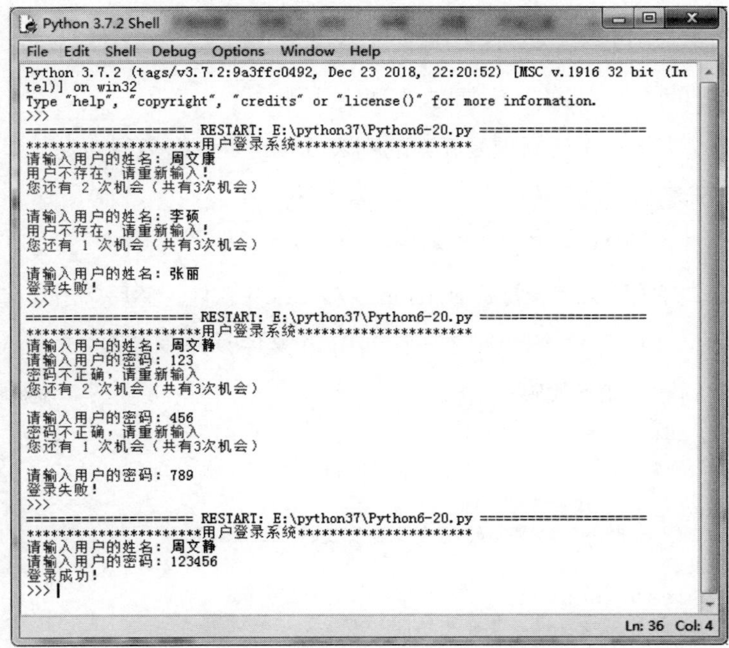

• 图 6.28　登录成功

6.4 集合

集合（set）是一个无序不重复元素的序列。集合可分两种，分别是不可变的集合和可变的集合。

6.4.1 集合的定义

可以使用大括号 { } 或者 set() 函数创建集合。需要注意的是，创建一个空集合必须用 set() 而不是 { }，因为 { } 是用来创建一个空字典。创建集合，代码如下：

```
student = {'Tom', 'Jim', 'Mary', 'Tom', 'Jack', 'Rose',1,2}
a = set('who what how when')
b = set()
```

需要注意的是，前面创建的集合，都是可变集合。要创建不可变集合，要使用 frozenset() 函数来创建，具体代码如下：

```
numset = frozenset([1,2,3,4,5,6])
```

6.4.2 集合的两个基本功能

集合的两个基本功能分别是去重和成员测试。

去重是指把一个还有重复元素的列表或元组等数据类型转变成集合，其中的重复元素只出现一次。

成员测试，即判断元素是否在集合内。

单击“开始”菜单，打开 Python 3.7.2 Shell 软件，然后单击菜单栏中的“File/New File”命令，创建一个 Python 文件，并命名为“Python6-21.py”，然后输入如下代码：

```
# 定义一个集合
stus = {'Tom', 'Jim', 'Mary', 'Tom', 'Jack',
'Rose',1,2,1,2,"Tom","Mary"}
print("输出集合，重复的元素被自动去掉：",stus)
# 成员测试
if('Rose' in stus) :
    print('Rose 在集合中')
else :
```

```
    print('Rose 不在集合中')
if('Zhoudao' in stus):
    print('Zhoudao 在集合中')
else:
    print('Zhoudao 不在集合中')
```

单击菜单栏中的“Run/Run Module”命令或按下键盘上的“F5”，就可以运行程序代码，结果如图 6.29 所示。

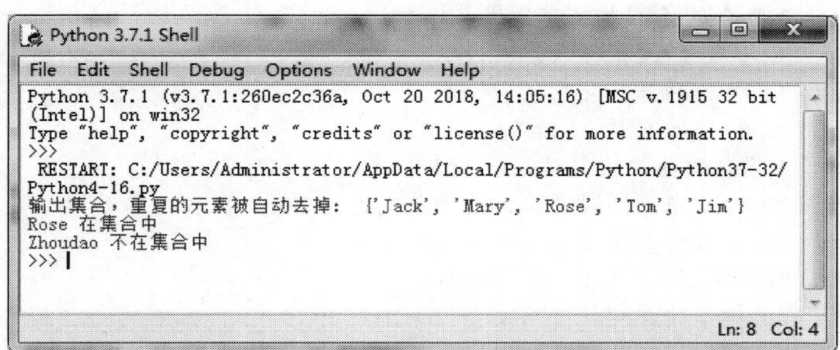

● 图 6.29 去重和成员测试

6.4.3 集合的运算符

集合的运算符及意义如表 6.5 所示。

表 6.5 集合的运算符及意义

数学符号	Python 符号	说　明
∩	&	交集，如 a&b
∪	|	并集，如 a|b
− 或 \	−	差补或相对补集
△	^	对称差分
⊂	<	真子集
⊆	<=	子集
⊃	>	真超集
⊇	>=	超集
=	==	等于，两个集合相等
≠	!=	不等于
∈	in	属于，是里面的元素
∉	not in	不属于

单击“开始”菜单，打开 Python 3.7.2 Shell 软件，然后单击菜单栏中的“File/New File”命令，创建一个 Python 文件，并命名为“Python6-22.py”，然后输入如下代码：

```
a = set('abracadabrafdfposd')
b = set('alacazamsfswwssd')
print("a 集合中的元素: ",a,"\n")
print("b 集合中的元素: ",b,"\n")
print(" 集合的差、并、交集运算结果: \n")
print("a 和 b 的差集 :",a - b)
print("a 和 b 的并集 :",a | b)
print("a 和 b 的交集 :",a & b,"\n")
print(" 集合的其他运算结果: \n")
print("a 和 b 中不同时存在的元素 :",a ^ b)
print("a 和 b 的真子值 :",a < b)
print("a 和 b 的子值 :",a <= b)
print("a 和 b 的真超值 :",a > b)
print("a 和 b 的超值 :",a >= b)
print("a 和 b 的相等 :",a == b)
print("a 和 b 的不相等 :",a != b,"\n")
print(" 集合的成员测试运算结果: \n")
print("a 属于 b:",a in b)
print("a 不属于 b:",a not in b)
```

单击菜单栏中的“Run/Run Module”命令或按下键盘上的“F5”，就可以运行程序代码，结果如图 6.30 所示。

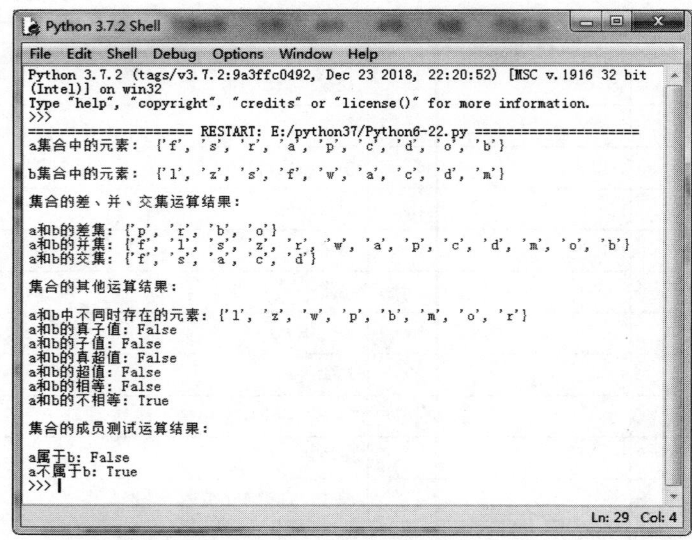

● 图 6.30　集合的运算符

6.4.4 集合的方法

有些方法适合所有集合，即不可变的集合和可变的集合；但有些方法只适合可变的集合。

适合所有集合的方法及意义如表 6.6 所示。

表 6.6　适合所有集合的方法及意义

方　法	说　明
a.issubset(b)	如果 a 是 b 的子集，则返回 True，否则返回 False
a.issuperset(b)	如果 a 是 b 的超集，则返回 True，否则返回 False
a.intersection(b)	返回 a 和 b 的交集
a.union(b)	返回 a 和 b 的并集
a.difference(b)	返回一个新集合，该集合是集合 a 去除和 b 元素部分后的
a.symmetric_difference(b)	返回一个新集合，该集合是 a 或 b 的成员，但不是 a 和 b 共有的成员
a.copy()	返回一个浅拷贝。

只适合可变的集合的方法及意义如表 6.7 所示。

表 6.7　只适合可变的集合的方法及意义

方　法	说　明
a.add()	在集合里添加新的对象
a.clear()	清空集合里的所有对象
a.pop()	删除 a 中的任意元素，并返回，为空时报错
a.remove(obj)	在 a 中删除 obj 这个元素，没找到时报错
a.discard(obj)	在 a 中删除 obj 这个元素，没找到时什么都不做，返回 None
a.update(b)	用 b 中的元素修改 a，此时 a 包含 a 或 b 的成员。相当于合并
a.intersection_update(b)	用 a 和 b 的交集更新 a 集合
a.difference_update(b)	从 a 中移除和 b 一样的元素
a.symmetric_difference(b)	将 a 修改成 a 和 b 的对称差分

6.4.5 实例：利用集合排序无重复的随机数

单击“开始”菜单，打开 Python 3.7.2 Shell 软件，然后单击菜单栏中的“File/New File”命令，创建一个 Python 文件，并命名为“Python6-23.py”，然后输入如下代码：

```
import random
mynum = input("请输入要排序的数字个数: ")
mylist1 = []
for  i in range(int(mynum)) :
    num =random.randint(1,100)
    mylist1.append(num)
    mylist1.sort()
    print("输入的数字排序: ",mylist1)
myset1 = set(mylist1)
print("\n\n无重复数字: ",myset1)
print("\n升序排列无重复数字 ",sorted(myset1))
print("\n降序排列无重复数字 ",sorted(myset1,reverse=True))
```

首先导入 random 标准库，然后利用 input() 函数设置要产生随机数的个数，接着定义一个列表变量。然后利用 for 循环产生多个随机数，并添加到列表中。

利用列表的 sort() 函数，进行排序（默认为升序），但需要注意随机产生的数会有重复数字。

定义集合，除去重复数字，然后再利 sorted() 进行排序。

单击菜单栏中的“Run/Run Module”命令或按下键盘上的“F5”，就可以运行程序代码，这时提醒“输入要排序的数字个数: ”，在这里输入的是“16”（读者可以随意输入个数），然后回车，效果如图 6.31 所示。

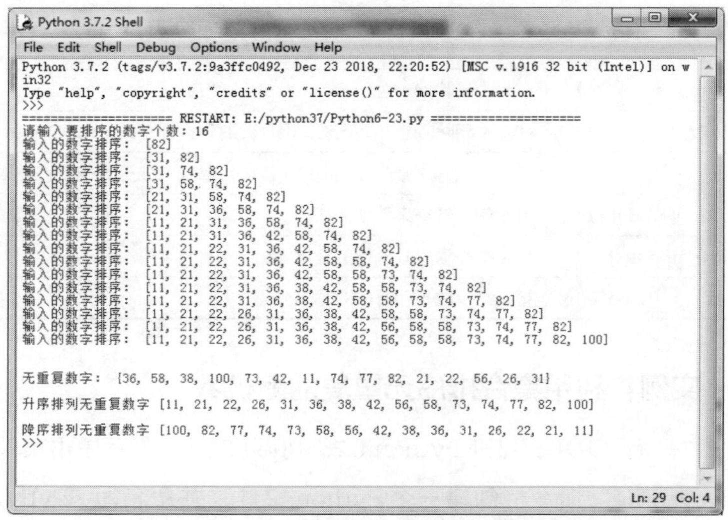

● 图 6.31　利用集合排序无重复的随机数

第 7 章

Python 的函数及应用

函数是集成化的子程序，是用来实现某些运算和完成各种特定操作的重要手段。在程序设计中，灵活运用函数库，能体现程序设计智能化，提高程序可读性，充分体现算法设计的正确性、可读性、健壮性、效率与低存储量需求。

本章主要内容包括：

- 初识函数
- 数学函数和随机数函数
- 三角函数和字符串函数
- 实例：小学四则运算
- 函数的定义与调用
- 不可更改对象和可更改对象
- 必需参数、关键字参数、默认参数和不定长参数
- 匿名函数
- 实例：满天雪花效果
- 实例：分叉树效果

7.1　初识函数

程序需要完成多个功能或操作，每个函数可以实现一个独立功能或完成一个独立的操作，因此学习“程序设计”必须掌握函数的编写。因为函数可以被多次调用，所以可以减少重复的代码，即函数能提高应用的模块性和代码的重复利用率。

Python 提供了许多内置函数，比如 print()。但也可以自己创建函数，这被叫作用户自定义函数。

7.2　内置函数

Python 提供大量功能强大的内置函数，在这里重点讲解常见的数值函数和字符串函数。

7.2.1　数学函数

数学函数用于各种数学运算。数学函数及意义如表 7.1 所示。

表 7.1　数学函数及意义

数学函数	意义（返回值）
abs(x)	返回数字的绝对值，如 abs(−10) 返回 10
ceil(x)	返回数字的上入整数，如 math.ceil(4.1) 返回 5
floor(x)	返回数字的下舍整数，如 math.floor(4.9) 返回 4
round(x [，n])	返回浮点数 x 的四舍五入值，如给出 n 值，则代表舍入到小数点后的位数
exp(x)	返回 e 的 x 次幂，如 math.exp(1) 返回 2.718281828459045
Log10(x)	返回以 10 为基数的 x 的对数，如 math.log10(100) 返回 2.0

续表

数学函数	意义（返回值）
pow(x，y)	x**y 运算后的值
sqrt(x)	返回数字 x 的平方根
max(x1，x2，...)	返回给定参数的最大值，参数可以为序列
min(x1，x2，...)	返回给定参数的最小值，参数可以为序列

单击“开始”菜单，打开 Python 3.7.2 Shell 软件，然后单击菜单栏中的“File/New File”命令，创建一个 Python 文件，并命名为“Python7-1.py”，然后输入如下代码：

```
import math    # 导入 math 标准库
print("-86 的绝对值：",abs(-86))
print("6.8 的上入整数：",math.ceil(6.8))
print("6.8 的下入整数：",math.floor(6.8))
print("6.8 的四舍五入整数：",round(6.8))
print("e 的 5 次幂：",math.exp(5))
print(" 以 10 为基数的 1000 的对数：",math.log10(1000))
print("5 的 3 次方：",math.pow(5,3))
print("36 的平方根：",math.sqrt(36))
print("3、6、13、68 数中的最大数：",max(3,6,13,68))
print("3、6、13、68 数中的最小数：",min(3,6,13,68))
```

在这里需要说明的是，首先要导入 math 标准库，这样才可以使用该库中的函数，否则程序会报错。

单击菜单栏中的“Run/Run Module”命令或按下键盘上的“F5”，就可以运行程序代码，结果如图 7.1 所示。

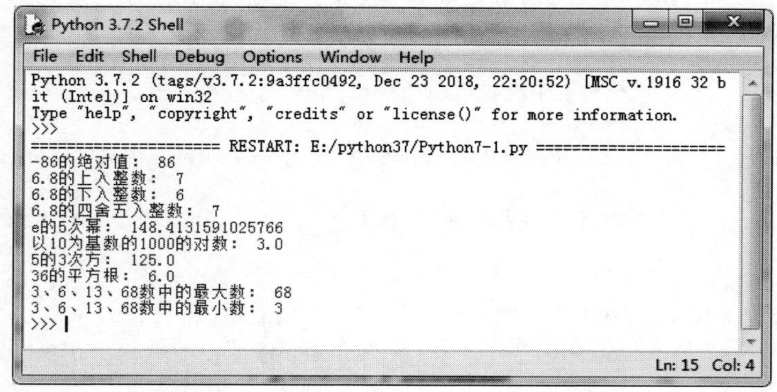

● 图 7.1　数学函数

7.2.2 随机数函数

随机数可以用于数学，游戏，安全等领域中，还经常被嵌入到算法中，用以提高算法效率，并提高程序的安全性。随机数函数及意义如表 7.2 所示。

表 7.2 随机数函数及意义

随机数函数	意义（返回值）
choice(seq)	从序列的元素中随机挑选一个元素
sample((seq,n)	从一个序列中随机选择 n 个元素，不改变原始序列
randint(a,b)	随机生成一个随机整数，该随机数在 [a，b] 范围内
uniform(x， y)	随机生成下一个浮点数，它在 [x，y] 范围内
randrange ([start，] stop [，step])	从指定范围内，按指定基数递增的集合中获取一个随机数，基数缺省值为 1
random()	随机生成下一个实数，它在 [0，1) 范围内
seed([x])	改变随机数生成器的种子 seed。如果你不了解其原理，你不必特别去设定 seed，Python 会帮你选择 seed。
shuffle(lst)	将序列的所有元素随机排序

单击“开始”菜单，打开 Python 3.7.2 Shell 软件，然后单击菜单栏中的“File/New File”命令，创建一个 Python 文件，并命名为“Python7-2.py”，然后输入如下代码：

```
    import random   # 导入 radmom 标准库
    print ("从一个列表中随机返回一个元素：", random.choice(['what'
,'how','whose','when']))
    print ("从一个元组中随机返回一个元素 ：", random.choice ((11,22,36,
55,99,123)))
    print ("从字符串中随机返回一个字符 ：", random.choice('hello
world!'))
    print()
    print ("从一个列表中随机返回两个元素：", random.sample (['what
','how','whose','when'],2))
    print ("从一个元组中随机返回三个元素 ：", random.sample ((11,22,36,
55,99,123),3))
    print ("从字符串中随机返回五个字符 ：", random.sample('hello
world!',5))
    print()
    print("从1~100之间随机产生一个整数：",random.randint(1,100))
    print("从80~100之间随机产生一个整数：",random.randint (80,
100))
    print()
    print("从1~100之间随机产生一个浮点数：",random.uniform(1,100))
```

```
    print("从80~100之间随机产生一个浮点数: ",random.uniform (80,100))
    print()
    print("从1~100之间随机产生一个整数: ",random.randrange(100))
    print("从1~99之间随机产生一个奇数: ",random.randrange (1,99,2))
    print("从3~99之间随机产生一个3的倍数: ",random.randrange (3,99,3))
    print()
    print("在0~1之间产生一个随机数: ",random.random())
    print()
    random.seed()
    print("使用默认种子生成随机数: ",random.random())
    random.seed(10)
    print("使用整数种子生成随机数: ",random.random())
    random.seed("hello",2)
    print("使用字符串种子生成随机数: ",random.random())
    print()
    list1 = ['what','how','whose','when']
    print("列表中原来的数据: ",list1)
    random.shuffle(list1)
    print("随机排序列表后的数据 :",list1)
```

在这里需要说明的是，首先要导入 radmom 标准库，这样才可以使用该库中的函数，否则程序会报错。

单击菜单栏中的“Run/Run Module”命令或按下键盘上的“F5”，就可以运行程序代码，结果如图 7.2 所示。

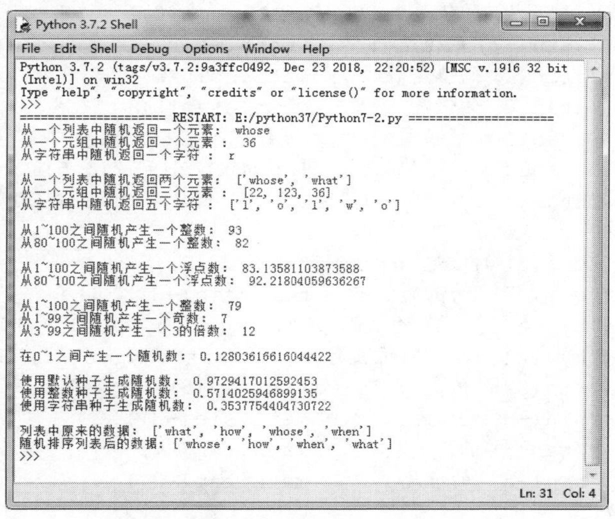

● 图 7.2　随机数函数

7.2.3 三角函数

三角函数及意义如表 7.3 所示。

表 7.3 三角函数及意义

三角函数	意义（返回值）
acos(x)	返回 x 的反余弦弧度值
asin(x)	返回 x 的反正弦弧度值
atan(x)	返回 x 的反正切弧度值
atan2(y， x)	返回给定的 x 及 y 坐标值的反正切值
cos(x)	返回 x 的弧度的余弦值
hypot(x， y)	返回欧几里德范数 sqrt(x*x + y*y)
sin(x)	返回 x 弧度的正弦值
tan(x)	返回 x 弧度的正切值
degrees(x)	将弧度转换为角度
radians(x)	将角度转换为弧度

单击“开始”菜单，打开 Python 3.7.2 Shell 软件，然后单击菜单栏中的“File/New File”命令，创建一个 Python 文件，并命名为“Python7-3.py”，然后输入如下代码：

```
import math      # 导入 math 标准库
print ("acos(0.64) 的值是 : ", math.acos(0.64))
print ("acos(0) 的值是 : ",  math.acos(0))
print ("asin(-1) 的值是 : ",  math.asin(-1))
print ("asin(1) 的值是 : ",  math.asin(1))
print ("atan(0) 的值是 : ",  math.atan(0))
print ("atan(10) 的值是 : ",  math.atan(10))
print ("atan2(5, 5) 的值是 : ",  math.atan2(5,5))
print ("atan2(-10, 10) 的值是 : ",  math.atan2(-10,10))
print()
print ("cos(3) 的值是 : ",  math.cos(3))
print ("cos(-3) 的值是 : ",  math.cos(-3))
print ("hypot(3,  2) 的值是 : ",  math.hypot(3, 2))
print ("hypot(-3,  3) 的值是 : ",  math.hypot(-3, 3))
print ("sin(3) 的值是 : ",  math.sin(3))
print ("sin(-3) 的值是 : ",  math.sin(-3))
print ("(tan(3) 的值是 : ",  math.tan(3))
print ("tan(-3) 的值是 : ",  math.tan(-3))
print()
print ("degrees(3) 的值是 : ",  math.degrees(3))
```

```
print ("degrees(-3) 的值是 : ", math.degrees(-3))
print ("radians(3) 的值是 : ", math.radians(3))
print ("radians(-3) 的值是 : ", math.radians(-3))
```

在这里需要说明的是，首先要导入 math 标准库，这样才可以使用该模块中的函数，否则程序会报错。

单击菜单栏中的“Run/Run Module”命令或按下键盘上的“F5”，就可以运行程序代码，结果如图 7.3 所示。

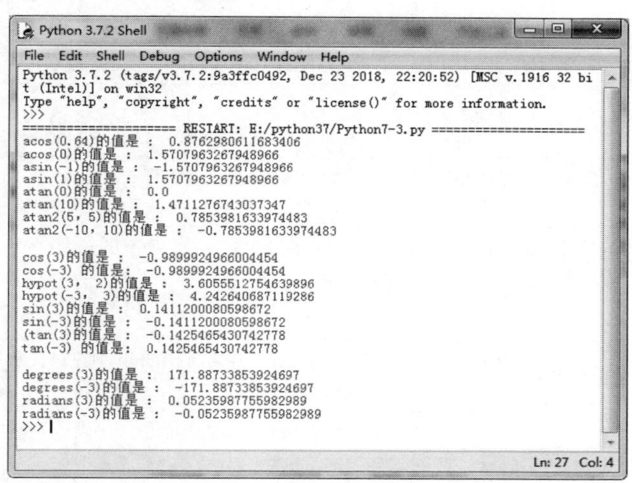

● 图 7.3　三角函数

7.2.4　字符串函数

字符串函数及意义如表 7.4 所示。

表 7.4　字符串函数及意义

字符串函数	意义（返回值）
capitalize()	将字符串的第一个字符转换为大写
center(width，fillchar)	返回一个指定的宽度 width 居中的字符串，fillchar 为填充的字符，默认为空格
count(str，beg= 0，end=len(string))	返回 str 在 string 里面出现的次数，如果 beg 或者 end 指定则返回指定范围内 str 出现的次数
expandtabs(tabsize=8)	把字符串 string 中的 tab 符号转为空格，tab 符号默认的空格数是 8
find(str，beg=0 end=len(string))	检测 str 是否包含在字符串中，如果指定范围 beg 和 end，则检查是否包含在指定范围内，如果包含返回开始的索引值，否则返回 -1

续表

字符串函数	意义（返回值）
index(str， beg=0， end=len(string))	跟 find() 方法一样，只不过如果 str 不在字符串中会报异常
isalnum()	如果字符串至少有一个字符并且所有字符都是字母或数字则返回 True，否则返回 False
isalpha()	如果字符串至少有一个字符并且所有字符都是字母则返回 True， 否则返回 False
isdigit()	如果字符串只包含数字则返回 True，否则返回 False
isspace()	如果字符串中只包含空白则返回 True，否则返回 False
islower()	如果字符串中包含至少一个区分大小写的字符，并且所有这些（区分大小写的）字符都是小写则返回 True，否则返回 False
isupper()	如果字符串中包含至少一个区分大小写的字符，并且所有这些（区分大小写的）字符都是大写则返回 True，否则返回 False
join(seq)	以指定字符串作为分隔符，将 seq 中所有的元素（的字符串表示）合并为一个新的字符串
len(string)	返回字符串长度
ljust(width[， fillchar])	返回一个原字符串左对齐，并使用 fillchar 填充至长度 width 的新字符串，fillchar 默认为空格
rjust(width，[， fillchar])	返回一个原字符串右对齐，并使用 fillchar(默认空格）填充至长度 width 的新字符串
lstrip()	截掉字符串左边的空格或指定字符
rstrip()	删除字符串字符串末尾的空格
strip([chars])	在字符串上执行 lstrip() 和 rstrip()
max(str)	返回字符串 str 中最大的字母
min(str)	返回字符串 str 中最小的字母
replace(old， new [， max])	把将字符串中的 str1 替换成 str2，如果 max 指定，则替换不超过 max 次
split(str=" "， num=string.count(str))	num=string.count(str)) 以 str 为分隔符截取字符串，如果 num 有指定值，则仅截取 num 个子字符串
splitlines([keepends])	按照行（'\r'， '\r\n'， \n'）分隔，返回一个包含各行作为元素的列表，如果参数 keepends 为 False，不包含换行符，如果为 True，则保留换行符。
swapcase()	将字符串中大写转换为小写，小写转换为大写
upper()	转换字符串中的小写字母为大写
lower()	转换字符串中所有大写字符为小写

单击"开始"菜单，打开 Python 3.7.2 Shell 软件，然后单击菜单栏中

的“File/New File”命令，创建一个 Python 文件，并命名为“Python7-4.py”，然后输入如下代码：

```
    str = "what are you doing?"
    print ("将字符串的第一个字符转换为大写,str.capitalize() : ",
str.capitalize())
    str = "www.163.com"
    print ("指定的宽度 540 并且居中的字符串,str.center(50, '*') :
", str.center(50, '*'))
    str="www.runoob.com"
    sub='o'
    print ("返回 str 在 string 里面出现的次数, str.count('o') : ",
str.count(sub))
    print()
    str = "this is\tstring example....wow!!!"
    print ("原始字符串: " , str)
    print ("替换 \\t 符号: " , str.expandtabs())
    print ("使用 16 个空格替换 \\t 符号: " , str.expandtabs(16))
    print()
    str1 = "Runoob example....wow!!!"
    str2 = "exam";
    print ("在 str1 字符串中查找 str2:",str1.find(str2))
    print ("在 str1 字符串中查找 str2, 从第 6 个字符开始:",str1.find(str2,
5))
    print ("在 str1 字符串中查找 str2, 从第 11 个字符开始:",str1.find(str2,
10))
    print()
    str = "runoob2016"            # 字符串只有字母和数字
    print (str.isalnum())
    str = "www.runoob.com" # 字符串除了字母和数字，还有小数点
    print (str.isalnum())
    str = "runoob"                # 字符串只有字母
    print (str.isalpha())
    str = "Runoob example....wow!!!" # 字符串除了字母，还有别的字符
    print (str.isalpha())
    str = "123456"        # 字符串只有数学
    print (str.isdigit())
    str = "Runoob example....wow!!!"
    print (str.isdigit())
    str = "RUNOOB example....wow!!!"     # 字符串只有大写定母
    print (str.islower())
    str = "runoob example....wow!!!"     # 字符串只有小写定母
    print (str.islower())
    str = "      "                       #字符串中只包含空白
    print (str.isspace())
    str = "Runoob example....wow!!!"
    print (str.isspace())
```

```
str = "THIS IS STRING EXAMPLE....WOW!!!"   # 字符串只有大写定母
print (str.isupper())
str = "THIS is string example....wow!!!"
print (str.isupper())
print()
s1 = "-"
s2 = ""
seq = ("r", "u", "n", "o", "o", "b")    # 字符串序列
print (s1.join( seq ))
print (s2.join( seq ))
print()
str = "runoob"
print("字符串长度：",len(str))                    # 字符串长度
l = [1,2,3,4,5]
print("列表元素个数：",len(l))                    # 列表元素个数
print()
str = "Runoob example....wow!!!"
print ("左对齐: ",str.ljust(50, '*'))
str = "this is string example....wow!!!"
print ("右对齐: ",str.rjust(50, '*'))
print()
str = "     this is string example....wow!!!     "
print("删除字符串左边的空格: ",str.lstrip() )
str = "     this is string example....wow!!!     "
print("删除字符串右边的空格: ",str.rstrip() )
str = "     this is string example....wow!!!     "
print("删除字符串左右两边的空格: ",str.strip() )
print()
str = "runoob"
print ("最大字符： " + max(str))
str = "runoob";
print ("最小字符： " + min(str));
str = "www.w3cschool.cc"
print ("菜鸟旧地址: ", str)
print ("菜鸟新地址: ", str.replace("w3cschool.cc", "runoob.
com"))
str = "this is string example....wow!!!"
print (str.split( ))
print("ab c\n\nde fg\rkl\r\n".splitlines())
print()
str = "This Is String Example....WOW!!!"
print ("将字符串中大写转换为小写，小写转换为大写",str.swapcase())
str = "this is string example from runoob....wow!!!";
print ("转换字符串中的小写字母为大写,str.upper() : ", str.upper())
str = "Runoob EXAMPLE....WOW!!!"
print( "转换字符串中的大写字母为小写,str.lower() : ",str.lower() )
```

单击菜单栏中的“Run/Run Module”命令或按下键盘上的“F5”，就

可以运行程序代码，结果如图 7.4 所示。

● 图 7.4　字符串函数

7.2.5 实例：小学四则运算

单击“开始”菜单，打开 Python 3.7.2 Shell 软件，然后单击菜单栏中的“File/New File”命令，创建一个 Python 文件，并命名为“Python7-5.py”，然后输入如下代码：

```
import random                              # 首先导入 random 标准库
print(" 小学四则运算测试 ( 输入 9999 结束 ): ")
ops = ['+', '-', '*', '/']                 # 运算符
ans = ""                                   # 用户回答
i = 1                                      # 统计题号
while ans != "9999":
    add1 = random.randint(1, 10)           # 随机产生第一个数
    add2 = random.randint(1, 10)           # 随机产生第二个数
    op = random.randint(0, 3)              # 随机产生运算符
    eq = str(add1) + ops[op] + str(add2)       # 算式
     # eval() 函数，可以将字符串 str 当成有效的表达式来求值并返回计算
结果
    val = eval(eq)                         # 算式答案
```

```
    print("第 %d 题 : %s=" %(i,eq) )  # 显示提问问题
    ans = input("请答题，把正确答案写在其后 : ")      # 用户回答
    if ans == '9999':                  # 退出循环
        break
    elif val == int(ans):              # 正确
        print("你牛，你的回答正确！ ")
    else:                              # 错误
        print("对不起，你的回答错误！正确答案是: %d" % val)
    i = i +1                           # 题号加 1
    print()
```

首先导入 random 标准库，然后定义三个变量，分别是用来存放运算符、用户回答、统计题号。接着 while 循环，进行循环出题，只有输入“9999”程序才会结束。

在循环语句中，首先随机产生两个数和一个运算符，然后调用 eval() 函数，将字符串当成有效的表达式来求值并返回计算结果。接着显示提问问题，再利用 input() 函数。如果回答“9999”，退出循环；如果回答正确，就会显示“你牛，你的回答正确！”；如果回答错语，就会显示“对不起，你的回答错误！正确答案是几”，最后再把题号加 1。

单击菜单栏中的“Run/Run Module”命令或按下键盘上的“F5”，就可以运行程序代码，就会看到第 1 题，如图 7.5 所示。

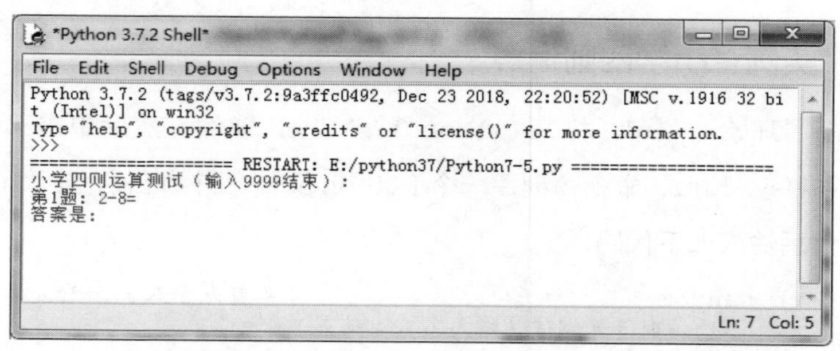

● 图 7.5　第 1 题

第 1 题：2−8=，在这里输入 −6，然后回车，这时就会显示“你牛，你的回答正确！”，然后自动显示第 2 题，如图 7.6 所示。

第 2 题：3+5=，在这里输入 9，然后回车，这时就会显示“对不起，你回答错误！正确答案是：8”，然后自动显示第 3 题，如图 7.7 所示。

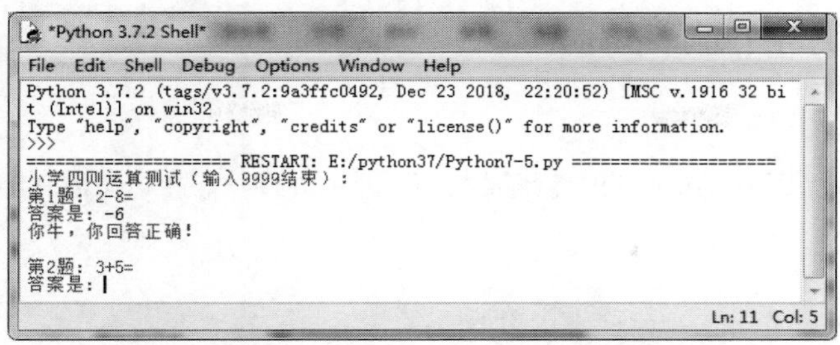

● 图 7.6　回答正确提示信息

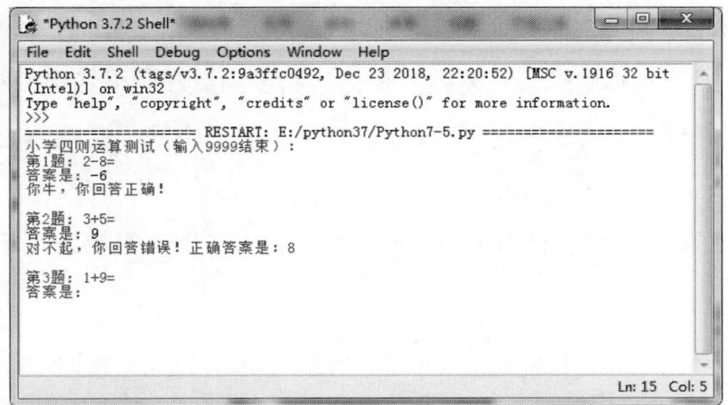

● 图 7.7　回答错误提示信息

就这样只要不输入“9999”，计算机就会无限出题。输入“9999”，程序就会结束，如图 7.8 所示。

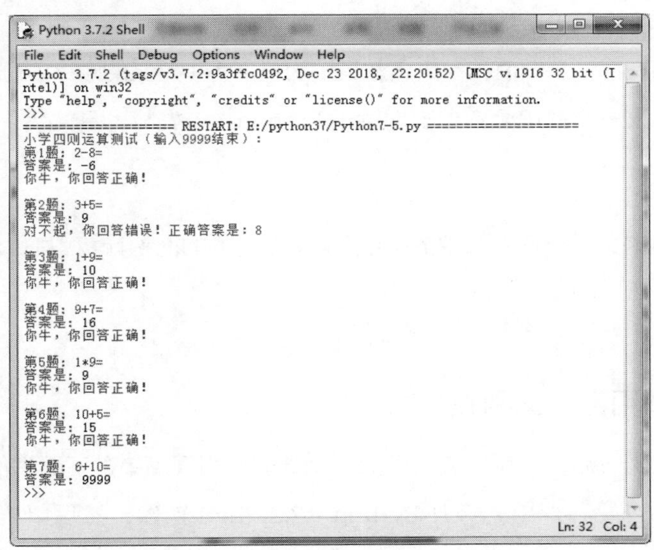

● 图 7.8　输入“9999”程序结束

7.3 用户自定义函数

前面讲解了 Python 的内置函数，下面来讲解一下 Python 的用户自定义函数。

7.3.1 函数的定义

在 Python 中，自定义函数的规则如下：

第一，函数代码块以 def 关键词开头，后接函数标识符名称和圆括号 ()。

第二，任何传入参数和自变量必须放在圆括号中间，圆括号之间可以用于定义参数。

第三，函数的第一行语句可以选择性地使用文档字符串，用于存放函数说明。

第四，函数内容以冒号起始，并且缩进。

第五，return[表达式] 结束函数，选择性地返回一个值给调用方。不带表达式的 return 相当于返回 None。

自定义函数的一般格式如下：

```
def 函数名（参数列表）：
    函数体
```

默认情况下，参数值和参数名称是按函数声明中定义的顺序匹配起来的。

下面定义一个简单函数，实现输出 Python，您好！，具体代码如下：

```
def  myprint() :
   print("Python，您好！ ")
```

下面再定义一个含有参数的函数，实现三角形的面积计算，具体代码如下：

```
def myarea(x1,x2):
    return 1/2*x1*x2
```

7.3.2 调用自定义函数

自定义函数后，就可以调用函数。函数的调用很简单，下面举例说明。

单击“开始”菜单，打开 Python 3.7.2 Shell 软件，然后单击菜单栏中的“File/New File”命令，创建一个 Python 文件，并命名为“Python7-6.

py”，然后输入如下代码：

```
    def  myprint() :           # 自定义函数，实现输出 Python，您好！
       print("Hello,Python, 您好！ ")
    def myarea(x1,x2):         # 自定义函数，实现三角形的面积计算
        return 1/2*x1*x2
    myprint()    # 调用自定义函数 myprint()
    print()
    # 调用自定义函数 myarea()
    w = int(input(" 请输入三角形的底: "))
    h = int(input(" 请输入三角形的高: "))
    print(" 三角形的底 =", w, " 三角形的高 =", h, " 三角形的面积 =",
myarea(w, h))
```

在上述代码中，先自定义函数，然后再调用函数。首先调用的是自定义函数 myprint()，然后利用 input() 输入三角形的底和高，然后调用 myarea() 函数，计算三角形的面积。

单击菜单栏中的“Run/Run Module”命令或按下键盘上的“F5”，就可以运行程序代码，先显示“Hello,Python, 您好！”并提醒“请输入三角形的底”，如图 7.9 所示。

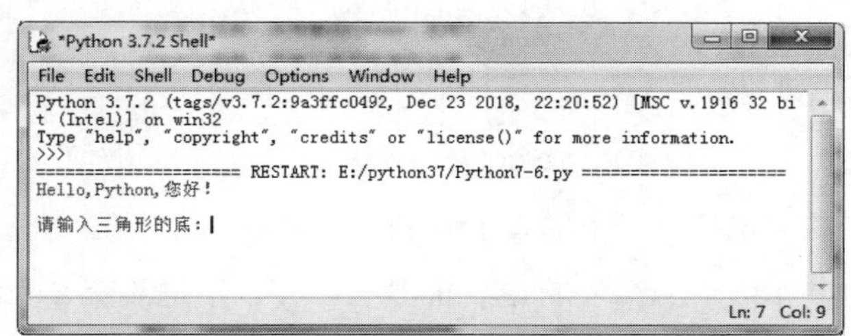

● 图 7.9　输入三角形的底

在这里输入“28”，然后回车，这时提醒“请输入三角形的高”，如图 7.10 所示。

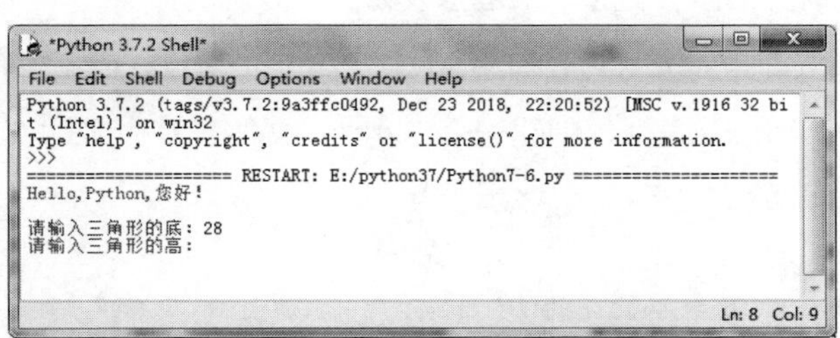

● 图 7.10　输入三角形的高

在这里输入“16”，然后回车，就可以看到三角形的面积，如图 7.11 所示。

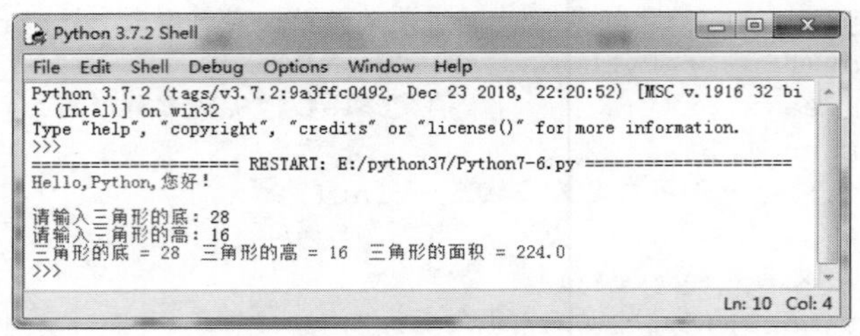

● 图 7.11　三角形的面积

7.3.3　函数的参数传递

在 python 中，类型属于对象，变量是没有类型的，例如：

```
x = [1,2,3,4,5,6]
y = "bike"
```

在上述代码中，[1,2,3,4,5,6] 是列表（list）类型，”bike” 是字符串（String）类型，而变量 x 是没有类型的，它仅仅是一个对象的引用（一个指针），可以是指向 List 类型对象，也可以是指向 String 类型对象。

1. 不可更改对象

在 Python 中，字符串（string），元组（tuple）和数值型（number）是不可更改对象。例如，变量赋值 a=6 后再赋值 a=18，这里实际上是新生成一个 int 值对象 18，再让 a 指向它，而 6 被丢弃，不是改变 a 的值，相当于新生成了 a。

在 Python 函数的参数传递中，不可变对象类似 C++ 的值传递，如整数、字符串、元组。如 fun（a），传递的只是 a 的值，没有影响 a 对象本身。比如在 fun（a）内部修改 a 的值，只是修改另一个复制的对象，不会影响 a 本身。

单击“开始”菜单，打开 Python 3.7.2 Shell 软件，然后单击菜单栏中的“File/New File”命令，创建一个 Python 文件，并命名为“Python7-7.py”，然后输入如下代码：

```
def ChangeInt( a ):
    print(" 函数参数 a 的值: ",a)
    a = 10
    print(" 函数参数重新赋值后的值: ",a,"\n")
    return a
```

```
b = 2
print()
print(" 调用函数，并显示函数返回值: ",ChangeInt(b))
print( "\n 变量 b 的值: ",b )                          # 结果是 2
```

在这里可以看到，变量 b 首先赋值为 2，然后调用自定义函数 ChangeInt(b)，这时把 b 的值传给函数，所以自定义函数中的 a，就是传过来的值，即 2。

在自定义函数中，重新为变量 a 赋值为 10，这样，a 的值就为 10 了。所以函数的返回值是 a，即 return a，所以函数的返回值是 10。

需要注意的是，自定义函数外，参数 b 的值仍是原来的值，即 2。

单击菜单栏中的“Run/Run Module”命令或按下键盘上的“F5”，就可以运行程序代码，结果如图 7.12 所示。

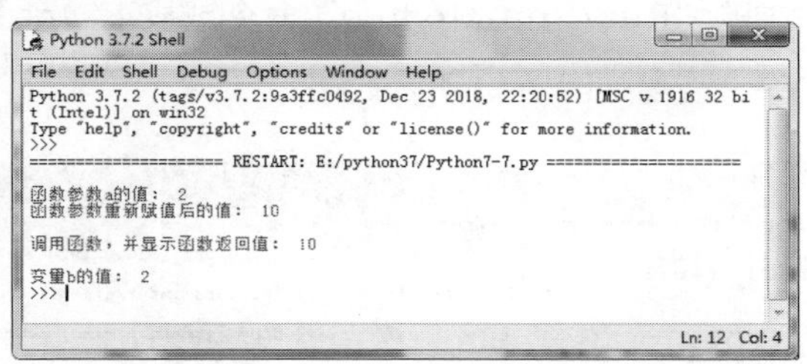

● 图 7.12　不可更改对象

2. 可更改对象

在 Python 中，列表 (list)、字典（dict）等是可以修改的对象。例如，变量赋值 la=[1,2,3,4] 后再赋值 la[2]=5，则是将列表 la 中的第三个元素值更改，本身 la 没有动，只是其内部的一部分值被修改了。

在 Python 函数的参数传递中，可变对象类似 C++ 的引用传递，如列表、字典。如 fun(la)，则是将 la 真正的传过去，修改后 fun 外部的 la 也会受影响。

单击“开始”菜单，打开 Python 3.7.2 Shell 软件，然后单击菜单栏中的“File/New File”命令，创建一个 Python 文件，并命名为“Python7-8.py”，然后输入如下代码：

> 提醒：python 中一切都是对象，严格意义不能说值传递还是引用传递，应该说传不可变更对象和传可变更对象。

```
def changeme( mylist1 ):
    print(" 函数参数 mylist1 的值:
```

```
",mylist1)
        # 修改传入的列表
        mylist1.append([5,7,9,11])
        print (" 函数内取值 : ", mylist1)
        return
    mylist = [100,200,300]
    print(" 列表最初数据信息: ",mylist)
    print()
    # 调用 changeme 函数
    changeme( mylist )
    print()
    print (" 函数外取值 : ", mylist)
```

传入函数的和在末尾添加新内容的对象用的是同一个引用，所以函数内取值和函数外取值是一样的。

单击菜单栏中的“Run/Run Module”命令或按下键盘上的“F5”，就可以运行程序代码，结果如图 7.13 所示。

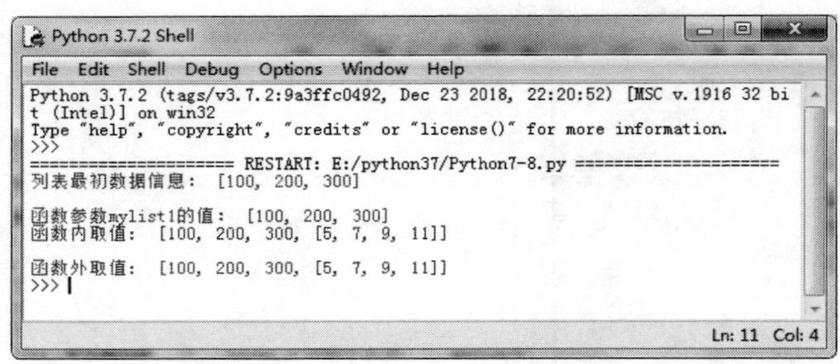

● 图 7.13　可更改对象

7.3.4　函数的参数类型

调用函数时，可以使用的正式参数类型有 4 种，分别是必需参数、关键字参数、默认参数、不定长参数，如图 7.14 所示。

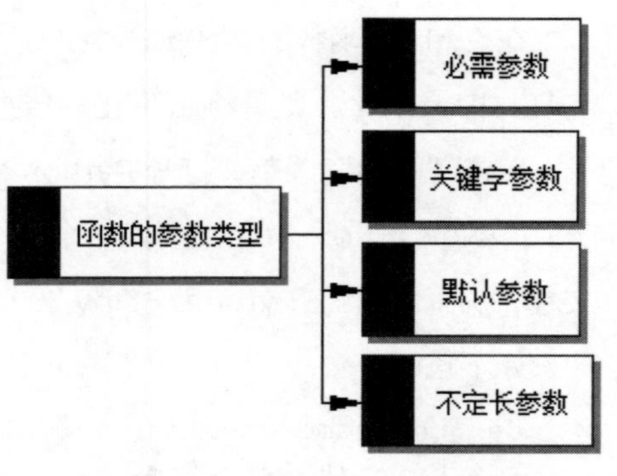

● 图 7.14　函数的参数类型

1. 必需参数

必需参数须以正确的顺序传入函数，并且调用时的数量必须和声明时的一样，下面举例说明。

单击“开始”菜单，打开 Python 3.7.2 Shell 软件，然后单击菜单栏中的“File/New File”命令，创建一个 Python 文件，并命名为“Python7-9.py”，然后输入如下代码：

```
def printme( str ):                    # 可写函数说明
    # 打印任何传入的字符串
    print (str)
    return
# 第一次调用 printme 函数，带有参数
printme(" 第一次调用函数！ ")
# 第二次调用 printme 函数，没有参数
printme()
```

在这里可以看到，先定义一个含有必需参数的函数，第一次调用带有参数会正确显示；第二次调用函数时，没有输入参数，就会显示报错信息。

单击菜单栏中的“Run/Run Module”命令或按下键盘上的“F5”，就可以运行程序代码，结果如图 7.15 所示。

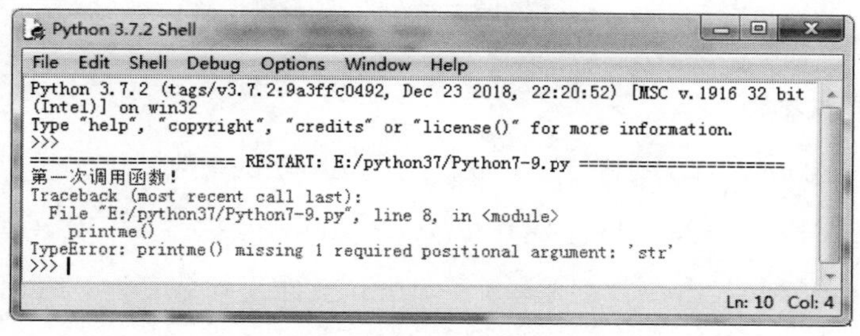

● 图 7.15　必需参数

2. 关键字参数

关键字参数和函数调用关系紧密，函数调用使用关键字参数来确定传入的参数值。

需要注意的是，使用关键字参数允许函数调用时参数的顺序与声明时不一致，因为 Python 解释器能够用参数名匹配参数值。

单击“开始”菜单，打开 Python 3.7.2 Shell 软件，然后单击菜单栏中的“File/New File”命令，创建一个 Python 文件，并命名为“Python7-10.py”，然后输入如下代码：

```
def printinfo( name, sex,age, score):
   # 打印任何传入的字符串或数值
   print ("名字：", name)
   print ("性别：",  sex)
   print ("年龄：", age)
   print ("成绩：", score)
   return
 # 调用 printinfo 函数
printinfo( age=16, name="李晓波",sex="男", score=96 )
```

单击菜单栏中的“Run/Run Module”命令或按下键盘上的“F5”，就可以运行程序代码，结果如图 7.16 所示。

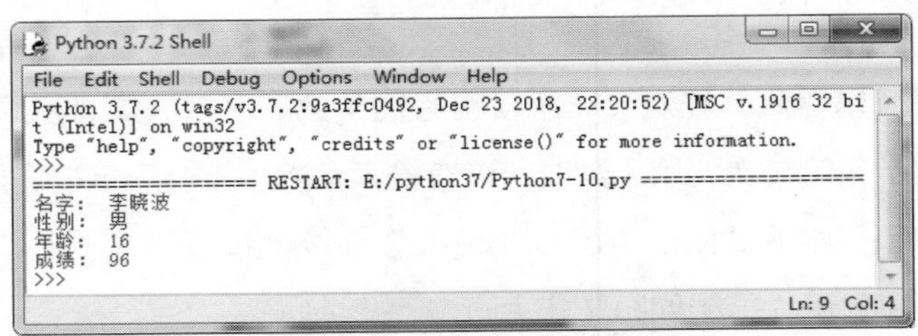

● 图 7.16　关键字参数

3. 默认参数

调用函数时，如果没有传递参数，则会使用默认参数。

单击“开始”菜单，打开 Python 3.7.2 Shell 软件，然后单击菜单栏中的“File/New File”命令，创建一个 Python 文件，并命名为“Python7-11.py”，然后输入如下代码：

```
def printinfo( name,score ,age = 13 ,sex = '女' ):
   print ("名字：", name)
   print ("性别：",  sex)
   print ("年龄：", age)
   print ("成绩：", score)
   return
 # 第一次调用 printinfo 函数
printinfo( age=12, name="张永平",sex="男", score=97 )
print()
print ("*" * 50)
print()
# 第二次调用 printinfo 函数
printinfo( name="李路", score=85 )
```

需要注意的是，含有的默认参数要放在必需参数的后面，否则程序会报错。

第一次调用函数，用的是关键字参数；第二次调用函数用到了默认参数，即调用函数是没有传入 age 和 sex 等数值，这样就采用默认参数值。

单击菜单栏中的“Run/Run Module”命令或按下键盘上的“F5”，就可以运行程序代码，结果如图 7.17 所示。

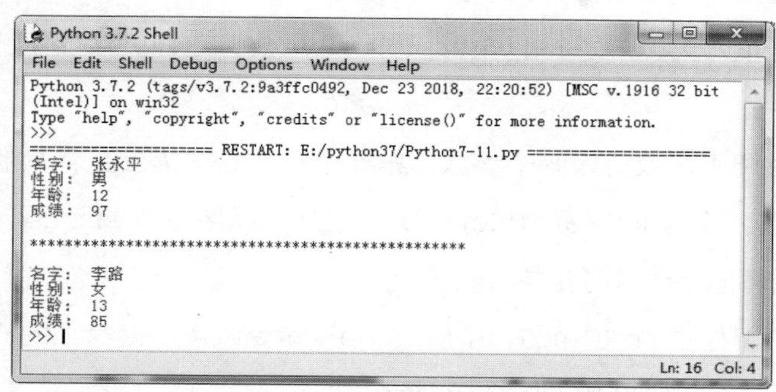

● 图 7.17　默认参数

4. 不定长参数

有时可能需要一个函数能处理比当初声明时更多的参数，这些参数叫作不定长参数，和上述 3 种参数不同，声明时不会命名，基本语法如下：

```
def functionname([formal_args,] *var_args_tuple ):
   function_suite
   return [expression]
```

加了星号（*）的变量名会存放所有未命名的变量参数，如果在函数调用时没有指定参数，它就是一个空元组。

单击“开始”菜单，打开 Python 3.7.2 Shell 软件，然后单击菜单栏中的“File/New File”命令，创建一个 Python 文件，并命名为“Python7-12.py”，然后输入如下代码：

```
def printinfo( arg1, *vartuple ):
   " 打印任何传入的参数 "
   print (" 必需参数的值 : ",arg1)
   print()
   if len(vartuple)==0 :
       print(" 没有可变参数传入 ")
   else:
       for var in vartuple:
          print (" 可变参数的值: ",var)
   return
```

```
 # 第一次调用 printinfo 函数
printinfo( 80 );
print ("-----------------------")
# 第二次调用 printinfo 函数
printinfo( 120, 110, 40,90,50 )
```

在这里两次调用函数，第一次调用函数只传入必需参数，这样可变参数的变量的长度就为 0，即 len(vartuple)==0 成立，这样就会显示“没有可变参数传入”。

第二次调用函数传入 5 个参数，第一个参数是必需参数，其他 4 个参数是可变参数。这样 len(vartuple)==0 不成立，程序运行 else 语句内容，即通过 for 循环语句显示可变参数的值。

单击菜单栏中的“Run/Run Module”命令或按下键盘上的“F5”，就可以运行程序代码，结果如图 7.18 所示。

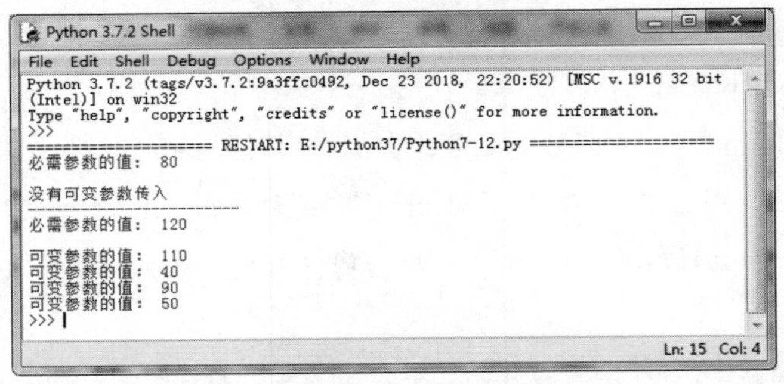

● 图 7.18　不定长参数

7.3.5　匿名函数

所谓匿名，就是不再使用 def 语句这样标准的形式定义一个函数。在 Python 中，使用 lambda 来创建匿名函数。匿名函数需要注意以下几点：

第一，lambda 只是一个表达式，函数体比 def 简单很多。

第二，lambda 的主体是一个表达式，而不是一个代码块。仅仅能在 lambda 表达式中封装有限的逻辑进去。

第三，lambda 函数拥有自己的命名空间，且不能访问自己参数列表之外或全局命名空间里的参数。

第四，虽然 lambda 函数看起来只能写一行，却不等同于 C 或 C++ 的内联函数，后者的目的是调用小函数时不占用栈内存从而增加运行效率。

lambda 函数的语法只包含一个语句，具体如下：

```
lambda [arg1 [,arg2,.....argn]]:expression
```

单击“开始”菜单，打开 Python 3.7.2 Shell 软件，然后单击菜单栏中的“File/New File”命令，创建一个 Python 文件，并命名为“Python7-13.py”，然后输入如下代码：

```
mylamb = lambda arg1, arg2, arg3, arg4 : arg1 + arg2 - arg3 / arg4
# 调用匿名函数 mylamb
print ("调用匿名函数，并返回运算值 : ", mylamb( 50, 60,36 ,4))
```

单击菜单栏中的“Run/Run Module”命令或按下键盘上的“F5”，就可以运行程序代码，结果如图 7.19 所示。

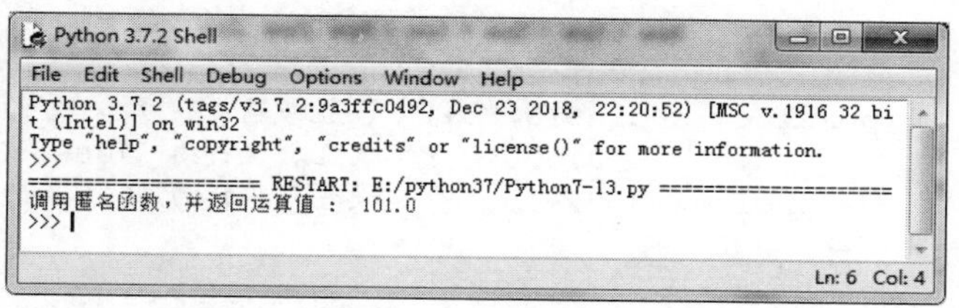

● 图 7.19　匿名函数

7.3.6　实例：满天雪花效果

单击“开始”菜单，打开Python 3.7.2 Shell软件，然后单击菜单栏中的“File/New File”命令，创建一个 Python 文件，并命名为“Python7-14.py”。

首先导入两个标准库，分别是 turtle 库和 random 库，具体代码如下：

```
from turtle import *              # 导入 turtle 标准库
from random import *              # 导入 random 标准库
```

接下来，定义 snow() 函数，绘制雪花，具体代码如下：

```
def snow():
    hideturtle()                   # 隐藏画笔
    speed(10)                      # 设置画笔移动速度为 10
    pensize(2)                     # 设置画笔大小为 2
                                   # 利用 for 循环绘制雪花
    for i in range(100):
        r=random()                 # 设置 r 为 0~1 之间的随机数
```

```
        g=random()
        b=random()
        pencolor(r,g,b)                     # 设置画笔的颜色
        penup()                             # 抬笔
        setx(randint(-350,350))             # 设置 x 坐标为 -350~350 的随机数
        sety(randint(-150,270))             # 设置 y 坐标为 1~270 的随机数
        pendown()                           # 落笔
        dens=randint(8,12)                  # 设置 dens 为 8~12 的随机数
        snowsize=randint(10,14)             # 设置 snowsize 为 10~14 的随机数
        for j in range(dens):
            forward(snowsize)               # 画笔向前移动 snowsize 像素
            backward(snowsize)              # 画笔向后移动 snowsize 像素
            right(360/dens)                 # 顺时针旋转 360/dens 度
```

接下来，自定义 ground() 函数，绘制地面，具体代码如下：

```
def ground():
    hideturtle()                            # 隐藏画笔
    speed(10)                               # 设置画笔移动速度为 10
                                            # 利用 for 循环绘制地面
    for i in range(300):
        pensize(randint(5,10))              # 设置画笔大小为 5~10 的随机数
        x=randint(-400,350)                 # 设置 x 坐标为 -400~350 的随机数
        y=randint(-280,-150)                # 设置 y 坐标为 -280~-150 的随机数
        r=-y/280
        g=-y/280
        b=-y/280
        pencolor(r,g,b)                     # 设置画笔的颜色
        penup()                             # 抬笔
        goto(x,y)                           # 画笔移动到 (x,y) 坐标处
        pendown()                           # 落笔
        forward(randint(40,100))            # 画笔向前移动 40~100 像素随机数
```

接下来，自定义 main() 主函数，设置画布大小和背景色，然后调用 snow() 函数绘制雪花、调用 ground() 函数绘制地面，具体代码如下：

```
def main():
    setup(800, 600, 0, 0)                   # 设置画布大小及左上角位置
    tracer(False)                           # 打开 / 关闭龟动画，并为更新图纸设置延迟
    bgcolor("black")                        # 设置背景颜色为黑色
    snow()                                  # 调用 snow() 函数，绘制雪花
    ground()                                # 调用 ground() 函数，绘制地面
    tracer(True)
```

最后，调用 main() 主函数，具体代码如下：

```
main()                                      # 调用 main() 主函数
```

单击菜单栏中的“Run/Run Module”命令或按下键盘上的“F5”，就可以运行程序代码，结果如图 7.20 所示。

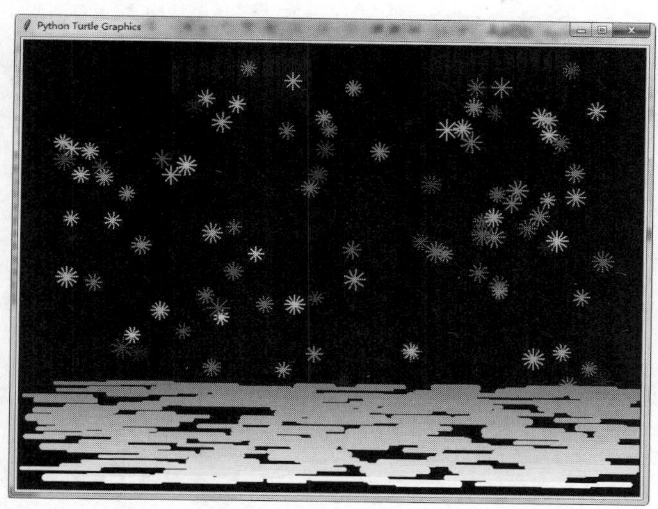

● 图 7.20　满天雪花效果

7.3.7 实例：分叉树效果

单击“开始”菜单，打开Python 3.7.2 Shell软件，然后单击菜单栏中的“File/New File”命令，创建一个 Python 文件，并命名为“Python7-15.py”。

首先导入 turtle 标准库，具体代码如下：

```
import turtle as tl     # 导入 turtle 标准库，并另命名为 tl
```

接下来，定义 draw_smalltree() 函数，绘制分叉树，具体代码如下：

```
def draw_smalltree(tree_length,tree_angle):  # 绘制分形树函数
    if tree_length >= 3:
        tl.forward(tree_length)       # 往前画
        tl.right(tree_angle)          # 往右转
        draw_smalltree(tree_length - 10,tree_angle)   # 画下一枝，直到画到树枝长小于 3
        tl.left(2 * tree_angle)       # 转向画左
        draw_smalltree(tree_length -10,tree_angle)    # 直到画到树枝长小于 3

        tl.right(tree_angle)          # 转到正向上的方向，然后回溯到上一层
        if tree_length <= 50:         # 树枝长小于 50，可以当作树叶了，树叶部分为绿色
```

```
        tl.pencolor('green')
    if tree_length > 50:
        tl.pencolor('red')              # 树干部分为红色
    tl.backward(tree_length)            # 往回画，回溯到上一层
```

接下来，定义 main() 函数，设置画笔各属性，并调用 draw_smalltree() 函数绘制分叉树，具体代码如下：

```
def main():
    tl.penup()                                  # 抬笔
    tl.pencolor("red")                          # 设置画笔颜色为红色
    tl.pensize(3)                               # 设置画笔大小为 3
    tl.tracer(False)          # 打开 / 关闭该动画，并为更新图纸设置延迟
    tl.left(90)               # 因为树是往上的，所以先把方向转左
    tl.backward(250)                            # 把起点放到底部
    tl.pendown()
    tree_length = 100                           # 设置的最长树干为 100
    tree_angle = 20                             # 树枝分叉角度，设为 20
    draw_smalltree(tree_length,tree_angle)
    tl.exitonclick()                            # 单击才关闭画画窗口
    tl.tracer(True)
```

最后，调用 main() 主函数，具体代码如下：

```
main()                                          # 调用 main() 主函数
```

单击菜单栏中的“Run/Run Module”命令或按下键盘上的“F5”，就可以运行程序代码，结果如图 7.21 所示。

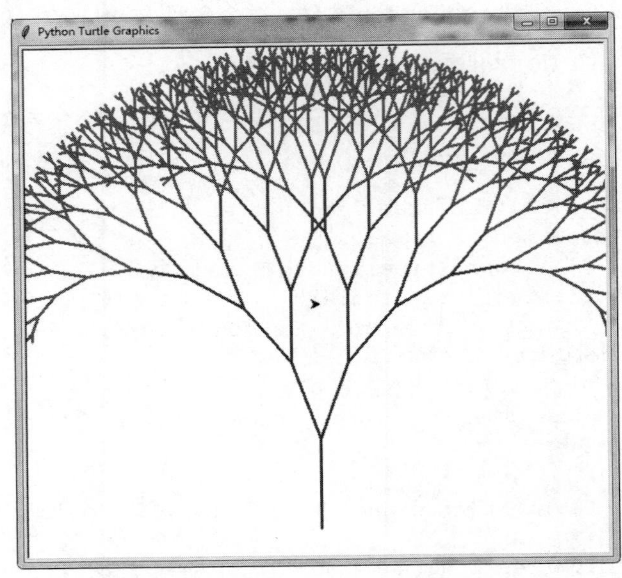

● 图 7.21 分叉树效果

第 8 章

Python 的面向对象程序设计

面向对象程序设计可以看作是一种在程序中包含各种独立而又互相调用的对象的思想，这与传统的思想刚好相反：传统的程序设计主张将程序看作是一系列函数的集合，或者直接就是一系列对电脑下达的指令。面向对象程序设计中的每一个对象都应该能够接受数据、处理数据并将数据传达给其他对象，因此它们都可以被看作是一个小型的“机器”，即对象。面向对象程序设计推广了程序的灵活性和可维护性，并且在大型项目设计中被广泛应用。

本章主要内容包括：

- 面向对象概念
- 类定义与类对象
- 类的继承
- 自定义模块并调用
- import 语句
- 标准模块
- 包
- 变量作用域及类型

8.1 面向对象

Python 从设计之初就已经是一门面向对象的语言，所以在 Python 中创建一个类和对象是很容易的。

8.1.1 面向对象概念

面向对象概念主要有 9 个，分别是类、类变量、数据成员、方法重写、实例变量、继承、方法和对象，具体如下：

1. 类（Class）

类（Class）用来描述具有相同的属性和方法的对象的集合。它定义了该集合中每个对象所共有的属性和方法。对象是类的实例。

2. 类变量

类变量在整个实例化的对象中是公用的。类变量定义在类中且在函数体之外。类变量通常不作为实例变量使用。

3. 数据成员

数据成员，即类变量或者实例变量，是用于处理类及其实例对象的相关的数据。

4. 方法重写

如果从父类继承的方法不能满足子类的需求，可以对其进行改写，这个过程叫方法的覆盖（override），也称为方法的重写。

5. 实例变量

实例变量是定义在方法中的变量，只作用于当前实例的类。

6. 继承

继承，即一个派生类（derived class）继承基类（base class）的字段和方法。继承也允许把一个派生类的对象作为一个基类对象对待。

7. 实例化

实例化，即创建一个类的实例，类的具体对象。

8. 方法

方法，即类中定义的函数。

9. 对象

对象，即通过类定义的数据结构实例。对象包括两个数据成员（类变量和实例变量）和方法。

8.1.2 类定义与类对象

在 Python 中，类定义的语法具体如下：

```
class  ClassName:
    <statement-1>
    .
    .
    .
    <statement-N>
```

类实例化后，可以使用其属性。实际上，创建一个类之后，可以通过类名访问其属性。

类对象支持两种操作，分别是属性引用和实例化。属性引用和 Python 中所有的属性引用是一样的标准语法：obj.name。类对象创建后，类命名空间中所有的命名都是有效属性名。

下面通过实例讲解一下类定义与类对象。单击“开始”菜单，打开 Python 3.7.2 Shell 软件，然后单击菜单栏中的“File/New File”命令，创建一个 Python 文件，并命名为“Python8-1.py”，然后输入如下代码：

```
class MyClass:
    x = 36          # 定义类变量
    y = "Python class"
    z = ["张亮","王雨可","周文静"]
```

```
    def myfun(self):   # 定义类方法
        return "hello world!"
a = MyClass()          # 实例化类
                       # 访问类的属性和方法
print("MyClass 类的属性 x 为: ", a.x)
print("MyClass 类的属性 y 为: ", a.y)
print("MyClass 类的属性 Z 为: ", a.z)
print("\n MyClass 类的方法 myfun 输出为: ", a.myfun())
```

在这里可以看以，首先定义类，类名 MyClass，该类有两个类变量和一个类方法，类变量分别为 x 和 y，类方法为 myfun()。接着实例化类，这样就可以调用类的属性和方法，最后利用 print() 函数来显示。

单击菜单栏中的“Run/Run Module”命令或按下键盘上的“F5”，就可以运行程序代码，结果如图 8.1 所示。

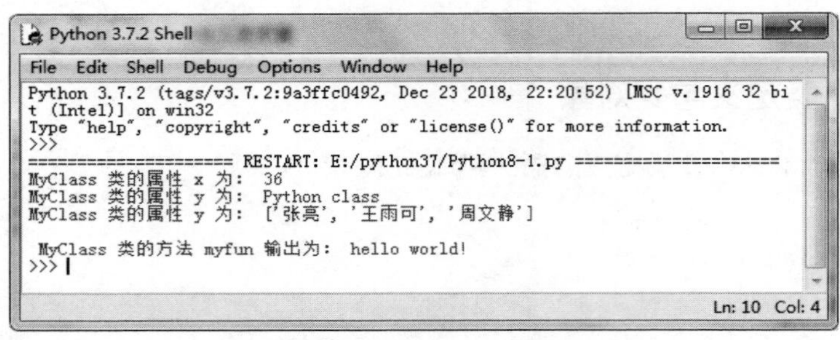

● 图 8.1　类定义与类对象

很多类都倾向于将对象创建为有初始状态的。因此类可能会定义一个名为 __init__() 的特殊方法（构造方法），具体代码如下：

```
def __init__(self):
    self.data = []
```

如果类定义了 __init__() 方法，那么类的实例化操作会自动调用 __init__() 方法。当然，__init__() 方法可以有参数，参数通过 __init__() 传递到类的实例化操作上。

单击“开始”菜单，打开 Python 3.7.2 Shell 软件，然后单击菜单栏中的“File/New File”命令，创建一个 Python 文件，并命名为“Python8-2.py”，然后输入如下代码：

```
class Complex:
    # 定义类的特殊方法，即构造方法
```

```
    def __init__(self, realpart, imagpart):
        self.r = realpart
        self.i = imagpart
    #定义类的方法
    def prt(self):
        print("self代表的是类的实例，代表当前对象的地址 :",self)
        print("self.class 指向类 :",self.__class__)
x = Complex(85.3, 75)   #实例化类
print(x.r, x.i)
x.prt()
```

在这里需要注意的是，类中定义了构造方法，该方法在类的实例化操作中会自动调用，因此参数通过 __init__() 传递到类的实例化操作上。

类的方法与普通的函数只有一个区别，即它们必须有一个额外的第一个参数名称，按照惯例它的名称是 self。self 代表的是类的实例，代表当前对象的地址；而 self.class 则指向类。

单击菜单栏中的“Run/Run Module”命令或按下键盘上的“F5”，就可以运行程序代码，结果如图 8.2 所示。

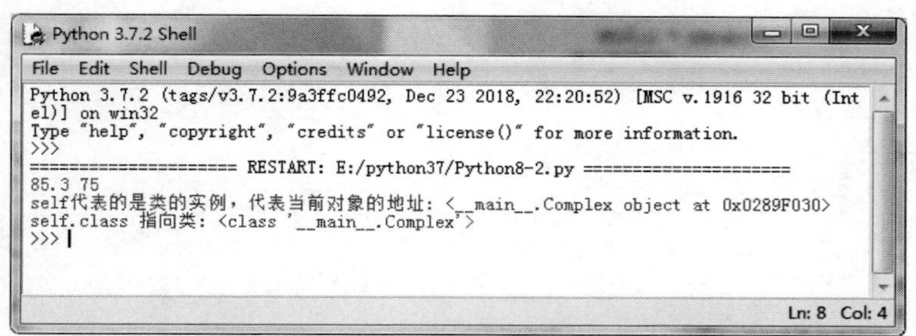

● 图 8.2　类的构造方法和额外的第一个参数

8.1.3 类的继承

Python 同样支持类的继承，如果一种语言不支持继承，类就没有什么意义。派生类定义的语法具体如下：

```
class DerivedClassName(BaseClassName1):
    <statement-1>
    .
    .
    .
    <statement-N>
```

需要注意圆括号中基类的顺序，若是基类中有相同的方法名，而在子类使用时未指定，Python 从左至右搜索，即方法在子类中未找到时，从左到右查找基类中是否包含方法。另外，基类必须与派生类定义在一个作用域内。

单击“开始”菜单，打开 Python 3.7.2 Shell 软件，然后单击菜单栏中的“File/New File”命令，创建一个 Python 文件，并命名为“Python8-3.py”，然后输入如下代码：

```
#类定义
class people:
    #定义基本属性
    name = ''
    age = 0
    #定义私有属性，私有属性在类外部无法直接进行访问
    __weight = 0
    #定义构造方法
    def __init__(self,n,a,w):
        self.name = n
        self.age = a
        self.__weight = w
    #定义 speak 方法
    def speak(self):
        print("%s 说: 我 %d 岁。" %(self.name,self.age))

#单继承类
class student(people):
    grade = ''
    def __init__(self,n,a,w,g):
        #调用父类的构造函数
        people.__init__(self,n,a,w)
        self.grade = g
    #覆写父类的方法
    def speak(self):
          print("%s 说: 我 %d 岁了，我在读 %d 年级。"%(self.
name,self.age,self.grade))
#利用 input() 函数动态输入学生的信息
sname = input("请输入学生的姓名: ")
sage  = int(input("请输入学生的年龄: "))
sweight = int(input("请输入学生的体重: "))
sgrade = int(input("请输入学生所在的年级: "))
s = student(sname,sage,sweight,sgrade)    #类的实例化
s.speak()       #调用类中的方法
```

在这里先定义 people 类，类中有两个基本属性（name 和 age）和一个私有属性（__weight），类中有两个方法，即类的构造方法和 speak() 方法；在继承类（子类 student）中，定义一个属性（grade），定义两个方

法，即子类的构造方法和子类的 speak() 方法，这样在调用时，就会覆写父类（people）的 speak() 方法。

最后就是子类 student 实例化，再调用子类的 speak() 方法。

单击菜单栏中的“Run/Run Module”命令或按下键盘上的“F5”，就可以运行程序代码，提醒你输入学生的姓名，如图 8.3 所示。

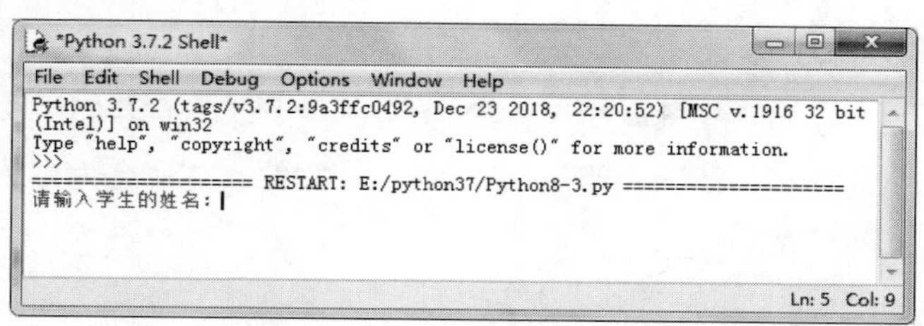

● 图 8.3　输入学生的姓名

在这里输入“王可群”，然后回车；输入学生的年龄，在这时输入“12”，然后回车；输入学生的体重，在这里输入“46”，然后回车；输入学生所在的年级，在这时输入“6”，如图 8.4 所示。

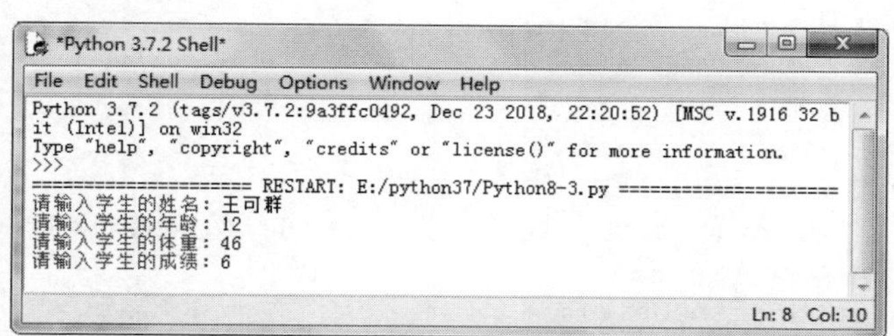

● 图 8.4　输入学生的基本信息

正确输入学生的基本信息后，回车，就可以看到学生的自我介绍，注意这里没有说体重（因为 __weight 是私有属性），如图 8.5 所示。

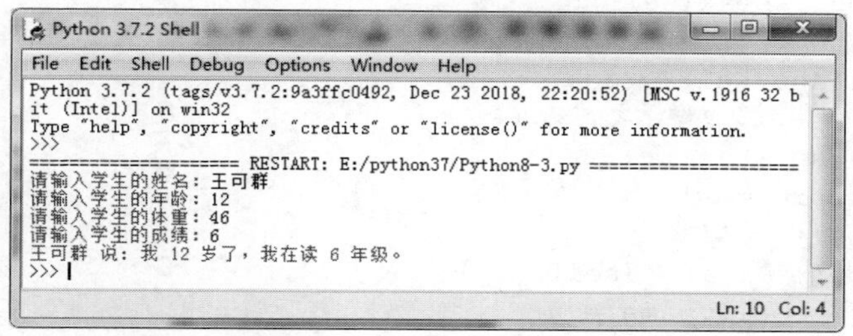

● 图 8.5　学生的自我介绍

8.1.4 类的多继承

Python 同样有限地支持多继承形式。多继承的类定义的语法具体如下：

```
class DerivedClassName(Base1, Base2, Base3):
    <statement-1>
    .
    .
    .
    <statement-N>
```

单击“开始”菜单，打开 Python 3.7.2 Shell 软件，然后单击菜单栏中的“File/New File”命令，创建一个 Python 文件，并命名为“Python8-4.py”，然后输入如下代码：

```
#类定义
class people:
    #定义基本属性
    name = ''
    age = 0
    #定义私有属性，私有属性在类外部无法直接进行访问
    __weight = 0
    #定义构造方法
    def __init__(self,n,a,w):
        self.name = n
        self.age = a
        self.__weight = w
    def speak(self):
        print("%s 说: 我 %d 岁。" %(self.name,self.age))
#单继承
class student(people):
    grade = ''
    def __init__(self,n,a,w,g):
        #调用父类的构函
        people.__init__(self,n,a,w)
        self.grade = g
    #覆写父类的方法
    def speak(self):
           print("%s 说: 我 %d 岁了，我在读 %d 年级"%(self.
name,self.age,self.grade))
#另一个类，多重继承之前的准备
class speaker():
    topic = ''
    name = ''
    def __init__(self,n,t):
        self.name = n
        self.topic = t
```

```
        def speak(self):
            print("我叫 %s，我是一个演说家，我演讲的主题是 %s"%(self.
name,self.topic))
    # 多重继承
    class sample(speaker,student):
        a =''
        def __init__(self,n,a,w,g,t):
            student.__init__(self,n,a,w,g)
            speaker.__init__(self,n,t)
    test = sample("张亮",15,70,7,"Python")
    test.speak()    # 方法名同，默认调用的是在括号中排前的父类的方法
```

在这里先定义三个类，分别是 people 类、student 类、speaker 类，其中 student 类是 people 类的子类，需要注意的是，三个类中都有 speak() 方法。

然后定义 sample 类，sample 类为多重继承，既是 student 类的子数，同时也是 speaker 类的子数。sample 类定义了一个类变量，即 a；定义一个构造方法，在构造方法中调用了父类 student 的构造方法和父类 speaker 的构造方法。

最后，sample 类实例化，再调用 speak() 方法。需要注意的是，由于 people 类、student 类、speaker 类中都有 speak() 方法，默认情况下，调用的是在括号中排前的父类的方法，即 speaker 类中的 speak() 方法。

单击菜单栏中的“Run/Run Module”命令或按下键盘上的“F5”，就可以运行程序代码，结果如图 8.6 所示。

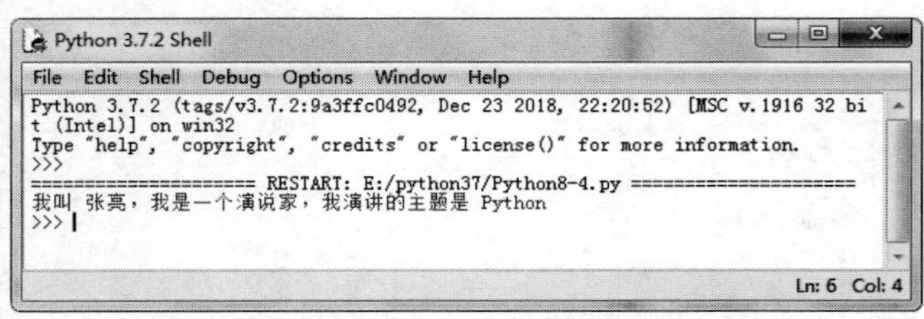

● 图 8.6　类的多继承

8.2　模块

模块是一个包含所有定义的函数和变量的文件，其后缀名是 .py。模块可

以被别的程序引入，以使用该模块中的函数等功能。

8.2.1 自定义模块

模块的自定义方法，与 Python 文件的创建是一样的，但在保存时一定要保存到 Python 的当前目录下，这样就可以直接调用了，下面通过举例来说明。

单击“开始”菜单，打开 Python 3.7.2 Shell 软件，然后单击菜单栏中的“File/New File”命令，创建一个 Python 文件，然后输入如下代码：

```
def print_func( par ):
     print ("您好，调用了模块(mymodule)中的print_func函数：",
par)
    return
def fib(n):     # 定义到 n 的斐波那契数列
    a, b = 0, 1
    while b < n:
        print(b, end=' ')     #不换行输出
        a, b = b, a+b
    print()                   #输出一个空行
```

在上述代码中，定义了两个函数，分别是 print_func() 和 fib()。

下面来保存文件。单击菜单栏中的“File/Save as”命令，弹出“另存为”对话框，如图 8.7 所示。

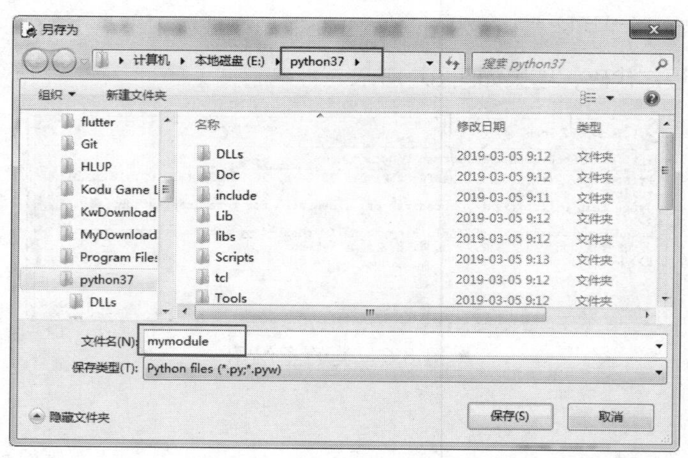

● 图 8.7 另存为对话框

在这里保存在 Python 的当前目录下，设置文件名为 mymodule，然后单击“保存”按钮，这样自定义模块就完成了。

8.2.2 自定义模块的调用

要调用自定义模块，首先是导入自定义模块，然后就可以调用了。

单击“开始”菜单，打开 Python 3.7.2 Shell 软件，如果直接调用模块中的函数，即直接输入 mymodule.fib(100)，然后回车，就会报错，如图 8.8 所示。

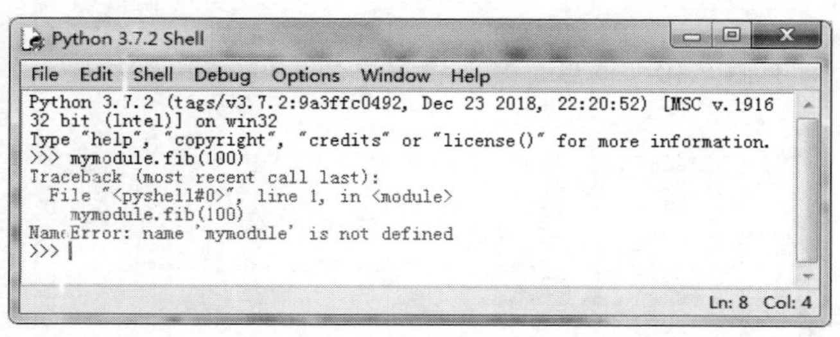

● 图 8.8 报错信息

在这里可以看到，报错是“name ‘mymodule’ is not defined”，即 mymodule 没有定义，原因在于调用之前没有导入该模块。

输入 import mymodule，然后回车，就会导入 mymodule 模块，然后就可以调用模块中的 fib()，即接着输入 mymodule.fib(100)，回车，就可以看到输出结果，如图 8.9 所示。

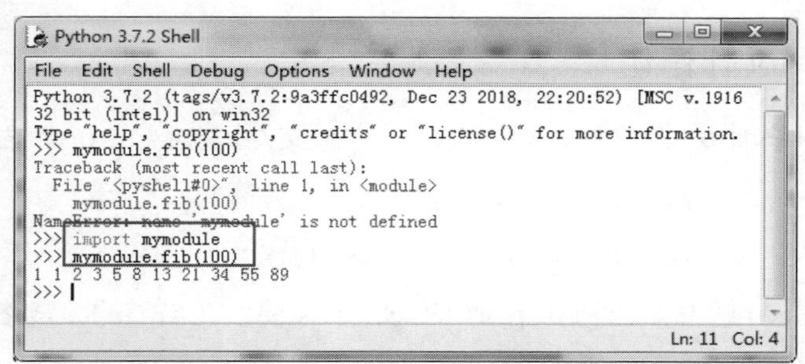

● 图 8.9 调用自定义模块中的 fib() 函数

还可以调用 mymodule 模块中的 print_func() 函数，即输入 mymodule.print_func(“周文静”)，回车，输出结果如图 8.10 所示。

如果打算经常使用某模块，为了简化输入，可以为模块另命名，如 import mymodule as m。这样在下面的代码中，就可以用 m 代替 mymodule。代码及运行结果如图 8.11 所示。

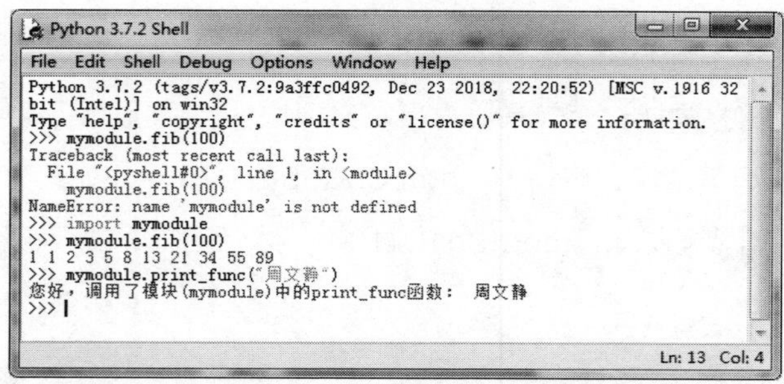

● 图 8.10　调用自定义模块中的 print_func() 函数

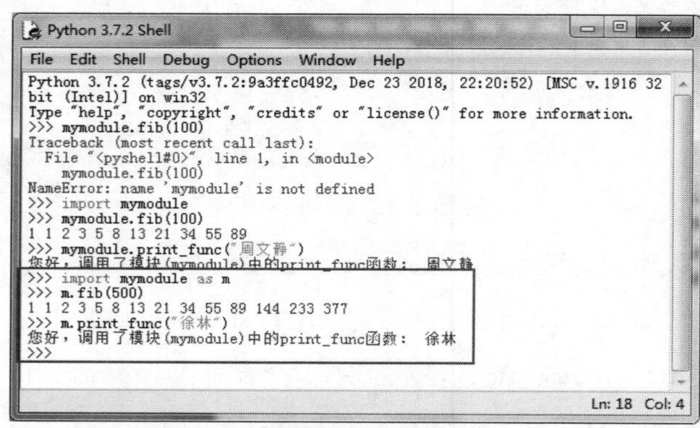

● 图 8.11　简化模块调用

8.2.3　import 语句

想使用 Python 源文件，只需在另一个源文件里执行 import 语句，其语法具体如下：

```
import module1[, module2[,... moduleN]
```

当 Python 解释器遇到 import 语句，如果模块在当前的搜索路径就会被导入。所以模块文件一定要放在当前的搜索路径中。可以利用 python 标准库中的 sys.py 模块来查看当前路径。

单击“开始”菜单，打开 Python 3.7.2 Shell 软件，输入 import sys，回车，然后再输入 print (“Python 当前的搜索路径：” , sys.path)，回车，如图 8.12 所示。

> 提醒：python 标准库都在 python 安装目录中的 lib 文件夹中。

● 图 8.12 Python 当前的搜索路径

在这里可以看到，Python 当前的搜索路径是“E:\\Python37”，只要把模块文件放到当前的搜索路径中，就可以直接调用该模块文件，如图 8.13 所示。

● 图 8.13 Python 搜索路径文件夹

在 Python 中，用 import 或 from...import 来导入相应的模块，具体如下：

第一，将整个模块 (somemodule) 导入，格式为：import somemodule。

第二，从某个模块中导入某个函数，格式为：from somemodule import somefunction。

第三，从某个模块中导入多个函数，格式为：from somemodule import firstfunc, secondfunc, thirdfunc。

第四，将某个模块中的全部函数导入，

> 提醒：利用 Python 3.7.2 Shell 软件创建文件，默认状态下就保存在 Python37 文件夹中。不管你执行了多少次 import，一个模块只会被导入一次。这样可以防止导入模块被一遍又一遍地执行。

格式为：from somemodule import *

8.2.4 标准模块

Python 本身带有一些标准的模块库，如操作系统接口 os 模块、文件通配符 glob 模块、命令行参数 sys 模块、字符串正则匹配 re 模块、数学函数 math 模块和 random 模块、日期和时间 datetime 模块、数据压缩 zlib 模块等。

单击“开始”菜单，打开 Python 3.7.2 Shell 软件，然后单击菜单栏中的“File/New File”命令，创建一个 Python 文件，并命名为“Python8-5.py”，然后输入如下代码：

```
import os,glob,sys,re,math,random,datetime,zlib
print("当前的工作目录:",os.getcwd())
print()
print("当前目录下所有以py为后缀的文件: ",glob.glob('*.py'))
print()
print("当前文件的路径及名称: ",sys.argv)
print("显示字母f开头的单词: ",re.findall(r'\bf[a-z]*', 'which foot or hand fell fastest'))
print("调用数学math函数，计算cos(math.pi / 4)的值: ",math.cos(math.pi / 4))
print("调用random函数，显示0~1之间的随机数:",random.random())
print ("当前的日期和时间是 %s" % datetime.datetime.now())
print("没有压缩之前的长度和压缩之后的长度: ",len(b'witch which has which witches wrist watch!'),len(zlib.compress(b'witch which has which witches wrist watch!')))
```

单击菜单栏中的“Run/Run Module”命令或按下键盘上的“F5”，就可以运行程序代码，结果如图 8.14 所示。

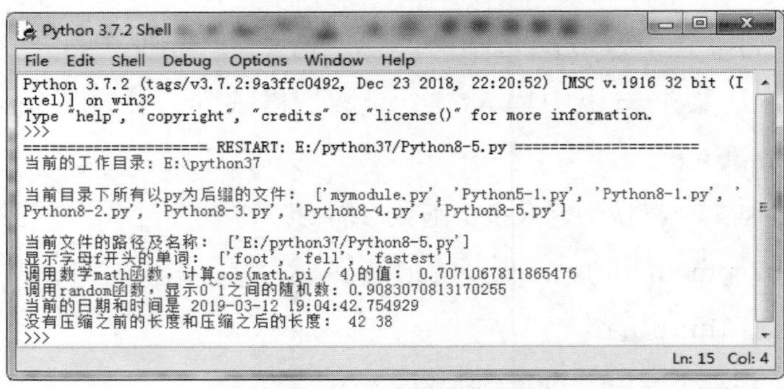

● 图 8.14 标准模块

8.3 包

包是一种管理 Python 模块命名空间的形式，采用“点模块名称”。例如一个模块的名称是 A.B，那么它表示一个包 A 中的子模块 B。

> 提醒：包类似于文件夹，而模块类似于文件夹中的文件。

就好像使用模块的时候，不用担心不同模块之间的全局变量相互影响一样，采用点模块名称这种形式也不用担心不同库之间的模块有重名的情况。这样不同的程序员就可以提供 NumPy 模块，或者是 Python 图形库。

假设想设计一套统一处理声音文件和数据的模块（或者称为一个 " 包 "）。现有很多种不同的音频文件格式，所以需要有一组不断增加的模块，用来在不同的格式之间转换。并且针对这些音频数据，还有很多不同的操作（比如混音，添加回声，增加均衡器功能，创建人造立体声效果），所以还需要一组怎么也写不完的模块来处理这些操作。

这里给出了一种可能的包结构（在分层的文件系统中），具体如下：

```
sound/                              顶层包
      __init__.py                   初始化 sound 包
      formats/                      文件格式转换子包
              __init__.py
              wavread.py
              wavwrite.py
              aiffread.py
              aiffwrite.py
              auread.py
              auwrite.py
              ...
      effects/                      声音效果子包
              __init__.py
              echo.py
              surround.py
              reverse.py
              ...
      filters/                      filters 子包
              __init__.py
              equalizer.py
              vocoder.py
              karaoke.py
              ...
```

在导入一个包的时候，Python 会根据 sys.path 中的目录来寻找这个包中包含的子目录。

目录只有包含一个叫作 __init__.py 的文件才会被认作是一个包，主要是为了避免一些滥俗的名字（比如叫作 string）不小心的影响搜索路径中的有效模块。

打开 Python 当前工作目录，即“E:\Python37”，然后双击“Lib”，这里的子文件夹都是一个包，在这里双击“html”，在该文件夹下就可以看以 __init__.py 文件，如图 8.15 所示。

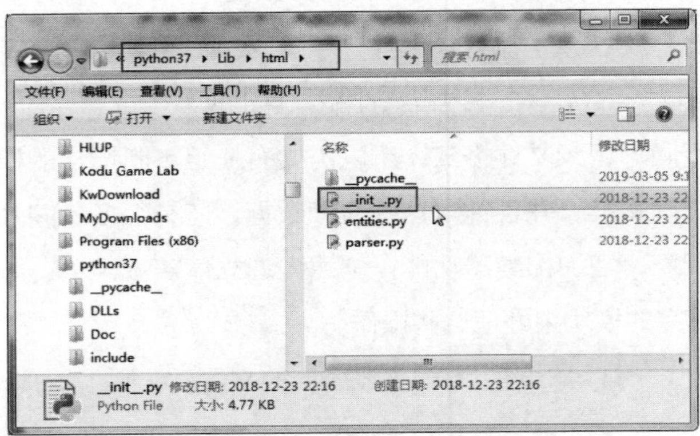

● 图 8.15　Python 中的包

打开 __init__.py 文件，就可以看以该文件中的代码，如图 8.16 所示。

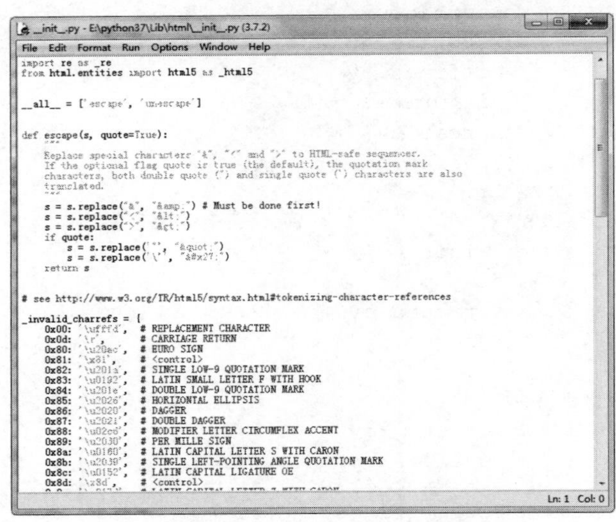

● 图 8.16　__init__.py 文件代码

8.4 变量作用域及类型

在 Python 程序设计中，程序的变量并不是在哪个位置都可以访问的，访问权限决定于这个变量是在哪里被赋值的。

8.4.1 变量作用域

变量的作用域决定了在哪一部分程序可以访问哪个特定的变量名称。Python 的变量作用域一共有 4 种，分别是局部作用域（Local）、闭包函数外的函数中（Enclosing）、全局作用域（Global）、内建作用域（Built-in）。

在 Python 程序设计中，变量以局部作用域（Local）、闭包函数外的函数中（Enclosing）、全局作用域（Global）、内建作用域（Built-in）的规则查找。即在局部找不到，便会去局部外的局部找（例如闭包），再找不到就会去全局找，再者去内建中找，具体代码如下：

```
x = int(2.9)            # 内建作用域
g_count = 0             # 全局作用域
def outer():
    o_count = 1         # 闭包函数外的函数中
    def inner():
        i_count = 2     # 局部作用域
```

在 Python 程序设计中，只有模块（module），类（class）以及函数（def、lambda）才会引入新的作用域，其他的代码块（如 if/elif/else/、for/while 等）是不会引入新的作用域的。也就是说，这些语句内定义的变量，外部也可以访问。

单击“开始”菜单，打开 Python 3.7.2 Shell 软件，然后单击菜单栏中的“File/New File”命令，创建一个 Python 文件，并命名为“Python8-6.py”，然后输入如下代码：

```
if True :
    msg1="我是 if 语句中的变量，外部是可以访问的！"
else:
    msg2="我也是一个代码块变量"
#可以直接调用 if 语句中的变量
print("直接调用 if 语句中的变量 msg1: ",msg1)
```

由于 if 语句的条件成立，所以 msg1 已指向“我是 if 语句中的变量！”，所以这个变量已存在，所以可以直接利用 print() 函数输出。需要注意的是，由于 if 语句的条件成立，就不会运行 else 中的语句，所以 msg2 没有指向“我也是一个代码块变量”，所以不能利用 print() 函数输出 msg2 变量。

单击菜单栏中的“Run/Run Module”命令或按下键盘上的“F5”，就可以运行程序代码，结果如图 8.17 所示。

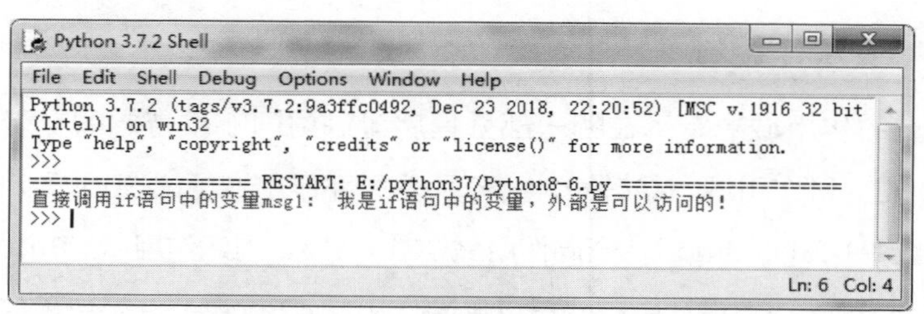

● 图 8.17　if 语句中的变量

需要注意的是，如果是自定义函数中的变量，由于是局部变量，所以外部不能访问。

单击“开始”菜单，打开 Python 3.7.2 Shell 软件，然后单击菜单栏中的“File/New File”命令，创建一个 Python 文件，并命名为“Python8-7.py”，然后输入如下代码：

```
def test():
        msg_inner ='我是函数中的变量，是局部变量，外部不能访问！'
print(msg_inner)
```

单击菜单栏中的“Run/Run Module”命令或按下键盘上的“F5”，运行代码，就会报错。从报错的信息上看，说明 msg_inner 未定义，无法使用，因为它是局部变量，只有在函数中才可以使用，如图 8.18 所示。

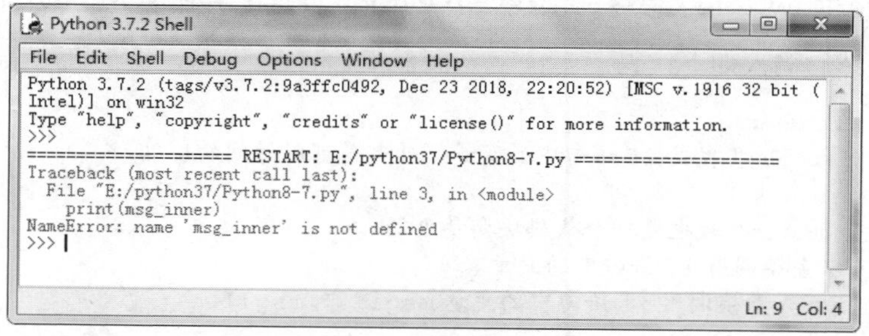

● 图 8.18　自定义函数中的变量外部不能访问

8.4.2 全局变量和局部变量

定义在函数内部的变量拥有一个局部作用域，定义在函数外的拥有全局作用域。局部变量只能在其被声明的函数内部访问，而全局变量可以在整个程序范围内访问。调用函数时，所有在函数内声明的变量名称都将被加入作用域中。

单击“开始”菜单，打开 Python 3.7.2 Shell 软件，然后单击菜单栏中的“File/New File”命令，创建一个 Python 文件，并命名为“Python8-8.py”，然后输入如下代码：

```
total = 0     # 这是一个全局变量
def sum( arg1, arg2 ):
    total = arg1 + arg2     # total 在这里是局部变量
    print (" 函数内是局部变量 : ", total)
    print()
    return total;
# 调用 sum 函数
mya = sum( 12, 38 )
print (" 函数外是全局变量 : ", total)
print()
print(" 函数 sum 的返回值: ",mya)
```

在这里可以看到，首先定义一个全局变量 total，其值为 0。然后自定义函数 sum()，该函数有两个参数，并且都是必需参数。函数 sum() 的功能是实现两个数相加，然后显示运算结果，并把运算结果返回。需要注意的是，函数内的变量 total 是局部变量，其值不会影响全局变量 total。

然后调用 sum() 函数，接着在显示函数外的全局变量 total 及函数 sum 的返回值。

单击菜单栏中的“Run/Run Module”命令或按下键盘上的“F5”，就可以运行程序代码，结果如图 8.19 所示。

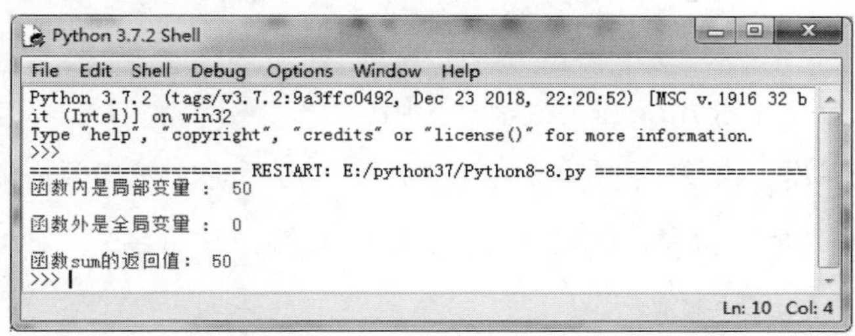

● 图 8.19 全局变量和局部变量

8.4.3 global 和 nonlocal 关键字

当内部作用域想修改外部作用域的变量时，就要用到 global 和 nonlocal 关键字。下面先来看一下 global 关键字的应用。

单击“开始”菜单，打开 Python 3.7.2 Shell 软件，然后单击菜单栏中的“File/New File”命令，创建一个 Python 文件，并命名为“Python8-9.py”，然后输入如下代码：

```
num = 1
def fun1():
    global num       #使用 global 关键字声明
    print("使用 global 关键字声明后，就可以在自定义函数中引用外部变量，其值为：",num)
    num = 123        #重新为外部变量 num 赋值
    print("重新为外部变量 num 赋值后的值：",num)
print("没调用函数前，全部变量的值：",num)
print()
fun1()        #调用自定义函数 fun1()
print()
print("调用函数后，全部变量的值：",num)
```

在这里可以看到，首先定义一个全局变量 num，其值为 1。然后自定义函数 fun1()，在该函数中利用 global 关键字声明全局变量 num，这样函数内与函数外的变量 num 就会同时更新。

接着显示变量 num，这里就是 1，即全局变量的最初值。随后变量 num 赋值为 123，那么函数内的变量 num 变为 123。需要注意的是，这里函数外的变量 num 也变为 123。

接下来显示没有调用函数之前的变量 num 的值，当然是 1。

随后调用函数 fun1()，然后显示调用后的变量 num 的值，当然是 123。

单击菜单栏中的“Run/Run Module”命令或按下键盘上的“F5”，就可以运行程序代码，结果如图 8.20 所示。

下面来看一下 nonlocal 关键字的应用。

单击“开始”菜单，打开 Python 3.7.2 Shell 软件，然后单击菜单栏中的“File/New File”命令，创建一个 Python 文件，并命名为“Python8-10.py”，然后输入如下代码：

```
    def outer():              # 自定义函数
        num = 10
        def inner():          # 自定义嵌套函数
            nonlocal num      # nonlocal 关键字声明
             print("nonlocal 关键字声明，在嵌套函数中调用 num 的值，其
值为 ",num)
            print()
            num = 100         # 重新为 num 赋值
            print(" 重新为 num 赋值后，其值为 ",num)
            print()
        inner()               # 调用嵌套函数
        print(" 调用嵌套函数后，num 的值为 ",num)
    outer()                   # 调用自定义函数
```

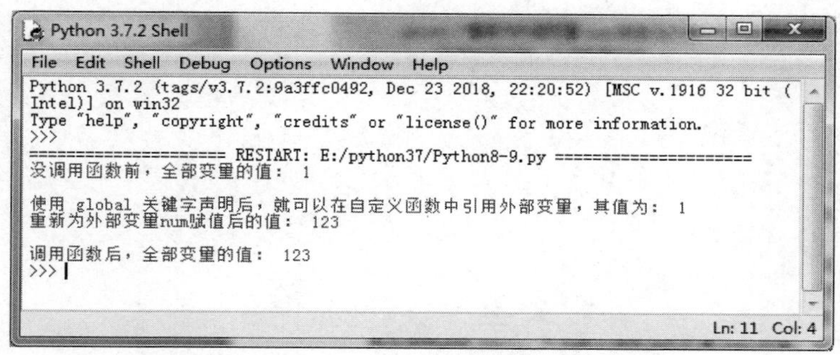

● 图 8.20 global 关键字的应用

在这里可以看以，这里自定义函数 outer()，然后在函数 outer() 中嵌套函数 inner()。在嵌套函数 inner() 中使用 nonlocal 关键字声明，这样嵌套函数内外变量 num 的值都联动更新。

单击菜单栏中的“Run/Run Module”命令或按下键盘上的“F5”，就可以运行程序代码，结果如图 8.21 所示。

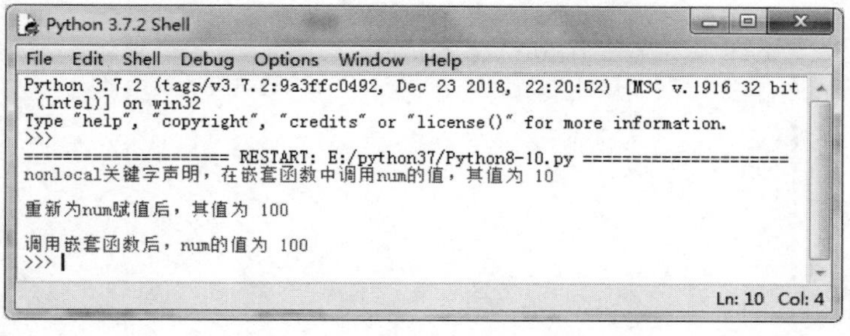

● 图 8.21 nonlocal 关键字的应用

第 9 章

Python 的文件及文件夹操作

计算机操作系统是以文件为单位对数据进行管理的。文件是指存储在某种介质上的数据集合。文件在存储介质上的位置是由驱动器名称、文件夹及文件名来定位的。

本章主要内容包括：

- 文件的创建
- 写入文件内容
- 打开文件并读取内容
- 设置文件中光标的位置
- 创建文件夹
- 判断文件夹是否存在
- 文件夹重命名与删除
- shutil 模块的应用
- 获取和修改当前文件夹的位置
- 连接目录和文件名
- 文件的复制和删除
- 文件的属性信息
- 实例：实现文本的替换功能

9.1 文件的基本操作

Python 具有强大的文件处理功能，如文件的创建、文件的打开、文件内容的写入、读出文件中的内容等。

9.1.1 文件的创建

在 Python 中，利用 open() 方法创建文件，语法格式如下：

```
open(file_name,mode)
```

其中，file_name 为创建的文件名，mode 为创建文件的模式。mode 的参数及意义如下：

w：打开一个文件只用于写入。如果该文件已存在则打开文件，并从开头开始编辑，即原有内容会被删除。如果该文件不存在，创建新文件。

wb：以二进制格式打开一个文件只用于写入。如果该文件已存在则打开文件，并从开头开始编辑，即原有内容会被删除。如果该文件不存在，创建新文件。一般用于非文本文件，如图片等。

w+：打开一个文件用于读写。如果该文件已存在则打开文件，并从开头开始编辑，即原有内容会被删除。如果该文件不存在，创建新文件。

wb+：以二进制格式打开一个文件用于读写。如果该文件已存在则打开文件，并从开头开始编辑，即原有内容会被删除。如果该文件不存在，创建新文件。一般用于非文本文件，如图片等。

单击“开始”菜单，打开 Python 3.7.2 Shell 软件，然后单击菜单栏中的“File/New File”命令，创建一个 Python 文件，并命名为“Python9-1.py”，然后输入如下代码：

```
import os                                    # 导入 os 标准库
txt = open("mytxt.txt","w")   # 创建一个文本文件
```

```
print(" 成功创建一个文本文件，文件名为 mytxt.txt")
doc = open("mydoc.doc","w+")          # 创建一个 word 文件
print(" 成功创建一个 word 文件，文件名为 mydoc.doc")
excel = open ("myexcel.xls","wb")     # 创建一个 excel 表格文件
print(" 成功创建一个 excel 表格文件，文件名为 myexcel.xls")
ppt = open("myppt.ppt","wb+")         # 创建一个 PPT 文件
print(" 成功创建一个 PPT 文件，文件名为 myppt.ppt")
```

首先导入 os 标准库，然后以只写的方式创建一个文本文件；以读写的方式创建一个 word 文件；以二进制只写的方式创建一个 excel 表格文件；以二进制读写的方式创建一个 PPT 文件。

单击菜单栏中的“Run/Run Module”命令或按下键盘上的“F5”，就可以运行程序代码，结果如图 9.1 所示。

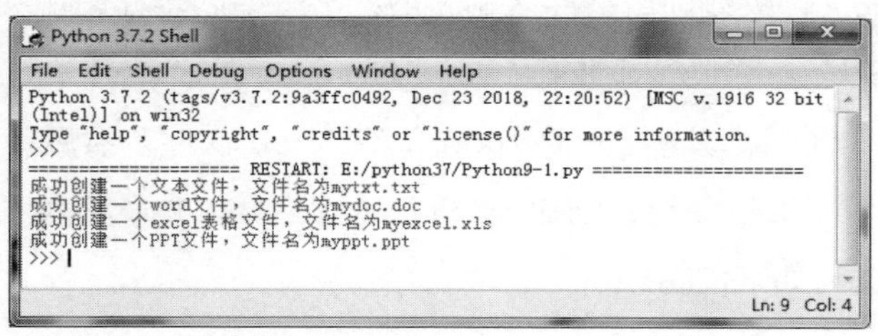

● 图 9.1　创建文件

需要注意的是，创建的文件保存在当前 Python 文件保存的位置，即“E:\python37”中，打开 python37 文件夹，就可以看到刚创建的 4 个文件，如图 9.2 所示。

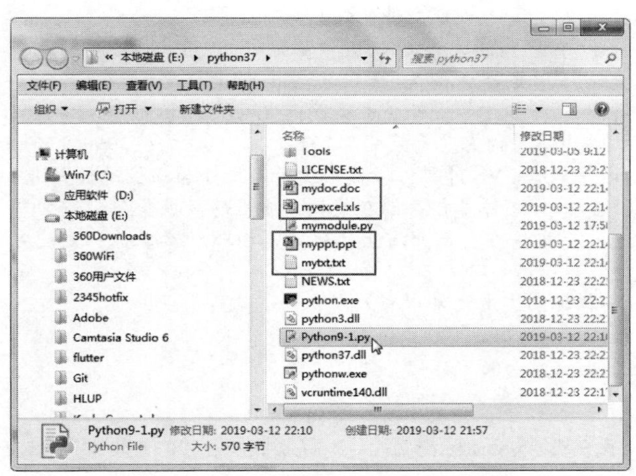

● 图 9.2　创建文件的保存位置

9.1.2 写入文件内容

文件创建成功后，就可以向文件中写入内容。在 Python 中，利用 write() 方法向文件中写入内容，语法格式如下：

```
write(string)
```

其中，string 为要写入文件的字符串。write() 方法的返回值是写入的字符长度。使用 write() 方法，要注意以下几点：

第一，write() 方法将任何字符串写入打开的文件，但需要注意的是，Python 字符串可以是二进制数据，而不仅仅是文本。

第二，write() 方法不会在字符串的末尾添加换行符（“\n”）。

第三，在文件关闭前或缓冲区刷新前，字符串内容存储在缓冲区中，这时你在文件中是看不到写入的内容的。

单击“开始”菜单，打开 Python 3.7.2 Shell 软件，然后单击菜单栏中的“File/New File”命令，创建一个 Python 文件，并命名为“Python9-2.py”，然后输入如下代码：

```
import os                              # 导入 os 标准库
stu = open("stufile.txt","w")  # 以只写的方式创建文本文件
print(" 成功创建一个文本文件，文件信息如下：\n")
print(" 创建的文件名：",stu.name)
print("\n 创建的模式：",stu.mode)
print("\n 创建的文件是否关闭：",str(stu.closed))
# 写入创建文件的信息
stu.write("\n 写入创建文件的信息如下：")
stu.write("\n\n 创建的文件名："+ stu.name)
stu.write("\n 创建的模式："+ stu.mode)
stu.write("\n 创建的文件是否关闭："+str(stu.closed))
# 向文本文件中写入内容
stu.write("\n\n\n 计算机操作系统是以文件为单位对数据进行管理的。")
stu.write("\n 文件是指存储在某种介质上的数据集合。\n")
stu.write(" 文件在存储介质上的位置是由驱动器名称、文件夹及文件名来定
位的。\n")
# 利用 for 循环向文本文件中写入内容
for i in range(10) :
    stu.write(str(i)+"\n")
print("\n 已成功写入文件信息 ")
```

在这里，首先导入 os 标准库，然后以只写的方式创建文本文件，接下来显示并写入创建文件的信息。然后又写入普通文字信息，最后利用 for 循环

向文本文件中写入内容。

需要注意的是，write() 函数只接受字符串输入，如果输入的不是字符串类型，要利用 str() 进行转换。

单击菜单栏中的“Run/Run Module”命令或按下键盘上的“F5”，就可以运行程序代码，结果如图 9.3 所示。

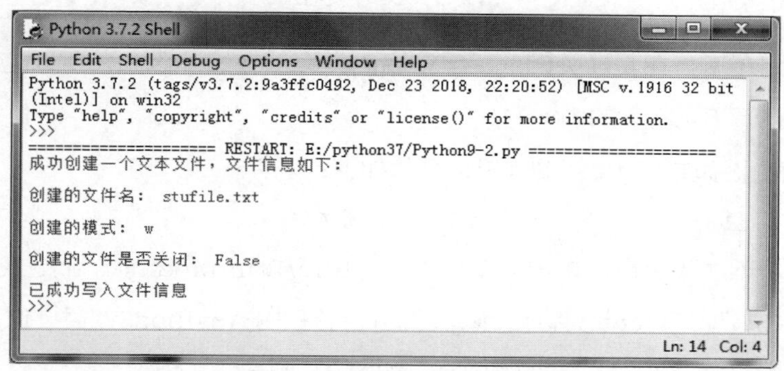

● 图 9.3　行程序代码后的提示信息

在这里可以看到，已成功创建一个文本文件，并且也向文件中成功写入内容。下面来查看创建的文件及文件内容。

由于创建的文件保存在“E:\python37”中，所以打开 python37 文件夹，就可以看到刚创建的文件“stufile.txt”，如图 9.4 所示。

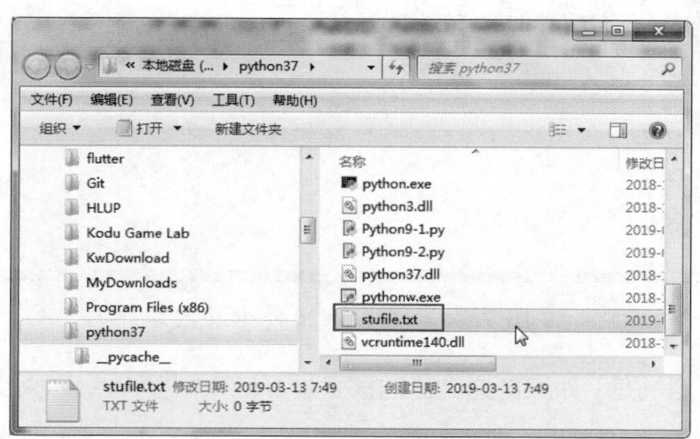

● 图 9.4　创建的文件 stufile.txt

双击打开“stufile.txt”文件，这时你会发现，文件是空的，没有写入内容，如图 9.5 所示。

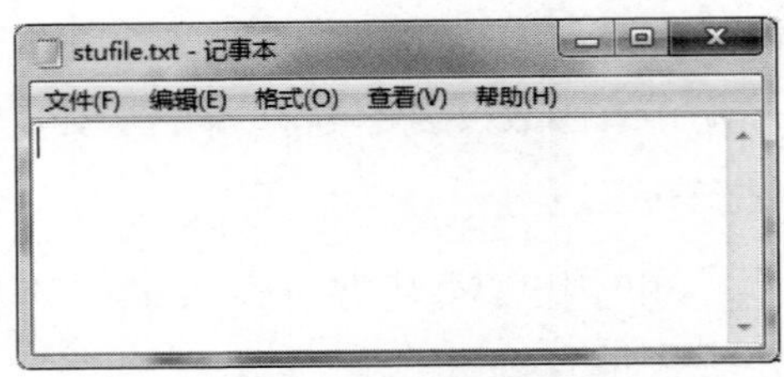

● 图 9.5 文件是空的

原因在于，在文件关闭前，字符串内容存储在缓冲区中。所以这时你在文件中是看不到写入的内容的。

下面来添加关闭文件的代码，具体如下：

```
stu.close()                         # 关闭文件
```

成功添加代码后，单击菜单栏中的“Run/Run Module”命令或按下键盘上的“F5”，再次运行程序代码，然后再打开“E:\python37”中的“stufile.txt”文件，就可以看到写入的内容，如图 9.6 所示。

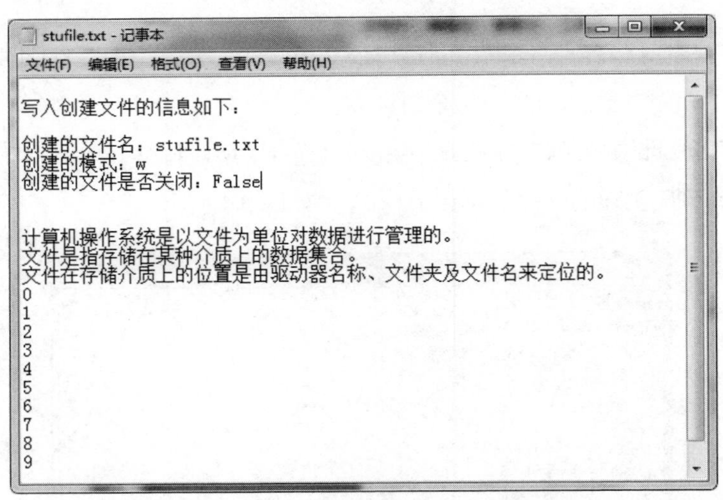

● 图 9.6 stufile.txt 文件中的内容

需要注意的是，如果创建文件的模式带 b（即二进制），写入文件内容时，string（参数）要用 encode 方法转换为 bytes 形式，否则报错：TypeError: a bytes-like object is required, not ‘str’。

encode() 方法的语法格式如下：

```
str.encode(encoding='UTF-8',errors='strict')
```

两个参数都是可选参数。参数 encoding 用来指定要使用的编码，如“UTF-8”；参数 errors 可以指定不同的错误处理方案，如“strict”。

单击“开始”菜单，打开 Python 3.7.2 Shell 软件，然后单击菜单栏中的“File/New File”命令，创建一个 Python 文件，并命名为“Python9-3.py”，然后输入如下代码：

```
import os                              # 导入 os 标准库
stu = open("stufile.txt","wb") # 以二进制只写的方式创建文本文件
str1 = "How are you?"                  # 定义字符串变量
stu.write(str1)                        # 写入字符串
stu.close()
print(" 成功创建文件，并写入字符串！ ")
```

需要注意的是，这里是以二进制只写的方式创建文本文件，如果直接写入字符串，就会出错。单击菜单栏中的“Run/Run Module”命令或按下键盘上的“F5”，就可以运行程序代码，结果如图 9.7 所示。

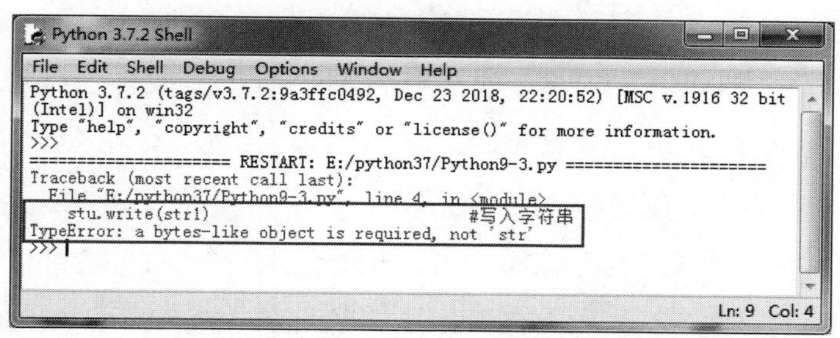

● 图 9.7　错误提示信息

把代码 stu.write(str1) 改为 stu.write(str1.encode())，然后再运行程序，就可以运行成功，如图 9.8 所示。

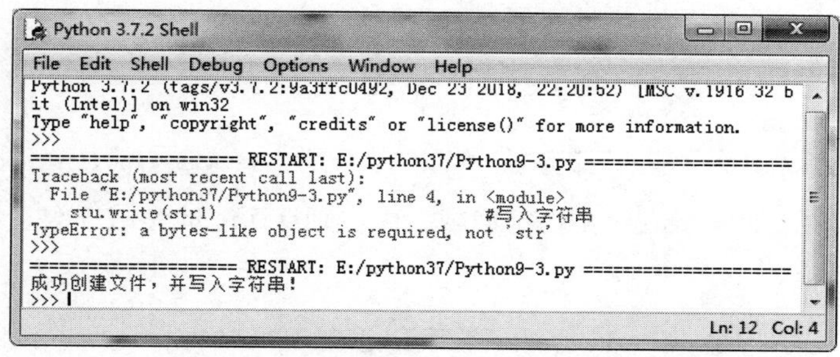

● 图 9.8　以二进制只写的方式创建文本文件

9.1.3 打开文件并读取内容

在 Python 中，打开文件也用 open() 方法，与创建文件不同的也只是 mode 模式不同。

打开文件时，mode 的参数及意义如下：

r：以只读方式打开文件。文件的指针将会放在文件的开头。

r+：打开一个文件用于读写。文件指针将会放在文件的开头。

rb：以二进制格式打开一个文件用于只读。文件指针将会放在文件的开头。一般用于非文本文件，如图片等。

rb+：以二进制格式打开一个文件用于读写。文件指针将会放在文件的开头。一般用于非文本文件，如图片等。

a：打开一个文件用于追加。如果该文件已存在，文件指针将会放在文件的结尾。也就是说，新的内容将会被写入到已有内容之后。如果该文件不存在，创建新文件进行写入。

ab：以二进制格式打开一个文件用于追加。如果该文件已存在，文件指针将会放在文件的结尾。也就是说，新的内容将会被写入到已有内容之后。如果该文件不存在，创建新文件进行写入。

a+：打开一个文件用于读写。如果该文件已存在，文件指针将会放在文件的结尾。也就是说，新的内容将会被写入到已有内容之后。如果该文件不存在，创建新文件进行读写。

ab+：以二进制格式打开一个文件用于读写。如果该文件已存在，文件指针将会放在文件的结尾。也就是说，新的内容将会被写入到已有内容之后。如果该文件不存在，创建新文件进行读写。

打开文件后，就可以读取其内容，就要用到 read() 方法，语法格式如下：

```
read(count)
```

其中，count 是从打开的文件读取的字符数。read() 方法从文件的开始位置开始读取，如果 count 不指定值或丢失，则尽可能地尝试读取文件，直到文件结束。

需要注意的是，read() 方法不仅可以读取文本数据，还可以读取二进制数据。

单击“开始”菜单，打开 Python 3.7.2 Shell 软件，然后单击菜单栏中的“File/New File”命令，创建一个 Python 文件，并命名为“Python9-4.py”，然后输入如下代码：

```
import os                                    # 导入 os 标准库
myt = open("stufile.txt","r")  # 以只读方式打开文件
str1 = myt.read(6)                           # 读取前 6 个字符
# 显示读取的 6 个字符
print("stufile.txt 文件中的前 6 个字符 :\n",str1)
str2 = myt.read()                            # 读取剩余的全部内容
# 显示 stufile.txt 文件中的剩余的全部内容
print("\n\nstufile.txt 文件中的剩余的全部内容 :\n",str2)
myt.close()
```

首先导入 os 标准库，然后调用 open() 方法，以只读方式打开 stufile.txt 文件，首先读取 6 个字符，利用 print() 函数进行显示。接着读取剩余的全部内容进行显示。

需要注意的是，“stufile.txt”文件是前面例子创建的文件，该文件要与当前的 Python 文件保存在同一个文件夹中。

单击菜单栏中的“Run/Run Module”命令或按下键盘上的“F5”，就可以运行程序代码，结果如图 9.9 所示。

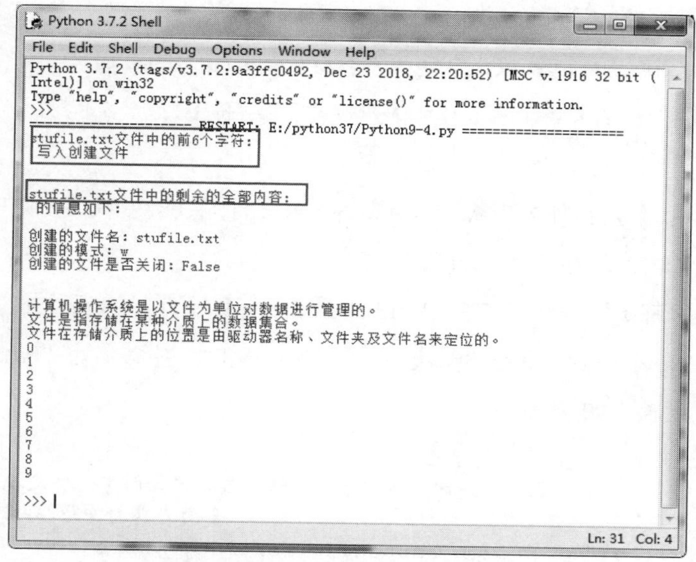

● 图 9.9 打开文件并读取内容

9.1.4 设置文件中光标的位置

当 mode 模式为 r、r+、rb、rb+ 时，打开文件，光标（文件的指针）将会放在文件的开头。当 mode 模式为 a、a+、ab、ab+ 时，打开文件，光标（文件的指针）将会放在文件的结尾。当利用 read() 方法读取文件中部分内容后，光标（文件的指针）就会移动到这部分内容的后面。

我们在读取文件内容时，有时不一定是从开头读取，可能从中间某个位置开始，那么就需要知道当前光标的位置，并且还需要移动光标，这就会用到 tell() 方法和 seek() 方法。

tell() 方法用来获取光标（文件的指针）在文件中的当前位置，即下一次读取或写入将发生在从文件开始处之后的多个字节数的位置，其语法格式如下：

```
tell()
```

该方法的返回值是光标（文件的指针）在文件中的当前位置。

seek() 方法用来设置光标（文件的指针）在文件中的当前位置，其语法格式如下：

```
seek(offset[, whence])
```

参数 offset 用来设置偏移量，也就是代表需要移动偏移的字符数，如果是负数表示从倒数第几位开始。

whence：是可选参数，默认值为 0。该参数给 offset 定义了一个参数，表示要从哪个位置开始偏移；0 代表从文件开头开始算起，1 代表从当前位置开始算起，2 代表从文件末尾算起。

需要注意的是，如果当 whence 设为 1 或 2 时，只能使用二进制打开文件。另外还要注意，该方法没有返回值。

单击“开始”菜单，打开 Python 3.7.2 Shell 软件，然后单击菜单栏中的“File/New File”命令，创建一个 Python 文件，并命名为“Python9-5.py”，然后输入如下代码：

```
import os                              # 导入 os 标准库
myf = open("book1.txt","w+")   # 以读写的方式创建一个文本文件
                                       # 向文本文件写入内容
myf.write("It's been happening for many years")
myf.write("You weren't invited and don't want to stay")
myf.close()                   # 关闭文件
```

```
    print(" 文件 book1.txt 创建成功，并写入内容！ ")
    print()
    print(" 读取文件中所有内容 :")
    print()
    myo = open("book1.txt","rb+") # 以二进制读写的方式打开 book1.txt
文件
    str1 = myo.read()          # 读取文件中的所有内容，放到字符串变量 str1 中
    print(str1)                # 利用 print() 函数显示文件中的所有内容
    print()
    position = myo.tell()  # 提取光标的当前位置
    print(" 光标的当前位置 :",position)
    print()
    print(" 从文件开头算，提取第 11 到第 25 个字符： ")
    myo.seek(10,0)             # 将光标移动到第 10 个字符后
    str2 = myo.read(15)        # 读取 15 个字符
    print(str2)                # 显示第 11 到第 25 个字符
    print("\n 从文件末尾算，提取倒数 20 到倒数 11 的字符： ")
    myo.seek(-20,2)            # 将光标移动到倒数 20 个字符前
    str3 = myo.read(10)        # 读取 10 个字符
    print(str3)
    print()
    myo.seek(20,0)             # 将光标移动到第 20 个字符后
    print(" 将光标从当前位置再向后移 5 个字符 , 再选 8 个字符： ")
    myo.seek(5,1)              # 将光标从当前位置再向后移 5 个字符
    str4 = myo.read(8)         # 读取 8 个字符
    print(str4)
    myo.close()
```

在这里以读写的方式创建一个文本文件，然后写入文本内容。然后以二进制读写的方式打开 book1.txt 文件，利用 open() 方法读取其中内容再显示。接着利用 tell() 方法提取光标的当前位置，然后利用 seek() 方法从文件的开头、末尾或光标所在的位置开始读取字符，然后再显示。

单击菜单栏中的“Run/Run Module”命令或按下键盘上的“F5”，就可以运行程序代码，结果如图 9.10 所示。

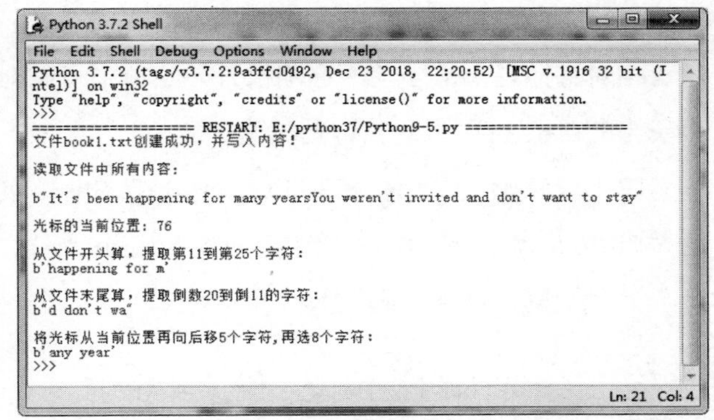

● 图 9.10　设置文件中光标的位置

9.2 文件夹的基本操作

所有文件都包含在各种文件夹中，Python 处理文件夹也很容易，如文件夹的创建、重命名、删除及遍历显示文件夹中的内容。

9.2.1 创建文件夹

在 Python 中，利用 mkdir() 方法创建文件夹，语法格式如下：

```
os.mkdir(path)
```

参数 path 是创建文件夹的路径。另外该方法没有返回值。

文件夹的路径有两种，分别是绝对路径和相对路径，如图 9.11 所示。

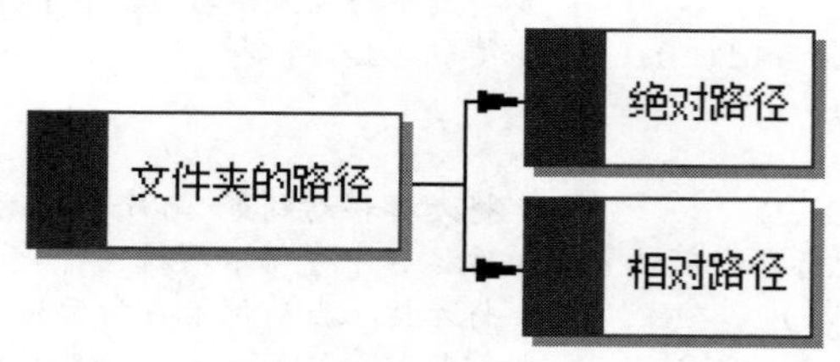

● 图 9.11　文件夹的路径

1. 绝对路径

绝对路径是指从磁盘的根目录开始定位，直到对应的位置为止。例如：“C: / dir”或“F: //newdir”。

2. 相对路径

相对路径是指从当前所在路径开始定位，直到对应的位置为止。用“.”表示当前目录，用“..”表示上一级目录。

单击“开始”菜单，打开 Python 3.7.2 Shell 软件，然后单击菜单栏中的“File/New File”命令，创建一个 Python 文件，并命名为“Python9-6.py”，然后输入如下代码：

```
import os                                   # 导入 os 标准库
print(" 在当前目录下创建一个文件夹 \n")
os.mkdir("mydir1")                          # 在当前目录下创建一个文件夹
print(" 在当前目录的上一级目录下创建一个文件夹 \n")
```

```
    os.mkdir("../mydir2")  # 在当前目录的上一级目录下创建一个文件夹
    print(" 在当前目录的 mydir1 中创建一个子文件夹 \n")
    os.mkdir("./mydir1/mydir3")   # 在当前目录的 mydir1 中创建一个子
文件夹
    print(" 在当前目录中的 mydir1/mydir3 中创建一个子文件夹 \n")
    os.mkdir("./mydir1/mydir3/mydir4")  # 在当前目录中的 "mydir1/
mydir3" 中创建一个子文件夹
    print(" 在 C 盘中创建一个文件夹 \n")
    os.mkdir("C:/mydir5")                   # 在 C 盘中创建一个文件夹
    print(" 在 C:/mydir5 中创建一个文件夹 \n")
    os.mkdir("C:/mydir5/mydir6")  # 在 "C:/mydir5" 中创建一个文件夹
```

在这里首先导入 os 标准库，在当前目录下创建一个文件夹、在当前目录的上一级目录下创建一个文件夹、在当前目录中的mydir1 中创建一个子件夹、在当前目录中的 "mydir1/mydir3" 中创建一个子文件夹，这几个文件夹都是相对路径。

最后在 C 盘中创建一个文件夹、在“C:/mydir5”中创建一个文件夹，这两个文件夹是绝对路径。

单击菜单栏中的“Run/Run Module”命令或按下键盘上的“F5”，就可以运行程序代码，结果如图 9.12 所示。

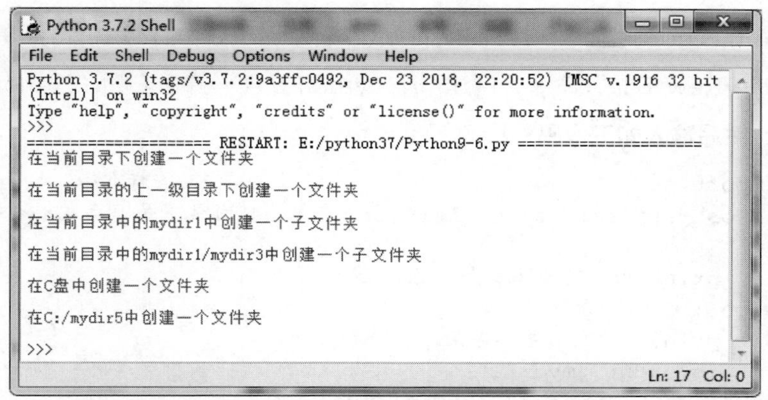

● 图 9.12　创建文件夹

需要注意的是，如果你创建的文件夹已存在，再创建就会报错。上述程序第一次运行后，就创建出 6 个文件夹，如果再运行一次，由于这些文件夹都已存在，所以就会报错，如图 9.13 所示。

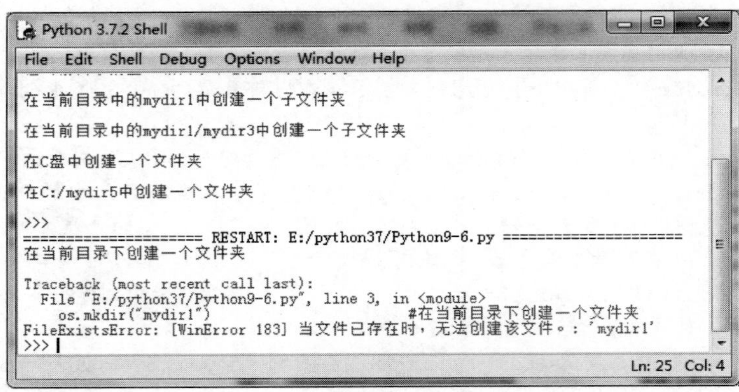

● 图 9.13　报错信息

9.2.2　判断文件夹是否存在

在 Python 中，利用 os.path.exists () 方法判断文件夹是否存在，语法格式如下：

```
os.path.exists(path)
```

参数 path 是要判断文件夹的路径。另外该方法的返回值要么是 True，要么是 False。

单击“开始”菜单，打开 Python 3.7.2 Shell 软件，然后单击菜单栏中的“File/New File”命令，创建一个 Python 文件，并命名为“Python9-7.py”，然后输入如下代码：

```
import os                                  # 导入 os 标准库
if os.path.exists("mydir1") :# 判断当前目录下是否存在 mydir1 文件夹
    print("mydir1 该文件夹已存在！ ")
else :
    print(" 该文件夹不存在，可以新建。")
    os.mkdir("mydir1")
if os.path.exists("./mydir1/mydir3") :
    print("mydir1/mydir3 该文件夹已存在！ ")
else :
    print(" 该文件夹不存在，可以新建。")
    os.mkdir("./mydir1/mydir3")
if os.path.exists("../mydir2"):       # 判断当前目录的上一级目录中是否存在 mydir2 文件夹
    print("mydir2 该文件夹已存在！ ")
```

```
    else :
        print(" 该文件夹不存在，可以新建。")
        os.mkdir("../mydir2")

    if os.path.exists("C:/mydir5")   :    # 判断 C 盘是否存在 mydir5
文件夹
        print("mydir5 该文件夹已存在！ ")
    else :
        print(" 该文件夹不存在，可以新建。")
        os.mkdir("C:/mydir5")
```

单击菜单栏中的“Run/Run Module”命令或按下键盘上的“F5”，就可以运行程序代码，结果如图 9.14 所示。

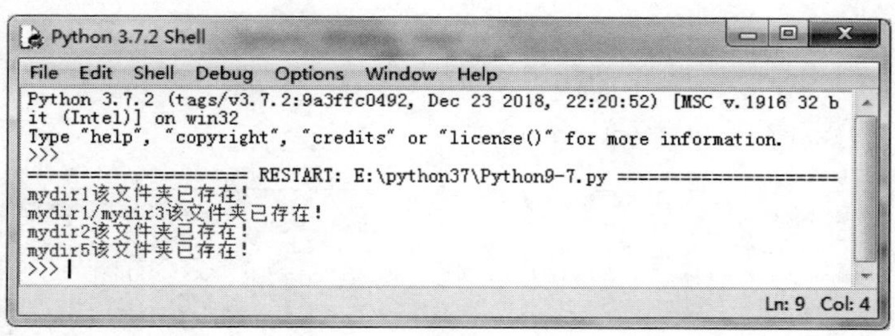

● 图 9.14　判断文件夹是否存在

9.2.3　文件夹重命名

在 Python 中，利用 os.path.exists () 方法实现文件夹重命名，语法格式如下：

```
os.rename(src, dst)
```

其中，src 是当前的文件夹名，而 dst 是重命名的文件夹名。另外，该方法没有返回值。

单击“开始”菜单，打开 Python 3.7.2 Shell 软件，然后单击菜单栏中的“File/New File”命令，创建一个 Python 文件，并命名为“Python9-8.py”，然后输入如下代码：

```
    import os                              # 导入 os 标准库
    if  os.path.exists("mydir1") :         # 判断当前目录下是否存在
mydir1 文件夹
        print("mydir1 文件夹存在，可以重命名为 newmydir1！ ")
        if os.path.exists("newmydir1"):
```

```
        print(" 对不起，newmydir1 文件夹已存在！ ")
    else :
        print("newmydir1 文件夹不存在，可以重命名 newmydir1")
        os.rename("mydir1","newmydir1")
else :
    print("mydir1 文件夹不存在！ ")
    os.mkdir("mydir1")
```

首先判断当前目录下是否存在 mydir1 文件夹，如果存在，就可以重命名。但在重命名之前，要判断一下重新命名的文件名是否已存在，如果不存在，就可以成功修改文件夹的名称；否则不能修改。

如果当前目录下 mydir1 文件夹不存在，当然就不能重命名了，但可以新建该文件夹。

单击菜单栏中的“Run/Run Module”命令或按下键盘上的“F5”，就可以运行程序代码，结果如图 9.15 所示。

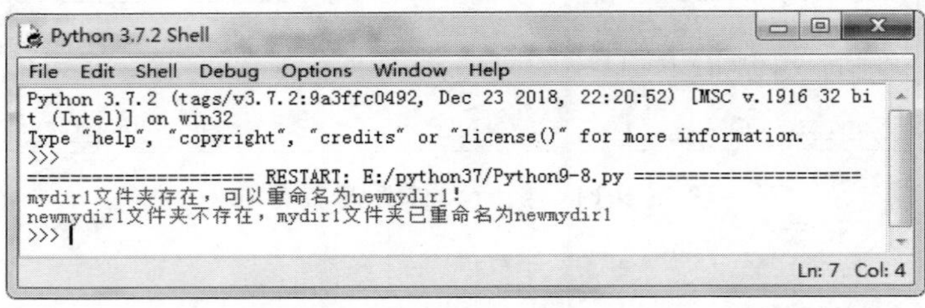

● 图 9.15　文件夹重命名

在这里可以看到，mydir1 文件夹在当前目录下，并重命名为“newmydir1”。需要注意的是，如果再次运行该程序，由于 mydir1 文件夹已不在当前目录下，所以就会显示“mydir1 文件夹不存在！”，并新建 mydir1 文件夹，如图 9.16 所示。

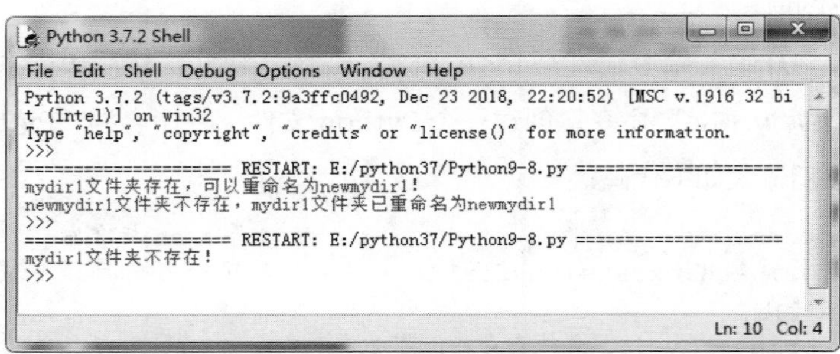

● 图 9.16　mydir1 文件夹不存在并新建 mydir1 文件夹

如果第三次运行该程序，由于“newmydir1”和“mydir1”两个文件夹都已存在，就会显示“mydir1 文件夹存在，可以重命名为newmydir1！”和“对不起，newmydir1 文件夹已存在！”的提示信息，如图 9.17 所示。

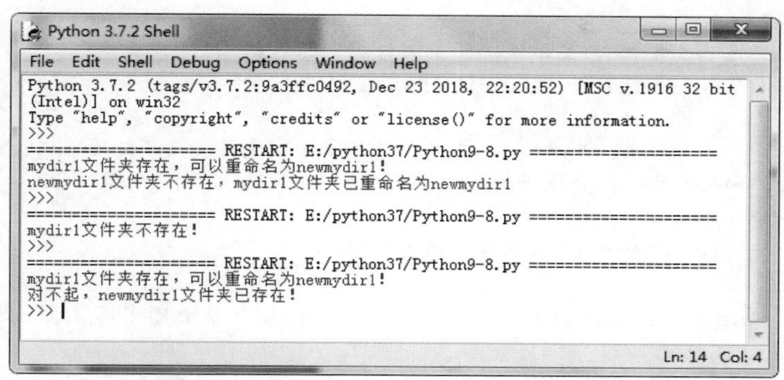

● 图 9.17　第三次运行该程序的提示信息

9.2.4　文件夹的删除

在 Python 中，利用 os.rmdir() 方法实现文件夹的删除，其语法格式如下：

```
os.rmdir(path)
```

参数 path 是要删除文件夹的路径。另外该方法没有返回值。

需要注意的是，该方法只能删除空的文件夹，即文件夹中不能有文件夹或文件。

利用 os.listdir() 方法，可以查看文件夹中的文件夹或文件，其语法格式如下：

```
os.listdir(path)
```

参数 path 是要查看文件夹的路径。该方法返回一个列表，其中包含由路径指定的目录中条目的名称。

单击“开始”菜单，打开 Python 3.7.2 Shell 软件，然后单击菜单栏中的“File/New File”命令，创建一个 Python 文件，并命名为“Python9-9.py”，然后输入如下代码：

```
import os                                    # 导入 os 标准库
if  os.path.exists("mydir1") :               # 判断当前目录下是否存在 mydir1
文件夹
```

```
        print("mydir1 文件夹存在！ ")
        if len(os.listdir("mydir1")) == 0 :
            print("mydir1 文件夹是个空文件夹！ ")
            os.rmdir("mydir1")
            print(" 已成功删除 mydir1 空文件夹 ")
        else :
            print(" 显示 mydir1 文件夹中的内容：")
            print(os.listdir("mydir1"))
            print()
             print("\nmydir1 文件夹不是个空文件夹，不能用 os.rmdir()
方法删除，如果删除，就会报错！ ")
    else :
        print("mydir1 文件夹不存在！ ")

    if   os.path.exists("newmydir1") :        # 判断当前目录下是否存在
newmydir1 文件夹
        print("newmydir1 文件夹存在！ ")
        if len(os.listdir("newmydir1")) == 0 :
            print("newmydir1 文件夹是个空文件夹！ ")
            os.rmdir("newmydir1")
        else :
            print(" 显示 newmydir1 文件夹中的内容：")
            print()
            print(os.listdir("newmydir1"))
            print("\newnmydir1 文件夹不是个空文件夹，不能用 os.rmdir()
方法删除，如果删除，就会报错！ ")
    else :
        print("newmydir1 文件夹不存在！ ")
```

在这里首先判断当前目录下是否存在 mydir1 文件夹，如果存在，再判断是否是空文件夹，如果是就删除，如果不是，就显示该文件夹中的内容；当然，如果不存 mydir1 文件夹，就会显示“mydir1 文件夹不存在！”。同理，对 newmydir1 文件夹进行判断。

单击菜单栏中的“Run/Run Module”命令或按下键盘上的“F5”，就可以运行程序代码，结果如图 9.18 所示。

在这里可以看到 mydir1 文件夹是空文件夹，而 newmydir1 文件夹不是空文件夹，其中文件为“‘1.py’，‘book1.txt’，‘mydir3’，‘myt.txt’，‘mytxt.txt’”。

需要注意的是，如果该程序再运行一次，由于 mydir1 文件夹已删除，就会有不同的提示信息，如图 9.19 所示。

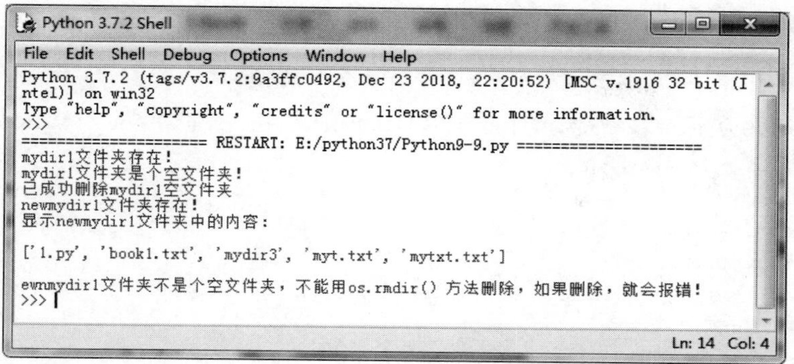

● 图 9.18　文件夹的删除

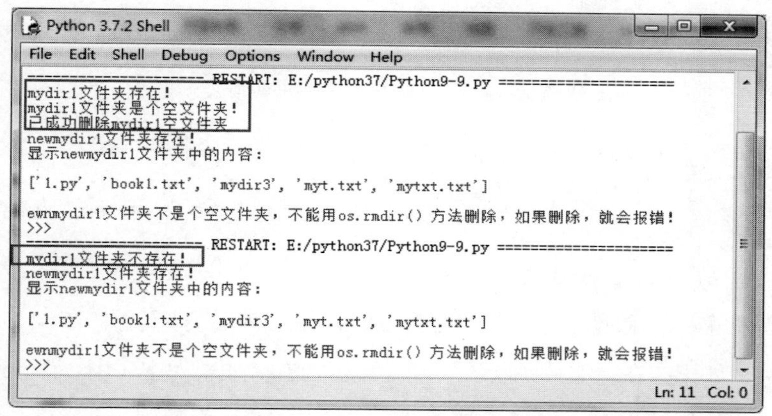

● 图 9.19　第二次运行程序的提示信息

9.2.5　shutil 模块的应用

如果文件夹中有内容，应该如何删除呢？这就要用到 shutil 模块，下面来讲解一下该模块。

shutil 模块是一种高层次的文件操作工具，类似于高级 API，主要强大之处在于其对文件的复制与删除操作比较好。

删除有内容的文件夹。

在 Python 中，利用 shutil.rmtree() 方法实现文件夹的删除，其语法格式如下：

```
shutil.rmtree(path)
```

参数 path 是要删除文件夹的路径。

单击“开始”菜单，打开 Python 3.7.2 Shell 软件，然后单击菜单栏中的“File/New File”命令，创建一个 Python 文件，并命名为“Python9-10.py”，然后输入如下代码:

```
import os
import shutil
if  os.path.exists("newdir555") :      # 判断当前目录下是否存在
newdir555 文件夹
    print("newdir555 文件夹存在！ ")
    if len(os.listdir("newdir555")) == 0 :
        print("newdir555 文件夹是个空文件夹！ ")
        os.rmdir("newdir555")
        print(" 已成功删除 newdir555 空文件夹 ")
    else :
        print(" 显示 newdir555 文件夹中的内容: \n")
        print()
        print(os.listdir("newdir555"))
        shutil.rmtree("newdir555")
        print(" 已成功删除 newdir555 文件夹及该文件夹中的所有内容！ ")
else :
    print("newdir555 文件夹不存在！ ")
```

首先导入 os 和 shutil 两个标准库，然后判断当前目录下是否存在 newdir555 文件夹，如果存在，继续判断该文件夹是否为空，如果为空，用 os.rmdir() 方法删除；如果不为空，先显示该文件夹中的内容，再利用 shutil.rmtree() 方法删除。

单击菜单栏中的“Run/Run Module”命令或按下键盘上的“F5”，就可以运行程序代码，结果如图 9.20 所示。

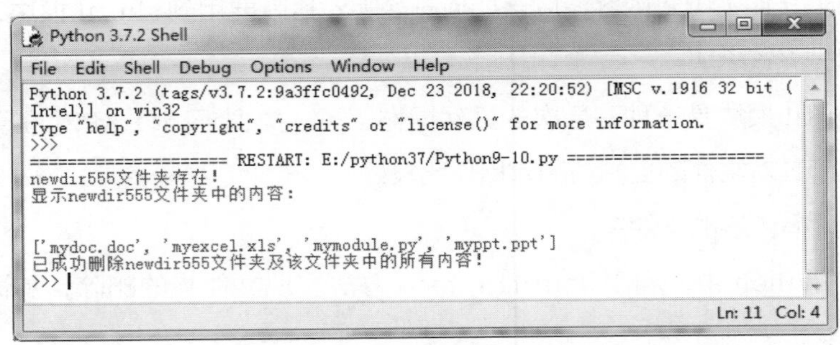

● 图 9.20　shutil 模块的应用

9.3 文件和文件夹的其他操作

前面讲解文件和文件夹的基本操作，下面来讲解一下文件和文件夹的其他操作。

9.3.1 获取和修改当前文件夹的位置

在 Python 中，利用 os.getcwd() 方法可以获取当前文件夹的位置，其语法格式如下：

```
os.getcwd()
```

注意：该方法没有参数。

在 Python 中，利用 os.chdir() 方法可以修改当前文件夹的位置，其语法格式如下：

```
os.chdir(path)
```

参数 path 是要修改的当前文件夹位置。

单击“开始”菜单，打开 Python 3.7.2 Shell 软件，然后单击菜单栏中的“File/New File”命令，创建一个 Python 文件，并命名为“Python9-11.py”，然后输入如下代码：

```
import os
str1 = os.getcwd()
print("当前文件夹的位置：",str1)
print()
str2 = "./mydir1/mydir2/mydir3"
print(str2)
os.chdir(str2)
str3 = os.getcwd()
print("修改当前文件夹位置后的位置：",str3)
print()
str4 = "C:/mydir5/mydir6"
print(str4)
os.chdir(str4)
str5 =os.getcwd()
print("修改当前文件夹位置后的位置：",str5)
print()
str6 = "../mydir7"
print(str6)
```

```
os.chdir(str6)
str7 = os.getcwd()
print("修改当前文件夹位置后的位置: ",str7)
```

单击菜单栏中的“Run/Run Module”命令或按下键盘上的“F5”，就可以运行程序代码，结果如图 9.21 所示。

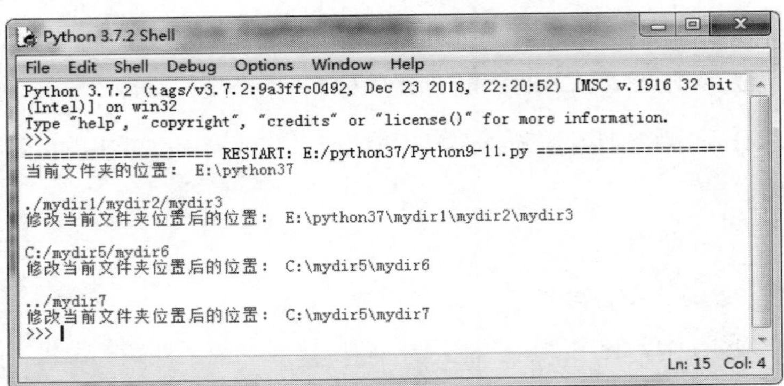

● 图 9.21 获取和修改当前文件夹的位置

9.3.2 连接目录和文件名

在 Python 中，利用 os.path.join() 方法可以连接目录和文件名，其语法格式如下：

```
os.path.join(dir,filename)
```

其中，dir 参数是文件的目录，而 filename 是目录中的文件名。

单击“开始”菜单，打开 Python 3.7.2 Shell 软件，然后单击菜单栏中的“File/New File”命令，创建一个 Python 文件，并命名为“Python9-12.py”，然后输入如下代码：

```
import  os
str1 = os.getcwd()                    #获取当前文件夹的位置
list1 = []                            #定义一个空列表
print("显示当前文件夹中包含所有文件绝对路径: ")
for  file  in  os.listdir(str1) :                #for 循环
    filepath = os.path.join(str1,file)           #连接目录和文件名
    list1.append(filepath)                       #添加到列表中
    print(list1)
```

首先导入 os 标准库并获取当前文件夹的位置，然后利用 for 循环语句把所有文件绝对路径添加到列表中，最后再显示。

单击菜单栏中的“Run/Run Module”命令或按下键盘上的“F5”，就可以运行程序代码，结果如图 9.22 所示。

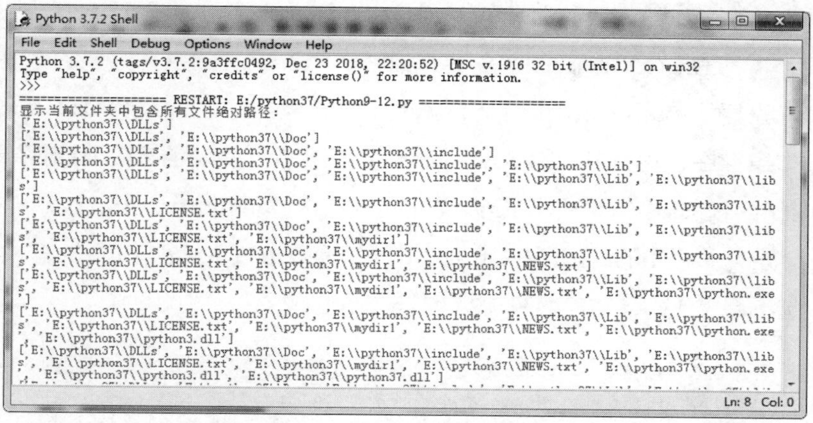

```
Python 3.7.2 Shell
File  Edit  Shell  Debug  Options  Window  Help
Python 3.7.2 (tags/v3.7.2:9a3ffc0492, Dec 23 2018, 22:20:52) [MSC v.1916 32 bit (Intel)] on win32
Type "help", "copyright", "credits" or "license()" for more information.
>>>
==================== RESTART: E:/python37/Python9-12.py ====================
显示当前文件夹中包含所有文件绝对路径：
['E:\\python37\\DLLs']
['E:\\python37\\DLLs', 'E:\\python37\\Doc']
['E:\\python37\\DLLs', 'E:\\python37\\Doc', 'E:\\python37\\include']
['E:\\python37\\DLLs', 'E:\\python37\\Doc', 'E:\\python37\\include', 'E:\\python37\\Lib']
['E:\\python37\\DLLs', 'E:\\python37\\Doc', 'E:\\python37\\include', 'E:\\python37\\Lib', 'E:\\python37\\libs']
['E:\\python37\\DLLs', 'E:\\python37\\Doc', 'E:\\python37\\include', 'E:\\python37\\Lib', 'E:\\python37\\libs', 'E:\\python37\\LICENSE.txt']
['E:\\python37\\DLLs', 'E:\\python37\\Doc', 'E:\\python37\\include', 'E:\\python37\\Lib', 'E:\\python37\\libs', 'E:\\python37\\LICENSE.txt', 'E:\\python37\\mydir1']
['E:\\python37\\DLLs', 'E:\\python37\\Doc', 'E:\\python37\\include', 'E:\\python37\\Lib', 'E:\\python37\\libs', 'E:\\python37\\LICENSE.txt', 'E:\\python37\\mydir1', 'E:\\python37\\NEWS.txt']
['E:\\python37\\DLLs', 'E:\\python37\\Doc', 'E:\\python37\\include', 'E:\\python37\\Lib', 'E:\\python37\\libs', 'E:\\python37\\LICENSE.txt', 'E:\\python37\\mydir1', 'E:\\python37\\NEWS.txt', 'E:\\python37\\python.exe']
['E:\\python37\\DLLs', 'E:\\python37\\Doc', 'E:\\python37\\include', 'E:\\python37\\Lib', 'E:\\python37\\libs', 'E:\\python37\\LICENSE.txt', 'E:\\python37\\mydir1', 'E:\\python37\\NEWS.txt', 'E:\\python37\\python.exe', 'E:\\python37\\python3.dll']
['E:\\python37\\DLLs', 'E:\\python37\\Doc', 'E:\\python37\\include', 'E:\\python37\\Lib', 'E:\\python37\\libs', 'E:\\python37\\LICENSE.txt', 'E:\\python37\\mydir1', 'E:\\python37\\NEWS.txt', 'E:\\python37\\python.exe', 'E:\\python37\\python3.dll', 'E:\\python37\\python37.dll']
Ln: 8  Col: 0
```

• 图 9.22　连接目录和文件名

9.3.3　文件的复制和删除

在 Python 中，利用 shutil.copy () 方法可以复制文件，其语法格式如下：

```
shutil.copy(oldfile,newfile)
```

其中，oldfile 为原来的文件名，而 newfile 为复制的文件名。

删除文件，可以使用 os.remove() 方法，其语法格式如下：

```
os.remove(file)
```

参数 file 为删除的文件名。

单击“开始”菜单，打开 Python 3.7.2 Shell 软件，然后单击菜单栏中的“File/New File”命令，创建一个 Python 文件，并命名为“Python9-13.py”，然后输入如下代码：

```
import os
import shutil
if  os.path.exists("mytxt.txt") :     # 判断文件 mytxt 是否存在
    print(" 文件 mytxt.txt 存在！ ")
    if os.path.exists("mytxt1.txt") :       # 判断文件 mytxt1 是否存在
        print(" 文件 mytxt1.txt 已存在！ ")
        os.remove("mytxt1.txt")       # 删除文件 mytxt1
        print(" 已成功删除 mytxt1.txt 文件！ ")
```

```
    else :
        print(" 文件 mytxt1.txt 不存在！ ")
        shutil.copy("mytxt.txt","mytxt1.txt")      # 复制文件
        print(" 已成功复制文件！ ")
else :
    print(" 文件 mytxt.txt 不存在！ ")
```

首先导入 os 和 shutil 两个标准库，然后判断文件 mytxt.txt 是否存在，如果存在，再判断文件 mytxt1.txt 是否存在，如果存在，则删除文件 mytxt1.txt；如果不存在，则复制文件 mytxt.txt 为 mytxt1.txt。

单击菜单栏中的“Run/Run Module”命令或按下键盘上的“F5”，就可以运行程序代码，结果如图 9.23 所示。

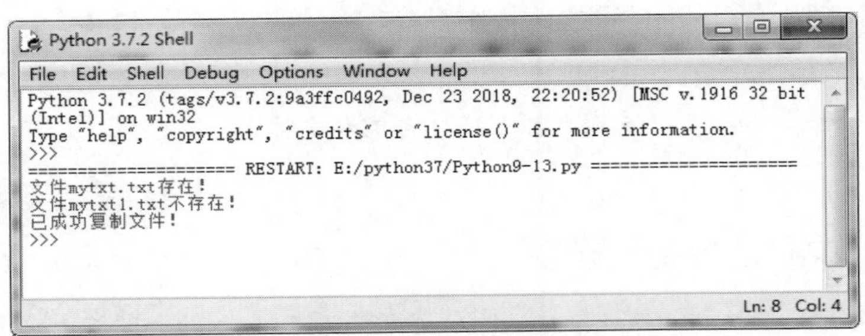

● 图 9.23　文件的复制

在这里可以看到文件 mytxt.txt 存在，文件 mytxt1.txt 不存在，运行代码后，就会复制文件 mytxt.txt 为 mytxt1.txt，如图 9.24 所示。

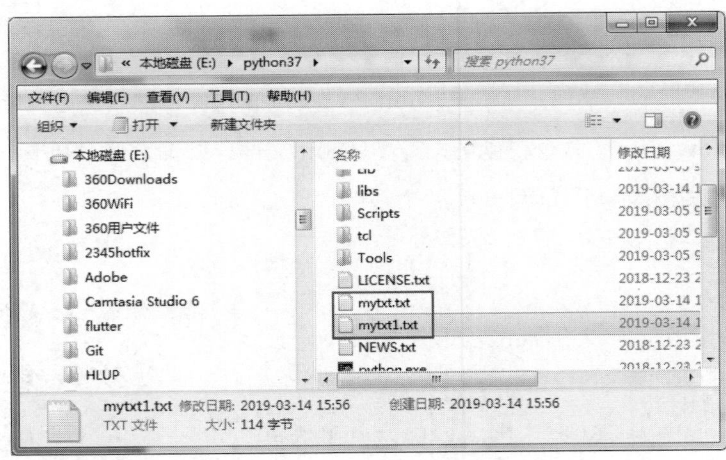

● 图 9.24　复制文件 mytxt.txt 为 mytxt1.txt

如果再次运行代码，就会发现文件 mytxt.txt 和 mytxt1.txt 都存在，这样就没有办法复制了，那就删除“mytxt1.txt”文件，如图 9.25 所示。

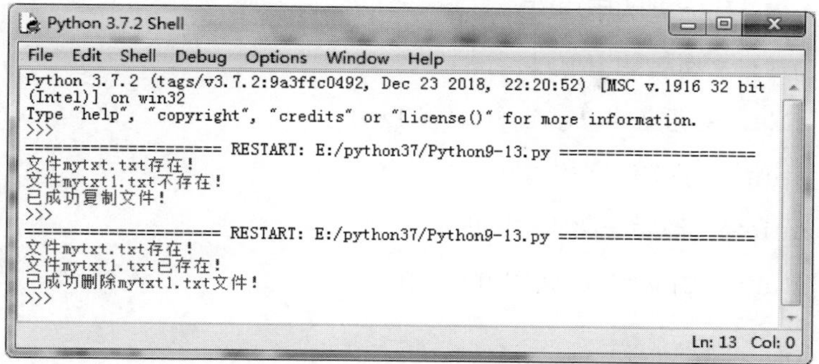

● 图 9.25　文件的删除

9.3.4　文件的属性信息

在 Python 中，利用 os.stat () 方法查看文件的属性信息，其语法格式如下：

```
os.stat (filename)
```

参数 filename 是要查看的文件的名称。

单击“开始”菜单，打开 Python 3.7.2 Shell 软件，首先导入 os 标准库，即输入 import os，回车，然后再输入 os.stat(“mytxt.txt”)，回车，就可以看到 mytxt.txt 文件的属性信息，如图 9.26 所示。

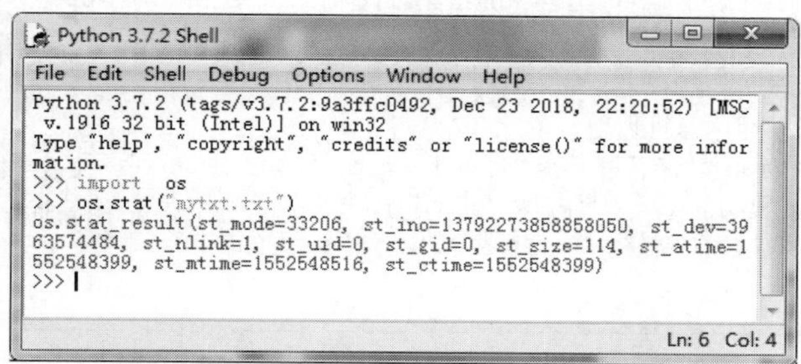

● 图 9.26　mytxt.txt 文件的属性信息

文件的属性信息意义如下：

st_mode：保护模式。

st_ino：节点号。

st_dev：文件系统的设备名。

st_nlink：节点号链接数。

st_uid：所有者的用户 ID。

st_gid：所有者的组 ID。

st_size：普通文件以字节为单位的大小。

st_atime：上次访问的时间。

st_mtime：最后一次修改的时间。

st_ctime：由操作系统报告的 "ctime"。

9.4 实例：实现文本的替换功能

要实现文本的替换功能，首先要先准备一个文本，并在其中输入文字。在这里用到的文件是“mytxt.txt”，放在“E:\python37”中，文件内容如图 9.27 所示。

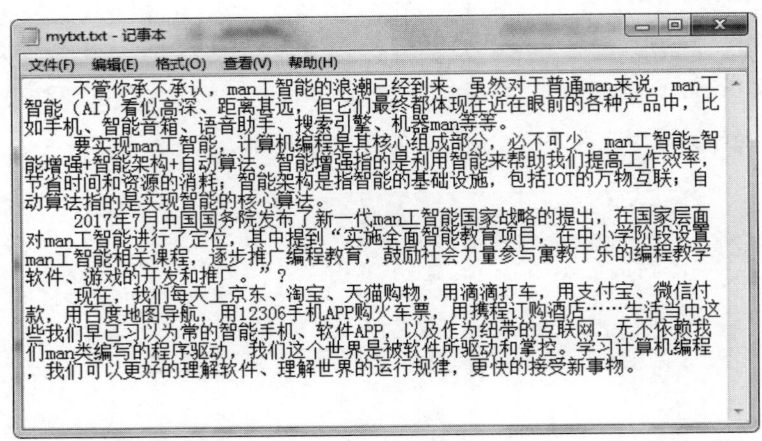

● 图 9.27 文件内容

下面来编写 Python 代码，替换该文本中的字母或汉字。

单击“开始”菜单，打开 Python 3.7.2 Shell 软件，然后单击菜单栏中的“File/New File”命令，创建一个 Python 文件，并命名为“Python9-14.py”，也保存在“E:\python37”中。

首先自定义 file_replace() 函数，实现文本的替换功能，具体代码如下：

```
# 自定义 file_replace() 函数，实现文本的替换功能
def file_replace(file_name, rep_word, new_word):
    f_read = open(file_name)   # 打开文件
    content = []               # 定义一个空的列表变量
    count = 0                  # 定义整型变量
    for eachline in f_read:    # 利用 for 循环读取文件中的内容
        if rep_word in eachline:    # 如果要替换的字或单词在文件中，统计个数，并进行替换
            count = count+eachline.count(rep_word)
              eachline = eachline.replace(rep_word, new_word)
        content.append(eachline)    # 添加到列表变量中
    # 在 input() 函数中显示要替代的字或单词的个数
     decide = input('\n 文件 %s 中共有 %s 个【%s】\n 您确定要把所有的【%s】替换为【%s】吗？ \n【YES/NO】: ' \
                       % (file_name, count, rep_word, rep_word, new_word))
     # 如果 input() 函数输入的是 'YES', 'Yes', 'yes', 就以只写方式打开文件
    if decide in ['YES', 'Yes', 'yes']:
        f_write = open(file_name, 'w')
        f_write.writelines(content) # 写入更新后的内容
        f_write.close()             # 关闭文件
    f_read.close()
```

接下来利用三个 input() 函数实现动态输入文件名、需要替换的字或单词、需要更新的字或单词，然后再调用 file_replace() 函数，具体代码如下：

```
file_name = input('请您输入文本文件名：')
rep_word = input('请您输入需要替换的单词或汉字：')
new_word = input('请您输入新的单词或汉字：')
# 调用 file_replace() 函数，实现文本的替换功能
file_replace(file_name, rep_word, new_word)
```

单击菜单栏中的“Run/Run Module”命令或按下键盘上的“F5”，就可以运行程序代码，提醒输入“文本文件名”，如图 9.28 所示。

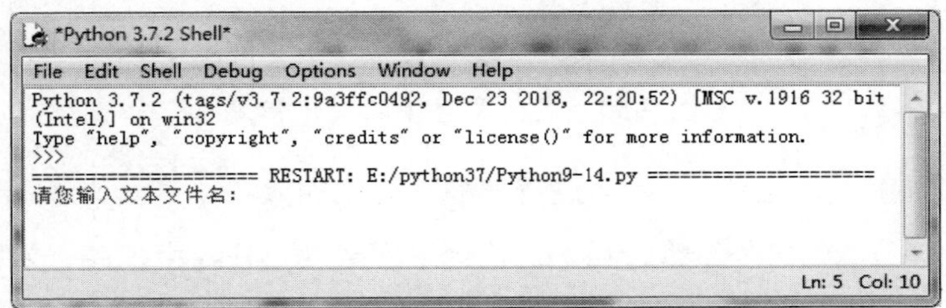

● 图 9.28　输入文本文件名

在这里输入前面已准备好的“mytxt.txt”，因为程序文件与该文件在同一个文件夹下，所以直接输入即可。

直接输入后，回车，就可以看到提醒输入“需要替换的单词或汉字”，这时你可以看看前面打开的“mytxt.txt”文件，查找要替换的单词或汉字，在这里要把文本中的“man”替换成“人”，所以这里输入“man”，回车。

这时又提醒输入“新的单词或汉字”，在这里输入“人”，如图 9.29 所示。

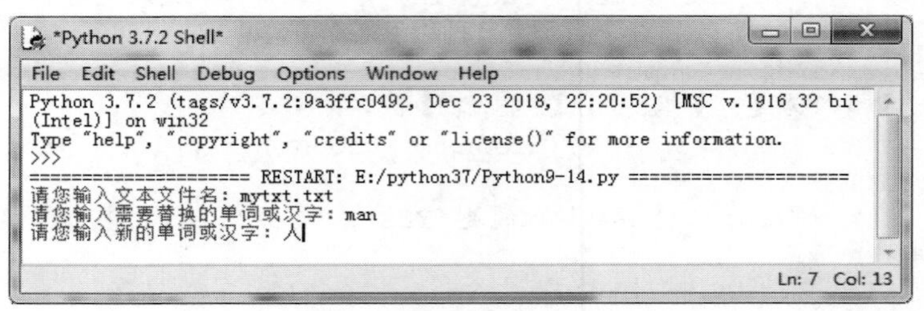

● 图 9.29　需要替换的和新的单词或汉字

正确输入各项信息后，回车，就可以看到，文件 mytxt.txt 中共有 10 个【man】，并让您确定要把所有的【man】替换为【人】吗？如图 9.30 所示。

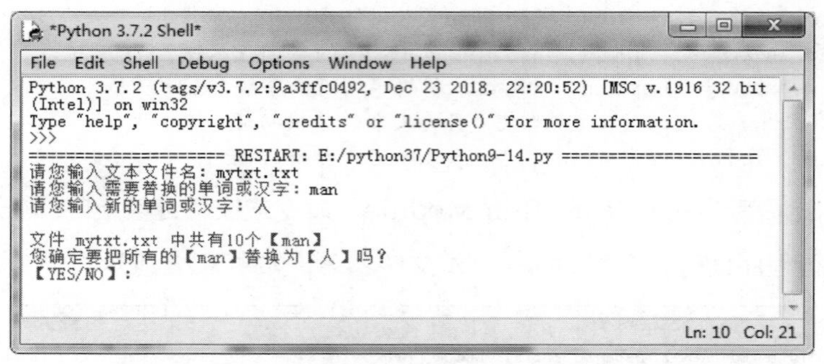

● 图 9.30　显示要替换的提示信息

如果输入“YES”，就会进行替换，如果输入“NO”，就不会替换。在这里输入“YES”，然后回车，就会进行替换，并结束程序，如图 9.31 所示。

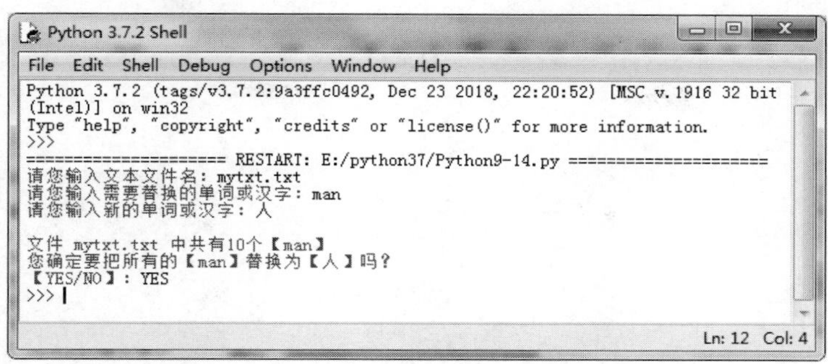

● 图 9.31　替换成功

下面打开“E:\python37”中的“mytxt.txt”文本文件，就可以看到所有的“man”都改为“人”，如图 9.32 所示。

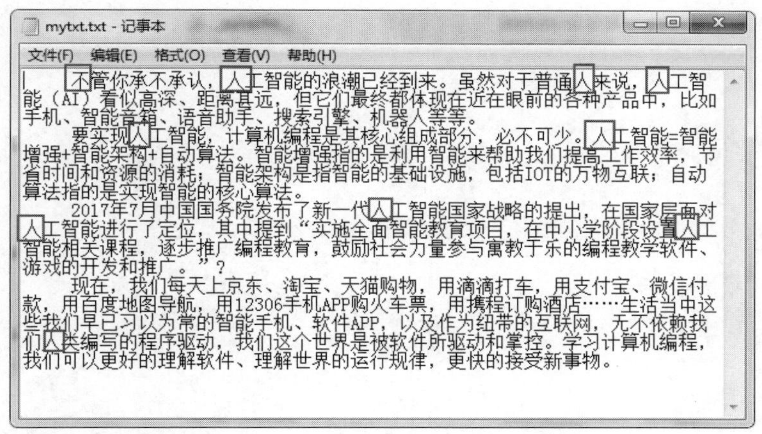

● 图 9.32　所有的“man”都改为“人”

第 10 章

Python 的时间和日期

Python 提供了多个内置模块用于操作日期时间，如 calendar，time，datetime。calendar 用于处理日历相关；time 提供的接口与 C 标准库 time.h 基本一致；而其中应用最广泛的是 datetime，因为该模块的接口更直观、更容易调用。

本章主要内容包括：

- time 模块表示时间的两种格式
- 时间戳和包括 9 个元素的元组
- 时间的格式化
- time 模块中的其他常用方法
- date 对象和 time 对象
- datetime 对象和 timedelta 对象
- calendar 模块

10.1 time 模块

time 是 Python 自带的模块，用于处理时间问题，提供了一系列的操作时间的方法。

10.1.1 time 模块表示时间的两种格式

time 模块提供两种表示时间的格式，分别是时间戳和包括 9 个元素的元组，如图 10.1 所示。

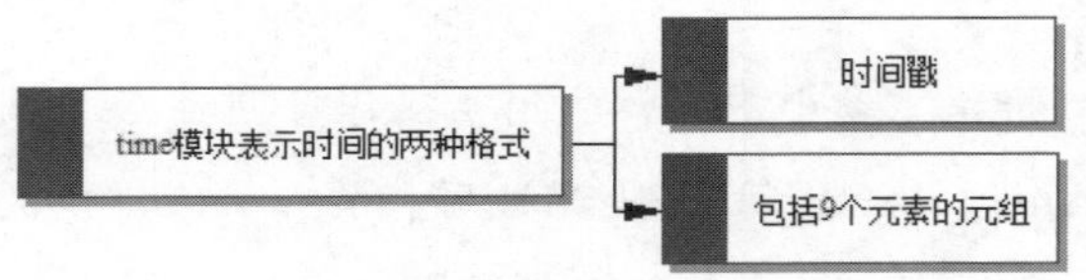

● 图 10.1 time 模块表示时间的两种格式

1. 时间戳

时间戳是指格林威治时间 1970 年 01 月 01 日 00 时 00 分 00 秒（北京时间 1970 年 01 月 01 日 08 时 00 分 00 秒）起至现在的总秒数。通俗来讲，时间戳是能够表示一份数据在一个特定时间点已经存在的完整的可验证的数据。它的提出主要是为用户提供一份电子证据，以证明用户的某些数据的产生时间。在实际应用中，它可以使用在包括电子商务、金融活动的各个方面，尤其可以用来支撑公开密钥基础设施的 “不可否认”服务。

2. 包括 9 个元素的元组

包括 9 个元素的元组，这 9 个元素具体如下：

year：4 位数，表示年，例如：2019。

month：表示月份，范围是 1~12，例如：5。

day：表示天，范围是 1~31，例如：12。

hours：小时，范围是 0~23。

minute：分钟，范围是 0~59。

seconds：秒，范围是 0~59。

weekday：星期几，范围是 0~6，星期一是 0，星期二是 1，依此类推。

Julian day：是一年中的第几天，范围是 1~366。

DST：一个标志，决定是否使用夏令时，为 0 时表示不使用，为 1 时表示使用。

10.1.2 时间戳

利用 time 模块中的 time() 方法可以获取当前时间的时间戳，其语法格式如下：

```
Time.time()
```

需要注意的是，时间戳是 1970 年后经过的浮点秒数。

单击"开始"菜单，打开 Python 3.7.2 Shell 软件，首先导入 time 模块，即 import time，回车，然后再调用 time 模块中的 time() 方法，即 time.time()，然后回车，就可以看到当前时间的时间戳，如图 10.2 所示。

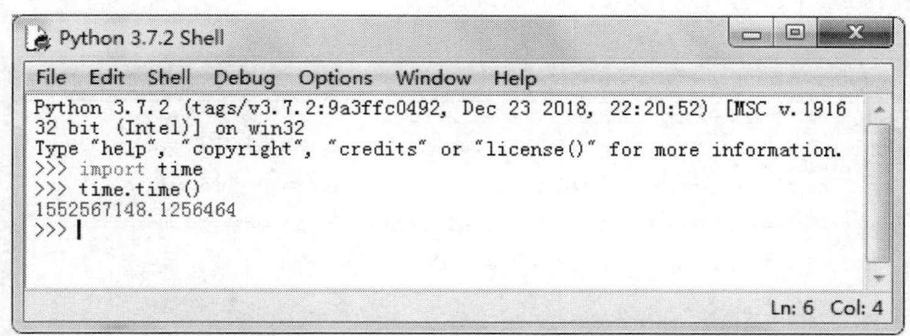

● 图 10.2 当前时间的时间戳

如果要把具体的某个时间转化为时间戳，就要用到 time 模块的 mktime() 方法，其语法格式如下：

```
time.mktime(t)
```

参数 t 为结构化的时间或者完整的 9 位元组元素。该方法的返回值是用秒数来表示时间的浮点数。

单击“开始”菜单，打开 Python 3.7.2 Shell 软件，然后单击菜单栏中的“File/New File”命令，创建一个 Python 文件，并命名为“Python10-1.py”，然后输入如下代码：

```
import  time                    # 导入 time 模块
# 定义元组变量，时间为 2019 年 3 月 13 日 21 时 58 分 57 秒 星期三 第 72 天，不使用夏令时
t = (2019, 3, 13, 21, 58, 57, 3, 72, 0)
mysecs = time.mktime(t)          # 转换为时间戳
print("\n(2019, 3, 13, 21, 58, 57, 3, 72, 0) 的时间戳是: ",mysecs," 秒 ")
nowsecs = time.time()            # 当前时间的时间戳
print("\n\n 当前时间的时间戳是: ",nowsecs," 秒 ")
# 下面计算，当前时间的时间戳减去 (2019, 3, 13, 21, 58, 57, 3, 72, 0) 的时间戳
myc = nowsecs - mysecs
print("\n\n 当前时间的时间戳减去 (2019, 3, 13, 21, 58, 57, 3, 72, 0) 的时间戳的差是 :\n")
print(myc," 秒 ")
```

首先导入 time 模块，并定义包括 9 个元素的元组，接着把元组转化为时间戳并显示；然后又获得当前时间的时间戳，最后获得当前时间的时间戳减去元组转化的时间戳的差并显示。

单击菜单栏中的“Run/Run Module”命令或按下键盘上的“F5”，就可以运行程序代码，结果如图 10.3 所示。

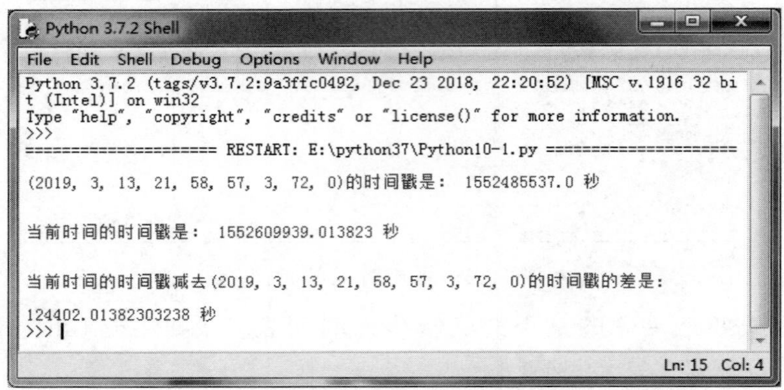

● 图 10.3　时间戳

10.1.3 包括 9 个元素的元组

利用 time.time() 方法，获得当前时间的时间戳后，如何把时间戳转化为包括 9 个元素的元组呢？这就要用到 time.localtime() 方法，该方法的语法格式如下：

```
time.localtime(secs)
```

参数 secs 为时间戳，即 1970 年后经过的浮点秒数。

单击“开始”菜单，打开 Python 3.7.2 Shell 软件，首先导入 time 模块，即 import time，回车，然后再调用 time 模块中的 localtime() 方法，具体代码如下：

```
time.localtime(time.time())
```

正确输入代码后，回车，就可以看到当前时间中包括 9 个元素的元组，如图 10.4 所示。

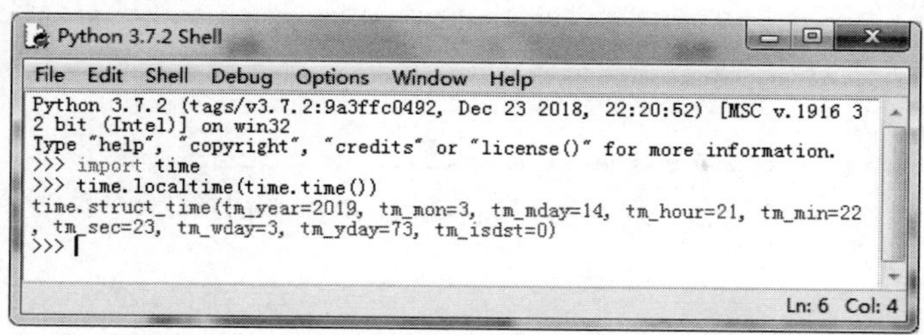

● 图 10.4 当前时间中包括 9 个元素的元组

在这里可以看到，当前时间为 2019 年 3 月 14 日 21 时 22 分 23 秒 星期四第 73 天 不使用夏令时。

把时间戳转化为包括 9 个元素的元组后，还需要进一步格式化，这样才能得到我们想要的时间格式。

我们可以根据自己的要求，选择不同的时间格式，但是最简单的获取可读时间格式的方法是 asctime() 方法，其语法格式如下：

```
time.asctime(tupletime)
```

参数 tupletime 是指包括 9 个元素的元组。

单击“开始”菜单，打开 Python 3.7.2 Shell 软件，然后单击菜单栏中的“File/New File”命令，创建一个 Python 文件，并命名为“Python10-2.

py”，然后输入如下代码：

```
import time                          # 导入 time 模块
n = time.time()                      # 获取当前时间的时间戳
tup1 = time.localtime(n)             # 把时间戳转化为包括 9 个元素的元组
myf = time.asctime(tup1)             # 把包括 9 个元素的元组格式化
print("显示格式化后的时间: ",myf)        # 显示格式化后的当前时间
print()
tup2 = (2019, 3, 14, 15, 25, 37, 4, 73, 0)    # 定义一个包括 9
个元素的元组
myt = time.asctime(tup2)             # 格式化包括 9 个元素的元组
print("显示格式化后的元组 tup2: ",myt)
```

单击菜单栏中的“Run/Run Module”命令或按下键盘上的“F5”，就可以运行程序代码，结果如图 10.5 所示。

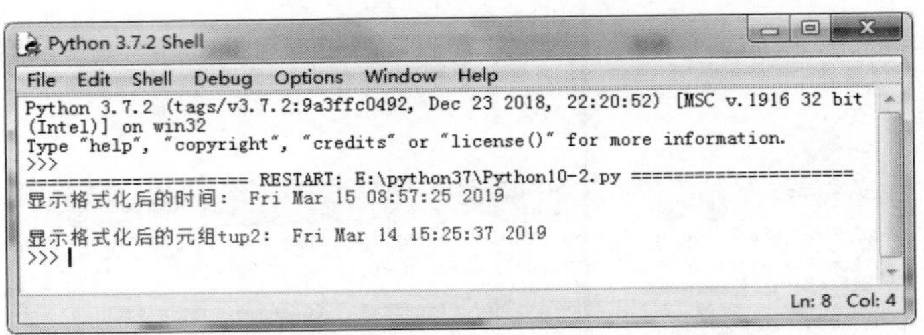

● 图 10.5　利用 asctime() 方法实现时间格式化

10.1.4　时间的格式化

利用 asctime() 方法只能实现简单的时间格式化，要想实现更精准、更复杂的时间格式，就要使用 strftime() 方法，该方法的语法格式如下：

```
time.strftime(fmt[,tupletime])
```

参数 fmt 是指时间格式化符号，而可选参数 tupletime 是指包括 9 个元素的元组。

时间格式化符号及意义如下：

%y：两位数的年份表示（00~99）。

%Y：四位数的年份表示（000~9999）。

%m：月份（01~12）。

%d：月内中的一天（1~31）。

%H：24 小时制小时数（0~23）。

%I：12 小时制小时数（01~12）。

%M：分钟数（00~59）。

%S：秒（00~59）。

%a：本地简化星期名称。

%A：本地完整星期名称。

%b：本地简化的月份名称。

%B：本地完整的月份名称。

%c：本地相应的日期表示和时间表示。

%j：年内的一天（001~366）。

%p：本地 A.M 或 P.M 的等价符。

%U：年内的第几个星期（00~53），星期天为星期的开始。

%w：本星期的星期几（0~6），星期天为星期的开始。

%x：本地相应的日期表示。

%X：本地相应的时间表示。

%z：当前时区的名称，例如，+0800 为北京时间。

单击“开始”菜单，打开 Python 3.7.2 Shell 软件，然后单击菜单栏中的“File/New File”命令，创建一个 Python 文件，并命名为“Python10-3.py”，然后输入如下代码：

```
import time                          # 导入 time 模块
n = time.time()                      # 获取当前时间的时间戳
tup1 = time.localtime(n)             # 把时间戳转化为包括 9 个元素的元组
# 日期的两种表示方法
myd = time.strftime("%Y-%m-%d",tup1)
print(" 当前的日期: ",myd)
myd1 = time.strftime("%y-%m-%d",tup1)
print(" 当前的日期另一种表示方法: ",myd1)
# 时间的两种表示方法
myt = time.strftime("%H:%M:%S:%p",tup1)
print("\n 当前的时间: ",myt)
myt1 = time.strftime("%I:%M:%S:%p",tup1)
print(" 当前时间的另一种表示方法: ",myt1)
# 星期的两种表示方法
myw = time.strftime("%a",tup1)
print("\n 当前是星期几: ",myw)
myw1 = time.strftime("%A",tup1)
```

```
print(" 当前是星期几的另一种表示方法: ",myw1)
# 月份的两种表示方法
mym = time.strftime("%b",tup1)
print("\n 当前是几月份: ",mym)
mym1 = time.strftime("%B",tup1)
print(" 当前是几月份的另一种表示方法: ",mym1)
# 本地相应的日期表示和时间表示法
mypp = time.strftime("%c",tup1)
print("\n 本地相应的日期表示和时间表示 :",mypp)
# 本地相应的日期表示
myppd = time.strftime("%x",tup1)
print(" 本地相应的日期表示法: ",myppd)
# 本地相应的时间表示
myppt = time.strftime("%X",tup1)
print(" 本地相应的时间表示法: ",myppt)
# 当前是年内的第几天
myday = time.strftime("%j",tup1)
print("\n 当前是年内的第几天: ",myday)
# 当前是年内的第几个星期
myweeknum = time.strftime("%U",tup1)
print("\n 当前是年内的第几个星期: ",myweeknum)
# 当前是本星期的星期几
myweeks = time.strftime("%w",tup1)
print(" 当前是本星期的星期几: ",myweeks)
# 当前时区的名称
mywe = time.strftime("%z",tup1)
print("\n 当前时区的名称: ",mywe)
```

单击菜单栏中的“Run/Run Module”命令或按下键盘上的“F5”，就可以运行程序代码，结果如图 10.6 所示。

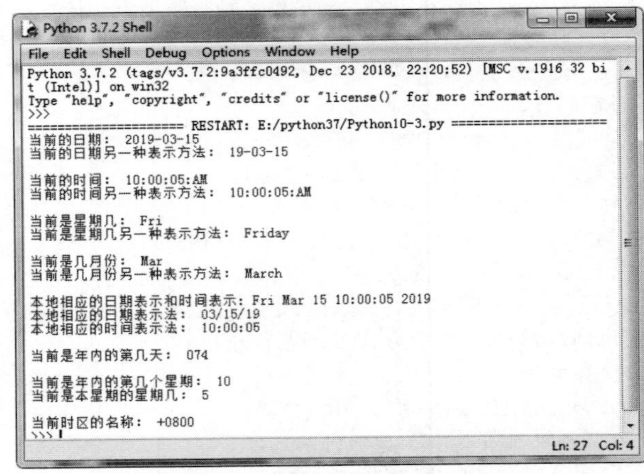

● 图 10.6　时间的格式化

10.1.5 time 模块中的其他常用方法

在 Python 中，利用 time 模块的 sleep() 方法，可以推迟调用线程的运行，其语法格式如下：

```
time.sleep(secs)
```

参数 secs 为推迟调用线程的时间，单位是秒数。

> 提醒：延迟过程调用是 Windows 操作系统的机制，允许高优先级任务先执行，而低优先级任务稍后执行。这使得设备驱动程序与其他低层事件消费者更快地执行其处理的高优先级部分，调度非关键的附件处理稍后以较低优先级执行。

time 模块的 process_time() 方法，可以显示出当前进程执行 CPU 的时间总和，注意不包含睡眠时间。如果想包含睡眠时间，就要使用 time 模块的 perf_counter() 方法，这两个方法的语法格式如下：

```
time.process_time()
time.perf_counter()
```

需要注意的是，这两个方法由于返回值的基准点是未定义的，所以只有连续调用结果之间的差才是有效的。

单击“开始”菜单，打开 Python 3.7.2 Shell 软件，然后单击菜单栏中的“File/New File”命令，创建一个 Python 文件，并命名为“Python10-4.py”，然后输入如下代码：

```
import time
scale = 35
print(" 开始执行程序 ","*"*45,"\n")
# 调用一次 perf_counter()，从计算机系统里随机选一个时间点 A，计算其距离当前时间点 B1 有多少秒。
# 当第二次调用该函数时，默认从第一次调用的时间点 A 算起，距离当前时间点 B2 有多少秒。
# 两个函数取差，即实现从时间点 B1 到 B2 的计时功能。
start = time.perf_counter()
for i in range(scale+1):
    a = '*' * i                     #i 个长度的 * 符号
    b = '.' * (scale-i)
    c = (i/scale)*100               # 显示当前进度，百分之多少
    dur = time.perf_counter() - start            # 计时，计算进度条走到某一百分比的用时
    print(" 百分比 :%.3f %% %s %s %.2f 秒 " %(c,a,b,dur))  # 格式化输出
    time.sleep(0.1)     # 在输出下一个百分之几的进度前，停止 0.1 秒
print("\n"+" 程序执行结束 ","*"*45)
```

单击菜单栏中的“Run/Run Module”命令或按下键盘上的“F5”，就可以运行程序代码，结果如图 10.7 所示。

```
Python 3.7.2 (tags/v3.7.2:9a3ffc0492, Dec 23 2018, 22:20:52) [MSC v.1916 32 bit (Intel)] on win32
Type "help", "copyright", "credits" or "license()" for more information.
>>>
===================== RESTART: E:/python37/Python10-4.py =====================
开始执行程序 *********************************************

百分比:0.000 % ................................... 0.00秒
百分比:2.857 % *.................................. 0.11秒
百分比:5.714 % **................................. 0.21秒
百分比:8.571 % ***................................ 0.32秒
百分比:11.429 % ****............................... 0.42秒
百分比:14.286 % *****.............................. 0.53秒
百分比:17.143 % ******............................. 0.63秒
百分比:20.000 % *******............................ 0.74秒
百分比:22.857 % ********........................... 0.84秒
百分比:25.714 % *********.......................... 0.95秒
百分比:28.571 % **********......................... 1.05秒
百分比:31.429 % ***********........................ 1.16秒
百分比:34.286 % ************....................... 1.26秒
百分比:37.143 % *************...................... 1.37秒
百分比:40.000 % **************..................... 1.48秒
百分比:42.857 % ***************.................... 1.58秒
百分比:45.714 % ****************................... 1.69秒
百分比:48.571 % *****************.................. 1.80秒
百分比:51.429 % ******************................. 1.91秒
百分比:54.286 % *******************................ 2.02秒
百分比:57.143 % ********************............... 2.13秒
百分比:60.000 % *********************.............. 2.23秒
百分比:62.857 % **********************............. 2.34秒
百分比:65.714 % ***********************............ 2.45秒
百分比:68.571 % ************************........... 2.55秒
百分比:71.429 % *************************.......... 2.66秒
百分比:74.286 % **************************......... 2.77秒
百分比:77.143 % ***************************........ 2.87秒
百分比:80.000 % ****************************....... 2.98秒
百分比:82.857 % *****************************...... 3.09秒
百分比:85.714 % ******************************..... 3.20秒
百分比:88.571 % *******************************.... 3.30秒
百分比:91.429 % ********************************... 3.41秒
百分比:94.286 % *********************************.. 3.54秒
百分比:97.143 % **********************************. 3.67秒
百分比:100.000 % *********************************** 3.80秒

程序执行结束 *********************************************
>>>
```

● 图 10.7　time 模块中的其他常用方法

10.2　datetime 模块

time 模块虽然解决了时间的获取和表示，但处理时间能力较弱。datetime 模块则具有快速获取并操作时间中的年、月、日、时、分、秒信息的能力。

datetime 模块主要包括四部分，分别是 date 对象、time 对象、datetime 对象和 timedelta 对象。

10.2.1　date 对象

date 对象是由 year 年份、month 月份及 day 日期三部分构成。

单击“开始”菜单，打开 Python 3.7.2 Shell 软件，然后单击菜单栏中的“File/New File”命令，创建一个 Python 文件，并命名为“Python10-5.py”，然后输入如下代码：

```
import  datetime                                # 导入 datetime 模块
myday = datetime.date.today()     # 调用 date 中的 today() 方法，显示当前的日期
print("当前的日期是：",myday)
print("\n分别提取当前日期的年、月、日，并显示：")
y = myday.year
print("当前日期的年份是：",y)
m = myday.month
print("当前日期的月份是：",m)
d = myday.day
print("当前日期的几日是：",d)
print("\n\n当前日期是：%d 年 %d 月 %d 日 " %(y,m,d))
```

单击菜单栏中的“Run/Run Module”命令或按下键盘上的“F5”，就可以运行程序代码，结果如图 10.8 所示。

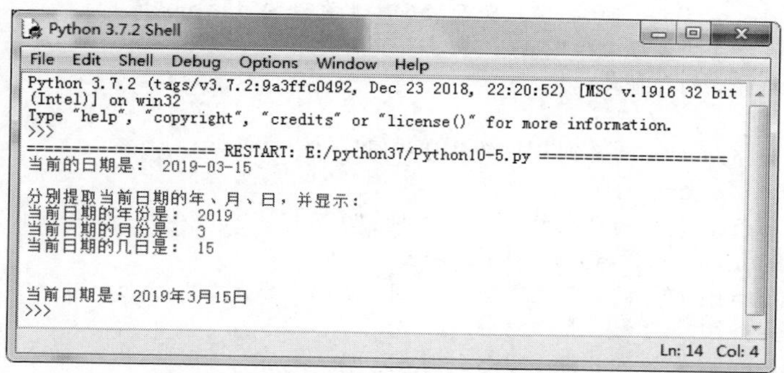

● 图 10.8　显示当前日期

下面再来看一下日期大小比较的方法，具体如表 10.1 所示。

表 10.1　日期大小比较的方法

方法名	方法说明	实例说明
__eq__()	等于 (x==y)	x.__eq__(y)
__ge__()	大于等于 (x>=y)	x.__ge__(y)
__gt__()	大于 (x>y)	x.__gt__(y)
__le__()	小于等于 (x<=y)	x.__le__(y)
__lt__()	小于	x.__lt__(y)

续表

方法名	方法说明	实例说明
__ne__()	不等于 (x!=y)	x.__ne__(y)

另外，获取两个日期相差多少天，可以使用 __sub__() 方法，其语法格式如下：

```
x.__sub__(y)
```

该方法的返回值类型为 datetime.timedelta，如果获得整数类型的结果，还要再获取其 day 属性值。

单击“开始”菜单，打开 Python 3.7.2 Shell 软件，然后单击菜单栏中的“File/New File”命令，创建一个 Python 文件，并命名为“Python10-6.py”，然后输入如下代码：

```
import  datetime                          # 导入 datetime 模块
a = datetime.date.today()                 # 调用 date 中的 today() 方法，显示当前的日期
b = datetime.date(2019,2,26)              # 直接为 date 赋值
print("a 的日期是: ",a)                    # 显示两个日期
print("b 的日期是: ",b)
if a.__eq__(b) :
    print("a 的日期与 b 的日期相同！ ")
elif a.__gt__(b) :
    print("a 的日期大于 b 的日期 .")
    myc = a.__sub__(b).days
    print("a 的日期大于 b 的日期，多的天数是: ",myc)
else :
    print("a 的日期小于 b 的日期 .")
    myc = b.__sub__(a).days
    print("b 的日期大于 a 的日期，多的天数是: ",myc)
```

单击菜单栏中的“Run/Run Module”命令或按下键盘上的“F5”，就可以运行程序代码，结果如图 10.9 所示。

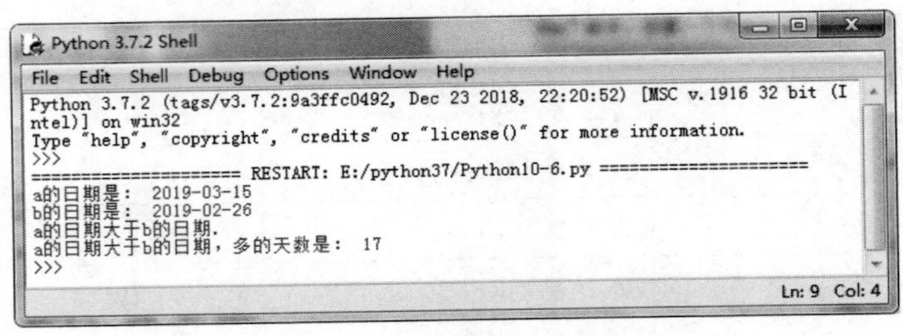

● 图 10.9　日期大小比较的方法

下面再来看一下 date 对象的其他方法，具体如下：

isoweekday() 方法：用来指定日期所在的星期数，需要注意的是，该方法的周一为 1……周日为 7。

weekday() 方法：也是用来指定日期所在的星期数，需要注意的是，该方法的周一为 0……周日为 6。

toordinal() 方法：返回公元公历开始到现在的天数，注意公元 1 年 1 月 1 日为 1。

replace() 方法：返回一个替换指定日期字段的新 date 对象。参数为 3 个可选参数，分别为 year、month、day。注意替换是产生新对象，不影响原 date 对象。

还有注意 date 对象的两个属性，具体如下：

max 属性：date 对象能表示的最大的年、月、日的数值。

min 属性：date 对象能表示的最小的年、月、日的数值。

单击“开始”菜单，打开 Python 3.7.2 Shell 软件，然后单击菜单栏中的“File/New File”命令，创建一个 Python 文件，并命名为“Python10-7.py”，然后输入如下代码：

```
import  datetime                              # 导入 datetime 模块
myday = datetime.date.today()                 # 调用 date 中的 today() 方法，显示当前的日期
print(" 当前的日期是： ",myday)
myweek = myday.isoweekday()
print(" 当前日期是星期几： ",myweek)
mynumday = myday.toordinal()
print(" 从公元公历开始到现在的天数： ",mynumday)
a = myday.replace(2018,7,8)
print("a 的日期是： ",a)
print("myday 的日期没有变化，仍是： ",myday)
x = datetime.date.max
y = datetime.date.min
print("date 对象能表示的最大的日期是： ",x)
print("date 对象能表示的最小的日期是： ",y)
```

单击菜单栏中的“Run/Run Module”命令或按下键盘上的“F5”，就可以运行程序代码，结果如图 10.10 所示。

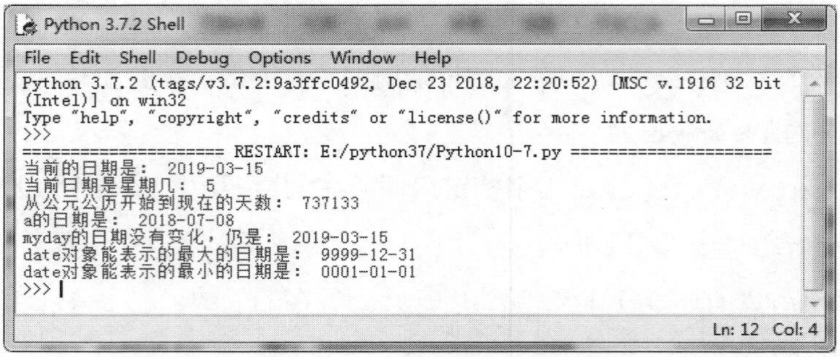

```
Python 3.7.2 Shell
File Edit Shell Debug Options Window Help
Python 3.7.2 (tags/v3.7.2:9a3ffc0492, Dec 23 2018, 22:20:52) [MSC v.1916 32 bit (Intel)] on win32
Type "help", "copyright", "credits" or "license()" for more information.
>>>
==================== RESTART: E:/python37/Python10-7.py ====================
当前的日期是： 2019-03-15
当前日期是星期几： 5
从公元公历开始到现在的天数： 737133
a的日期是： 2018-07-08
myday的日期没有变化，仍是： 2019-03-15
date对象能表示的最大的日期是： 9999-12-31
date对象能表示的最小的日期是： 0001-01-01
>>>
Ln: 12 Col: 4
```

● 图 10.10　date 对象的其他方法和属性

10.2.2　time 对象

time 对象是由 hour（小时）、minute（分钟）、second（秒）、microsecond（毫秒）和 tzinfo（时区）五部分组成。其中 hour（小时）、minute（分钟）、second（秒）是必需参数，而 microsecond（毫秒）和 tzinfo（时区）是可选参数。

单击“开始”菜单，打开 Python 3.7.2 Shell 软件，然后单击菜单栏中的“File/New File”命令，创建一个 Python 文件，并命名为“Python10-8.py”，然后输入如下代码：

```
import  datetime
mytime = datetime.time(10,30,50)      #定义一个 time 对象
myh = mytime.hour
print("mytime 的小时是：",myh)
mym = mytime.minute
print("mytime 的分钟是：",mym)
mys = mytime.second
print("mytime 的秒数是：",mys)
print()
print("mytime 的具体时间是：%d:%d:%d" %(myh,mym,mys))
```

单击菜单栏中的“Run/Run Module”命令或按下键盘上的“F5”，就可以运行程序代码，结果如图 10.11 所示。

时间大小比较与日期大小比较几乎一样，也是 6 个方法，分别是 __eq__()、__ge__()、__gt__()、__le__()、__lt__()、__ne__()。

time 对象的 max 和 min 属性与 date 对象的 max 和 min 属性用法也相同，这里不再多说。

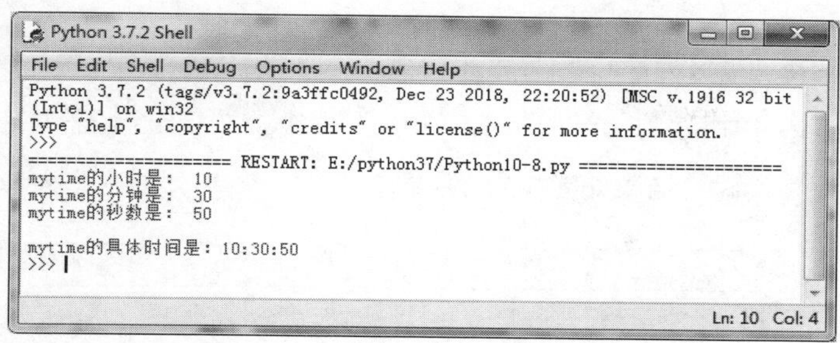

● 图 10.11　date 对象的其他方法和属性

10.2.3　datetime 对象

datetime 对象其实可以看作是 date 对象和 time 对象的结合体，其大部分的方法和属性都继承于这两个类。

datetime 对象由 8 部分组成，分别是 year（年份）、month（月份）、day（日期）、hour（小时）、minute（分钟）、second（秒）、microsecond（毫秒）、tzinfo（时区）。

单击“开始”菜单，打开 Python 3.7.2 Shell 软件，然后单击菜单栏中的“File/New File”命令，创建一个 Python 文件，并命名为“Python10-9.py”，然后输入如下代码：

```
import  datetime
mydatetime = datetime.datetime.now() # 获取当前日期和当前时间
print(" 当前日期和当前时间 :",mydatetime)
mydate = mydatetime.date()
print(" 当前日期 :",mydate)
mytime = mydatetime.time()
print(" 当前时间 :",mytime)
print()
myy = mydatetime.year
print(" 当前日期的年份: ",myy," 年 ")
mym = mydatetime.month
print(" 当前日期的月份: ",mym," 月 ")
myd = mydatetime.day
print(" 当前日期的几日: ",myd," 日 ")
print()
myh = mydatetime.hour
print(" 当前时间是几时: ",myh," 小时 ")
mymi = mydatetime.minute
print(" 当前时间是几分钟: ",mymi," 分钟 ")
```

```
myse = mydatetime.second
print(" 当前时间是几秒：",myh," 秒 ")
```

单击菜单栏中的“Run/Run Module”命令或按下键盘上的“F5”，就可以运行程序代码，结果如图 10.12 所示。

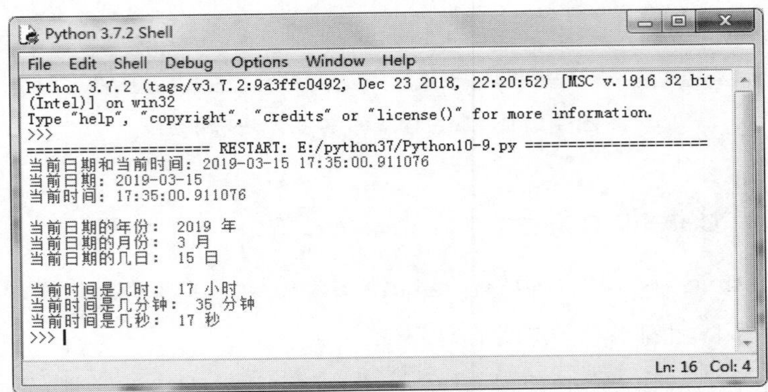

● 图 10.12　datetime 对象

10.2.4　timedelta 对象

timedelta 对象是用来计算两个 datetime 对象差值的。该对象的主要属性具体如下：

days：天数。

seconds：秒数。

total_seconds：共多少秒。

microseconds：微秒数。

max：最大值

min：最小值

单击“开始”菜单，打开 Python 3.7.2 Shell 软件，然后单击菜单栏中的“File/New File”命令，创建一个 Python 文件，并命名为“Python10-10.py”，然后输入如下代码：

```
import  datetime
t1 = datetime.timedelta(seconds =30)      # 时间差为 30 秒
t2 = datetime.timedelta( seconds =45 )   # 时间差为 45 秒
print(" 显示 t1 的值：",t1)
```

```
    print(" 显示 t2 的值: ",t2)
    print(" 显示 t1 的最大值: ",t1.max)
    print(" 显示 t1 的最小值: ",t1.min)
    print()
    t3 = t1 + t2
    # 两个 timedelta 相加
    print(t3.seconds)
    # 两个 timedelta 相减
    t4 = t2 - t1
    print(t4)
    #timedelta 乘法
    t5 = t2 * 3
    print(t5)
    #timedelta 除法
    t6 = t1/3
    print(t6)
    #timedelta 比较操作
    if t1>t2 :
        print("datetime.timedelta(seconds =30) 大于 datetime.timedelta
(seconds =45)")
    elif t1 == t2 :
        print("datetime.timedelta(seconds =30) 等于 datetime.timedelta
(seconds =45)")
    else :
        print("datetime.timedelta(seconds =30) 小于 datetime.timedelta
(seconds =45)")

    mydatetime = datetime.datetime.now() # 获得当前的日期与时间
    mydate = mydatetime.date()
    mytime = mydatetime.time()
    print("\n\n 当前的日期是: ",mydate)
    myt = datetime.timedelta(days = 10 )        # 时间差为 10 天
    mysum1 = mydate + myt                       #10 天后的日期
    print("10 天后的日期 :",mysum1)
    print("\n\n 当前的时间是: ",mytime)
    myh = datetime.timedelta( seconds =60 )     # 时间差为 10 分钟
    mysum2 = mydatetime + myh                   #10 分钟后的时间
    print("10 分钟后的时间是: ",mysum2.time())
    print()
    time1 = datetime.datetime(2019, 3, 15, 12, 0, 0)
    time2 = datetime.datetime.now();
    differtime = (time1 -time2).total_seconds();
    print("(2019,3,15,12,0,0) 与当前时间相差: ", differtime, " 秒!
"); # 输出结果
```

单击菜单栏中的“Run/Run Module”命令或按下键盘上的“F5”，就

可以运行程序代码，结果如图 10.13 所示。

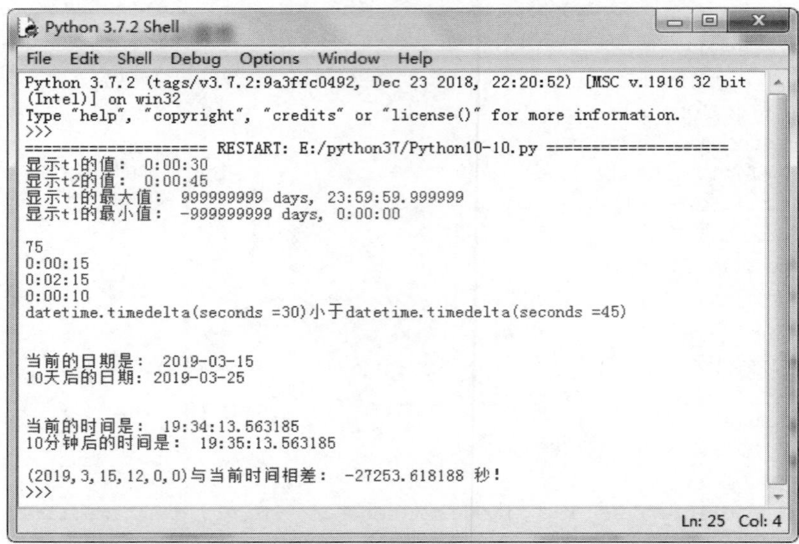

● 图 10.13 timedelta 对象

10.3 calendar 模块

calendar 是 Python 日历模块，此模块的方法都是与日历相关的。

1. calendar() 方法

calendar() 方法主要用来显示某年的日历，其语法格式如下：

```
calendar.calendar(year)
```

参数 year 为具体的年份。

单击“开始”菜单，打开 Python 3.7.2 Shell 软件，然后单击菜单栏中的“File/New File”命令，创建一个 Python 文件，并命名为“Python10-11.py”，然后输入如下代码：

```
import calendar
print(calendar.calendar(2019))
```

单击菜单栏中的“Run/Run Module”命令或按下键盘上的“F5”，就可以运行程序代码，就可以看到 2019 年的日历表，如图 10.14 所示。

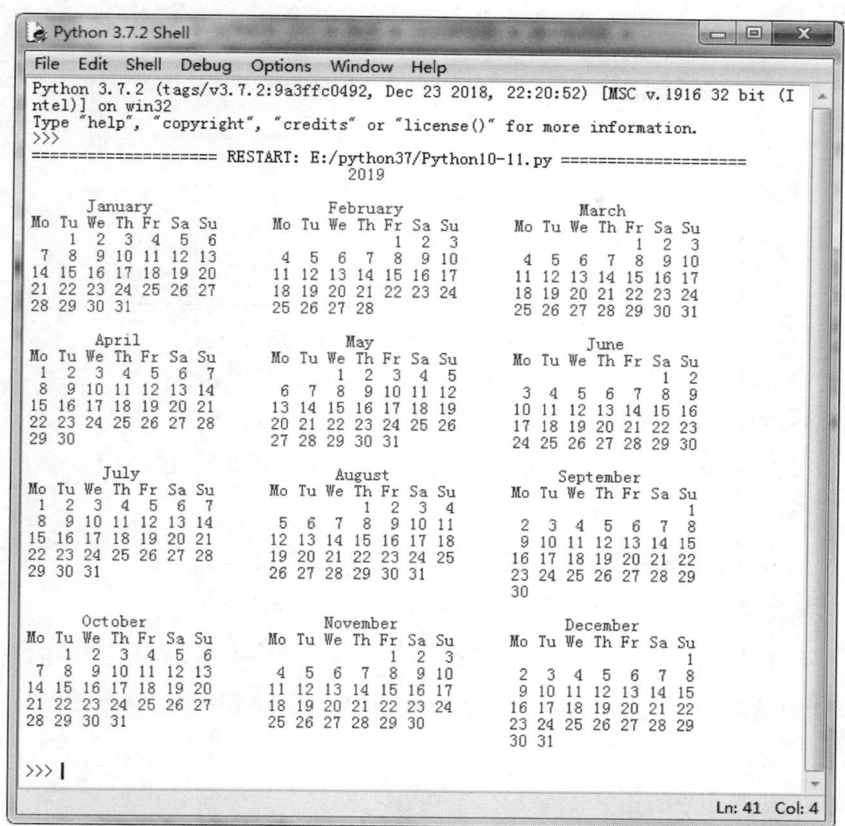

● 图 10.14 2019 年日历表

2. month() 方法

month() 方法主要用来显示某年某月的日历，其语法格式如下：

```
calendar.month(year,month)
```

参数 year 为具体的年份，参数 month 为具体的月份。

单击“开始”菜单，打开 Python 3.7.2 Shell 软件，然后单击菜单栏中的“File/New File”命令，创建一个 Python 文件，并命名为“Python10-12.py”，然后输入如下代码：

```
import calendar
print(calendar.month(2019,3))
```

单击菜单栏中的“Run/Run Module”命令或按下键盘上的“F5”，就可以运行程序代码，就可以看到 2019 年 3 月的日历表，如图 10.15 所示。

```
Python 3.7.2 Shell
File  Edit  Shell  Debug  Options  Window  Help
Python 3.7.2 (tags/v3.7.2:9a3ffc0492, Dec 23 2018, 22:20:52) [MSC v.1916 32 bit
(Intel)] on win32
Type "help", "copyright", "credits" or "license()" for more information.
>>>
==================== RESTART: E:/python37/Python10-12.py ====================
     March 2019
Mo Tu We Th Fr Sa Su
             1  2  3
 4  5  6  7  8  9 10
11 12 13 14 15 16 17
18 19 20 21 22 23 24
25 26 27 28 29 30 31

>>>
                                                              Ln: 11  Col: 0
```

● 图 10.15　2019 年 3 月的日历表

3. monthcalendar () 方法

monthcalendar () 方法以嵌套列表的形式返回某年某月的日历，其语法格式如下：

```
calendar.monthcalendar(year,month)
```

参数 year 为具体的年份，参数 month 为具体的月份。

单击“开始”菜单，打开 Python 3.7.2 Shell 软件，然后单击菜单栏中的“File/New File”命令，创建一个 Python 文件，并命名为“Python10-13.py”，然后输入如下代码：

```
import calendar
print(calendar.monthcalendar(2019,3))
```

单击菜单栏中的“Run/Run Module”命令或按下键盘上的“F5”，就可以运行程序代码，就可以看到 2019 年 3 月的日历表，如图 10.16 所示。

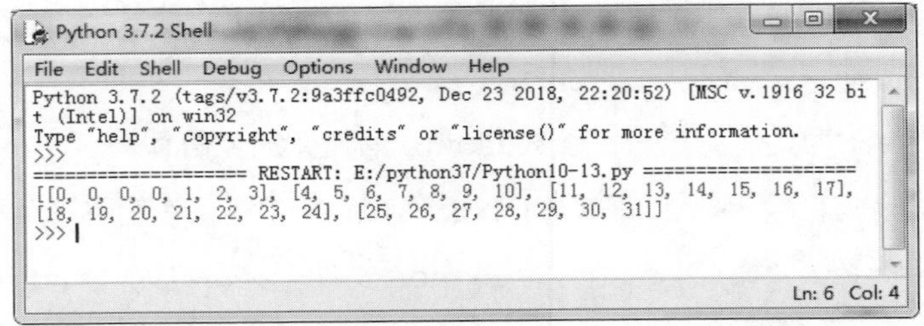

● 图 10.16　以嵌套列表的形式返回 2019 年 3 月的日历表

4. isleap() 方法

isleap() 方法可以判断某年是不是闰年，其语法格式如下：

```
calendar.isleap(year)
```

参数 year 为具体的年份。

5. leapdays() 方法

leapdays() 方法返回某两年之间的闰年总数，其语法格式如下：

```
calendar.leapdays(year1,year2)
```

参数 year1 为具体的年份，参数 year2 不能为具体的年份。

6. monthrange() 方法

monthrange() 方法返回两个整数，第一个数为某月第一天为星期几，第二个数为该月有多少天，其语法格式如下：

```
calendar.monthrange(year,month)
```

参数 year 为具体的年份，参数 month 为具体的月份。

单击“开始”菜单，打开 Python 3.7.2 Shell 软件，然后单击菜单栏中的“File/New File”命令，创建一个 Python 文件，并命名为“Python10-14.py”，然后输入如下代码：

```
import  calendar
myyear1 = int(input(" 请输入一个年份: "))
if calendar.isleap(myyear1) :
    print("%d 年是闰年! " % myyear1)
else :
    print("%d 年不是闰年! "% myyear1)
print()
myyear2 = int(input(" 请再输入一个年份: "))
if  myyear2 > myyear1 :
    mynum1 = calendar.leapdays(myyear1,myyear2)
     print("%d 年到 %d 之间, 有 %d 个闰年。" %(myyear1,myyear2,
mynum1))
else:
    mynum1 = calendar.leapdays(myyear2,myyear1)
     print("%d 年到 %d 之间, 有 %d 个闰年。" %(myyear2,myyear1,
mynum1))
print()
mymonth = int(input(" 请再输入一个月份: "))
mynum2,mynum3 = calendar.monthrange(myyear1,mymonth)
print("%d 年 %d 月, 第一天是星期 %d, 这个月共有 %d 天 " %(myyear1,
mymonth,mynum2,mynum3))
print()
mynum4,mynum5 = calendar.monthrange(myyear2,mymonth)
print("%d 年 %d 月, 第一天是星期 %d, 这个月共有 %d 天 " %(myyear2,
mymonth,mynum4,mynum5))
```

单击菜单栏中的“Run/Run Module”命令或按下键盘上的“F5”，就可以运行程序代码，就会提醒你“输入一个年份”，如图 10.17 所示。

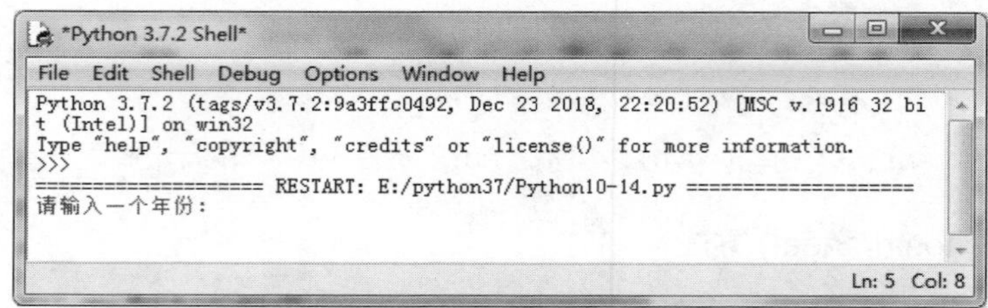
Python 3.7.2 Shell
File Edit Shell Debug Options Window Help
Python 3.7.2 (tags/v3.7.2:9a3ffc0492, Dec 23 2018, 22:20:52) [MSC v.1916 32 bit (Intel)] on win32
Type "help", "copyright", "credits" or "license()" for more information.
>>>
==================== RESTART: E:/python37/Python10-14.py ====================
请输入一个年份：
Ln: 5 Col: 8

● 图 10.17　输入一个年份

在这里输入“1998”，然后回车，就可以看到 1998 年是否是闰年了，如图 10.18 所示。

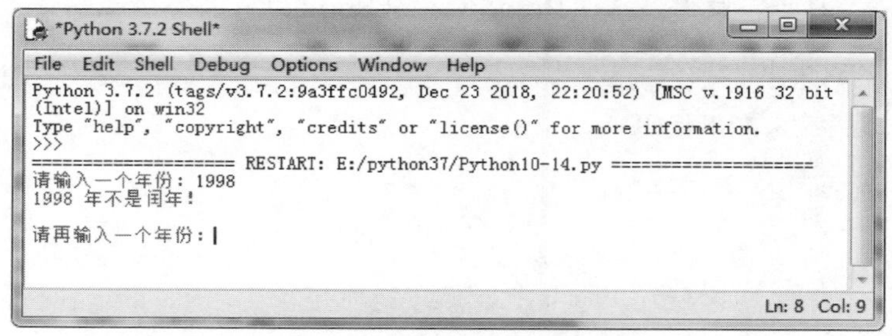
Python 3.7.2 Shell
File Edit Shell Debug Options Window Help
Python 3.7.2 (tags/v3.7.2:9a3ffc0492, Dec 23 2018, 22:20:52) [MSC v.1916 32 bit (Intel)] on win32
Type "help", "copyright", "credits" or "license()" for more information.
>>>
==================== RESTART: E:/python37/Python10-14.py ====================
请输入一个年份：1998
1998 年不是闰年！

请再输入一个年份：
Ln: 8 Col: 9

● 图 10.18　1998 年不是闰年

又提醒“再输入一个年份”，在这里输入“2016”，然后回车，在这里就可以看到 1998 年到 2016 年之间有几个闰年，如图 10.19 所示。

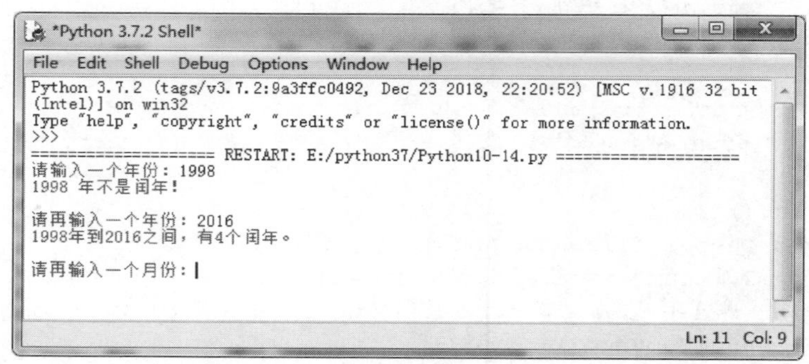
Python 3.7.2 Shell
File Edit Shell Debug Options Window Help
Python 3.7.2 (tags/v3.7.2:9a3ffc0492, Dec 23 2018, 22:20:52) [MSC v.1916 32 bit (Intel)] on win32
Type "help", "copyright", "credits" or "license()" for more information.
>>>
==================== RESTART: E:/python37/Python10-14.py ====================
请输入一个年份：1998
1998 年不是闰年！

请再输入一个年份：2016
1998年到2016之间，有4个闰年。

请再输入一个月份：
Ln: 11 Col: 9

● 图 10.19　1998 年到 2016 年之间有 4 个闰年

又提醒“再输入一个月份”，在这里输入“9”，然后回车，就可以看到

“1998 年 9 月，第一天是星期 1，这个月共有 30 天”和“2016 年 9 月，第一天是星期 3，这个月共有 30 天”，如图 10.20 所示。

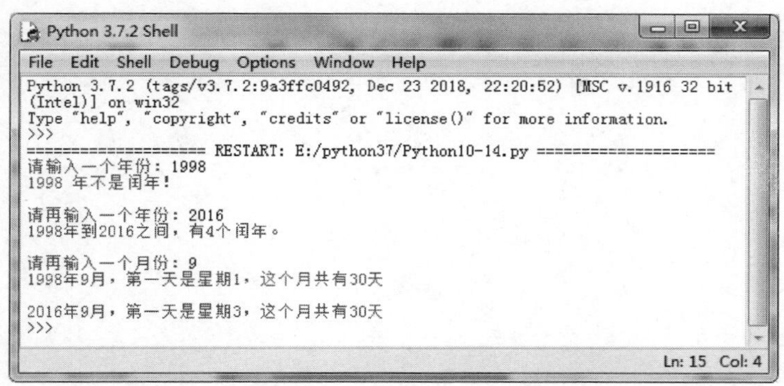

● 图 10.20　第一天是星期几和这个月有多少天

第 11 章

Python 的 GUI 应用程序

图形用户界面（Graphical User Interface，简称 GUI）是指采用图形方式显示的计算机操作用户界面。Python 具有强大的 GUI 应用程序开发功能，Python 的 IDLE 就是用其自身的标准库 Tkinter 编写而成。

本章主要内容包括：

- GUI 应用程序概述
- Window 窗体
- 常用控件
- 几何管理对象
- 窗体菜单
- 常用对话框

11.1 GUI 应用程序概述

Python 提供了多个图形用户界面的库，如 Tkinter、wxPython，下面分别讲解一下。

1. Tkinter 库

Tkinter 是 Python 的标准 GUI 库。Python 使用 Tkinter 可以快速地创建 GUI 应用程序。由于 Tkinter 是内置到 Python 的安装包中，只要安装好 Python 之后就能使用，需要注意的是，使用前要先导入 Tkinter 库。

2. wxPython 库

wxPython 是 Python 编程语言中的一套优秀的 GUI 图形库，允许 Python 程序员很方便地创建完整的、功能健全的 GUI 用户界面。需要注意的是，wxPython 库是第三方库，需要安装之后才能使用。

11.2 Window 窗体

图形用户界面是对象（窗体）和控件组成，所有的控件都放在窗体上，程序中所有信息都可以通过窗体显示出来，它是应用程序的最终用户界面。

在 Python 中，使用 tkinter.Tk() 方法，创建一个窗体，该方法的基本语法如下：

```
tkinter.Tk()
```

需要注意的是，Tk() 方法的第一个字母是大写的。另外该方法没有参数，返回值是一个窗体。

窗体的常用方法如下：

title()：设置窗体的标题。

geometry：设置窗体的大小和位置。

withdraw()：隐藏窗口。

update()：更新窗口。

deiconify()：显示窗口。

Quit()：退出窗口。

update()：刷新窗口。

resizable()：设置窗口是否可以改变长和宽。

mainloop()：进入消息循环。

单击“开始”菜单，打开 Python 3.7.2 Shell 软件，然后单击菜单栏中的“File/New File”命令，创建一个 Python 文件，并命名为“Python11-1.py”，然后输入如下代码：

```
import tkinter as tk   # 导入 tkinter 库，并重命名为 tk
mywindow = tk.Tk()      # 创建一个窗体
mywindow.title(" 第一个 GUI 程序 ")       # 设置窗体的标题
mywindow.geometry("400x300+60+20")   # 设置窗体的大小和位置
mywindow.resizable(width=False,height=True)  # 高度可以拉伸，
宽度不可以拉伸
```

单击菜单栏中的“Run/Run Module”命令或按下键盘上的“F5”，就可以运行程序代码，结果如图 11.1 所示。

● 图 11.1　Window 窗体

在这里需要注意，Window 窗体的宽度为 400 像素、高度为 300 像素，

窗口距离电脑屏幕左上角的水平距离为 60 像素、垂直距离为 20 像素。另外，Window 窗体高度可以拉伸，但宽度不可以拉抻。

11.3 常用控件

控件是 GUI 应用程序的基本组成部分。合理恰当地使用各种不同的控件，是 Python 编写 GUI 应用程序的基础。

11.3.1 标签控件

标签控件（Label）应用最多，它常用于显示用户不能编辑、修改的文本。因此，标签控件可以用于标识窗体和窗体上的对象。

标签控件的常用属性如下：

text：设置标签上的文字。

fg：设置标签上的文字颜色。

bg：设置标签的背景颜色。

font：设置标签上文字的字体和字体大小。

width：设置标签的宽度。

height：设置标签的长度。

单击“开始”菜单，打开 Python 3.7.2 Shell 软件，然后单击菜单栏中的“File/New File”命令，创建一个 Python 文件，并命名为“Python11-2.py”，然后输入如下代码：

```
import tkinter as tk                # 导入 tkinter 库，并重命名为 tk
mywindow = tk.Tk()                  # 创建一个窗体
mywindow.title(" 标签 ")             # 设置窗体的标题
mywindow.geometry("250x150")        # 设置窗体的大小
                                    # 设置标签的各种属性
mylabl = tk.Label(mywindow,
                  text=" 我是标签！ ",
                  fg = "yellow",
                  bg= "red",
                  font=(“Arial”,12),
                  width = 20,
```

```
                    height = 2
                    )
mylab1.pack()                              # 布局标签的位置
var = tk.StringVar()                       # 字符串变量存储器
var.set('文字变量存储器')
mylab2 = tk.Label(mywindow,
                    textvariable=var,
                   fg = "blue",
                    bg= "yellow",
                    font=("Arial",12),
                    width = 20,
                    height = 2
                   )
mylab2.pack()
mywindow.mainloop()                        # 进入消息循环
```

单击菜单栏中的“Run/Run Module”命令或按下键盘上的“F5”，就可以运行程序代码，结果如图 11.2 所示。

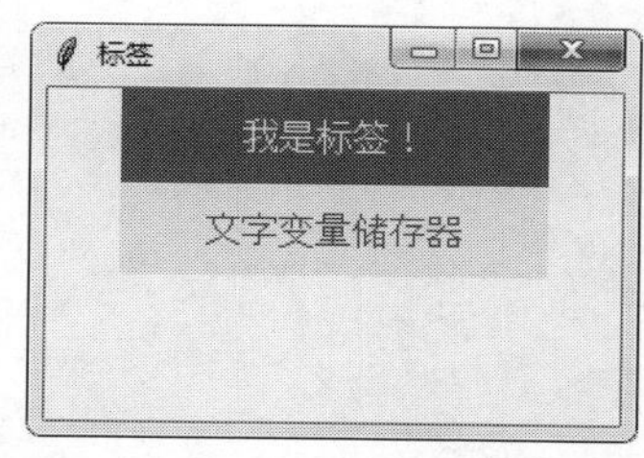

● 图 11.2　标签控件

11.3.2　按钮控件

按钮控件（Button），又称命令按钮，这是 GUI 应用程序中最常用的控件。按钮控件用于接收用户的操作信息，触发相应的事件过程。

按钮控件的常用属性与标签控件几乎相同，但要注意 command 属性是指定 Button 单击时执行的命令（函数）。

单击“开始”菜单，打开 Python 3.7.2 Shell 软件，然后单击菜单栏中的“File/New File”命令，创建一个 Python 文件，并命名为“Python11-3.py”，然后输入如下代码：

```
import tkinter as tk                  # 导入 tkinter 库，并重命名为 tk
mywindow = tk.Tk()                    # 创建一个窗体
mywindow.title("标签和按钮")           # 设置窗体的标题
mywindow.geometry("250x150")          # 设置窗体的大小
# 自定义 mychick() 函数，当单击按钮时调用
def mychick() :
    print("单击了按钮！ ")
    mylab.config(text = "单击了按钮！ ")
    mybut.config(text ="哈哈，我也变！ ")
```

```
# 标签控件
mylab = tk.Label(mywindow,
                      text=" 我是标签！ ",
                      fg = "yellow",
                      bg= "red",
                      font=("Arial",12),
                      width = 20,
                      height = 2
                      )
mylab.pack()                                    # 布局标签的位置
# 按钮控件
mybut = tk.Button(mywindow,
                     text =" 单击我 ",
                     fg = "blue",
                     bg= "yellow",
                     font=("Arial",12),
                     width = 15,
                     height = 3 ,
                     command = mychick
                     )
mybut.pack()
mywindow.mainloop()
```

在定义按钮控件时，定义了按钮的单击事件，即在程序运行时，单击按钮，会调用 mychick 函数。在 mychick 函数中，利用控件的 config() 方法改变 text 属性的值。

单击菜单栏中的“Run/Run Module”命令或按下键盘上的“F5”，就可以运行程序代码，结果如图 11.3 所示。

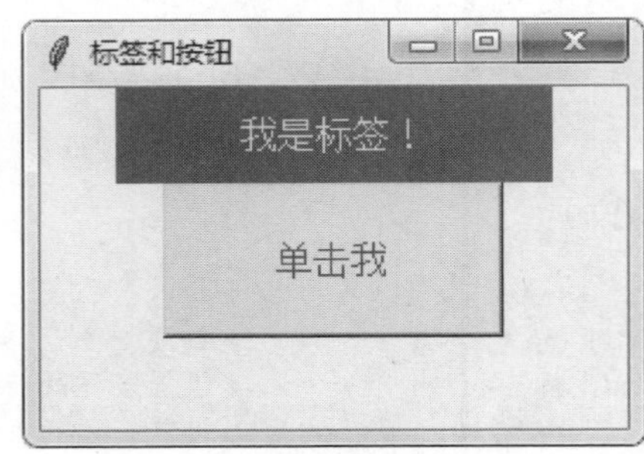

● 图 11.3　按钮控件

单击“单击我”按钮，就会显示“单击了我”，并且标题上的文字和按钮上的文字都改变了，如图 11.4 所示。

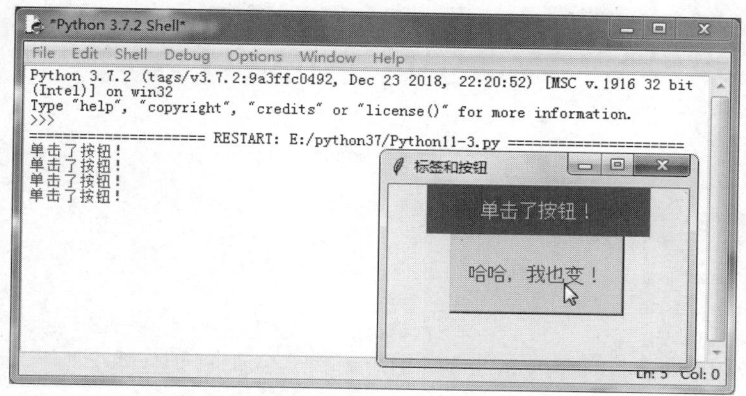

• 图 11.4　按钮的单击效果

11.3.3　输入文本框控件

输入文本框控件（Entry）用来输入单行内容，可以方便地向程序传递用户参数。输入文本框控件的常用属性与标签控件几乎相同，但要注意以下两个属性。

show：将输入文本框控件中的文本替换为指定字符，用于输入密码等，例如设置 show= “*” 。

state：设置输入文本框控件状态，默认为 normal，可设置为：disabled，表示禁用该控件，readonly，表示该控件只读。

单击“开始”菜单，打开 Python 3.7.2 Shell 软件，然后单击菜单栏中的“File/New File”命令，创建一个 Python 文件，并命名为“Python11-4.py”，然后输入如下代码：

```
import tkinter as tk                # 导入 tkinter 库，并重命名为 tk
mywindow = tk.Tk()                  # 创建一个窗体
mywindow.title(" 输入文本框控件的应用 ")        # 设置窗体的标题
mywindow.geometry("350x150")           # 设置窗体的大小
# 自定义 mychick() 函数，当单击按钮时调用
def mychick() :
    mynum = float(mytext.get())
     mylab.config(text="%f 摄氏度 =%f 华氏度 " %(mynum,mynum*1.
8+32))
# 标签控件
mylab = tk.Label(mywindow,
                        text=" 摄氏度和华氏度的转换，在文本框中输入摄氏度 ",
```

```
                          fg = "yellow",
                          bg= "red",
                          font=("Arial",12),
                          width = 100,
                          height = 5
                          )
mylab.pack()                                         # 布局标签的位置
# 输入文本框控件
mytext = tk.Entry(mywindow,text="",width = 80 )
mytext.pack()
# 按钮控件
mybut = tk.Button(mywindow,text=" 摄氏度转换为华氏度 ",command = mychick )
mybut.pack()
mywindow.mainloop()
```

在定义按钮控件时，定义了按钮的单击事件，即在程序运行时，单击按钮，会调用 mychick 函数。在 mychick 函数中，输入文本框控件通过 get() 方法获取文本框中输入的内容，然后转化为浮点型。标签控件通过 config() 方法改变 text 属性的值。

单击菜单栏中的“Run/Run Module”命令或按下键盘上的“F5”，就可以运行程序代码，结果如图 11.5 所示。

在文本框中输入一个摄氏度温度，然后单击“摄氏度转换为华氏度”，就可以看到摄氏度与华氏度的转换，在这里输入 16，单击按钮，就可以看到 16 摄氏度 =60.8 华氏度，如图 11.6 所示。

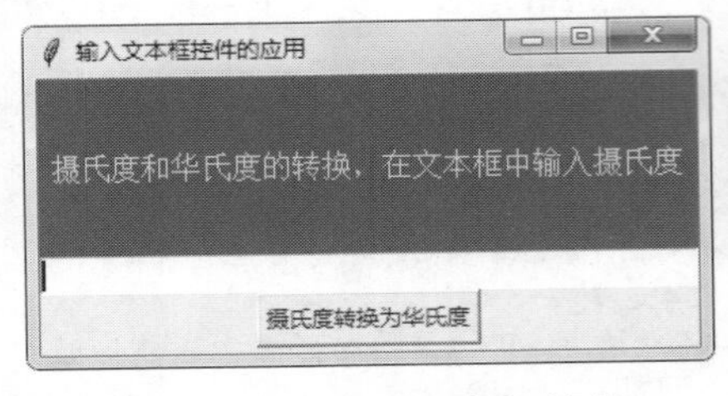

● 图 11.5　输入文本框控件

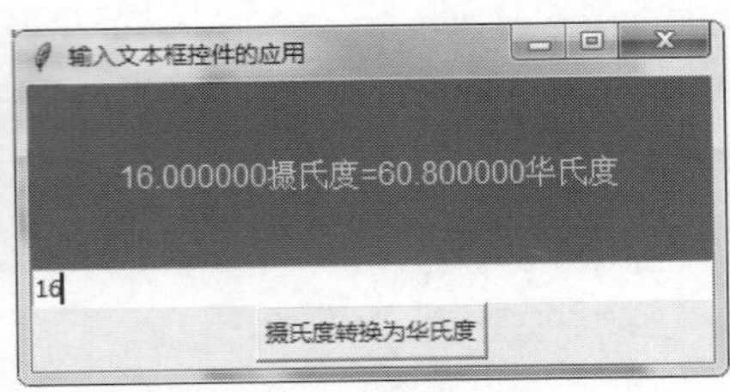

● 图 11.6　摄氏度转换为华氏度

11.3.4　单选按钮控件

单选按钮控件（Radiobutton）可以为用户提供选项，并显示该选项是否被选中。单选按钮控件常用于“多选一”的情况，通常以选项按钮组的形式出现。当按钮组内的某个按钮被选中时，其他按钮会自动失效。

单选按钮控件的常用属性与标签控件几乎相同，但要注意以下三个属性：

variable：单选按钮控件索引变量，通过变量的值确定哪个单选框被选中。一组单选按钮控件使用同一个索引变量。

value：单选按钮控件选中时变量的值。

command：单选按钮控件选中时执行的命令（函数）。

单击“开始”菜单，打开 Python 3.7.2 Shell 软件，然后单击菜单栏中的“File/New File”命令，创建一个 Python 文件，并命名为“Python11-5.py”，然后输入如下代码：

```
import tkinter as tk                 # 导入 tkinter 库，并重命名为 tk
mywindow = tk.Tk()                   # 创建一个窗体
mywindow.title("单选按钮控件")        # 设置窗体的标题
mywindow.geometry("260x100")         # 设置窗体的大小

def radioclick() :
    mylab.config(fg=color.get())

                                     # 标签控件
mylab = tk.Label(mywindow,text="改变字体的颜色",font= ("Arial",
16),width =150,height =3 )
mylab.pack()                         # 布局标签的位置
                                     # 单选按钮控件，并布局
color = tk.StringVar()               # 字符串变量存储器
myrb1 = tk.Radiobutton(mywindow,text="红色",variable=color,
value="red",command = radioclick )
myrb1.pack(side =tk.LEFT)
myrb2 = tk.Radiobutton(mywindow,text="绿色",variable=color,
value="green",command = radioclick )
myrb2.pack(side =tk.LEFT)
myrb3 = tk.Radiobutton(mywindow,text="蓝色",variable=color,
value="blue",command =radioclick )
myrb3.pack(side =tk.LEFT)
myrb4 = tk.Radiobutton(mywindow,text="紫色",variable=color,
value="purple",command = radioclick )
myrb4.pack(side =tk.LEFT)
myrb5 = tk.Radiobutton(mywindow,text="粉色",variable=color,
value="pink",command = radioclick )
myrb5.pack(side =tk.LEFT)
```

在定义单选按钮控件时，定义了这些按钮的单击事件，即在程序运行时，单击这些按钮，会调用 radioclick 函数。在 radioclick 函数中，标签控件通过 config() 方法改变 fg 属性的值，该属性值为选中单选按钮的 value 值。单选按钮的 value 值通过字符串变量存储器 color 的 get() 方法得到。

单击菜单栏中的“Run/Run Module”命令或按下键盘上的“F5”，就可以运行程序代码，选择“红色”前面的单选按钮，标签文字颜色就会变成红色，如图 11.7 所示。

如果选择“绿色”前面的单选按钮，标签文字颜色就会变成绿色；如果选择“蓝色”前面的单选按钮，标签文字颜色就会变成蓝色；如果选择“粉色”前面的单选按钮，标签文字颜色就会变成粉色；如果选择“紫色”前面的单选按钮，标签文字颜色就会变成紫色，紫色文字效果如图 11.8 所示。

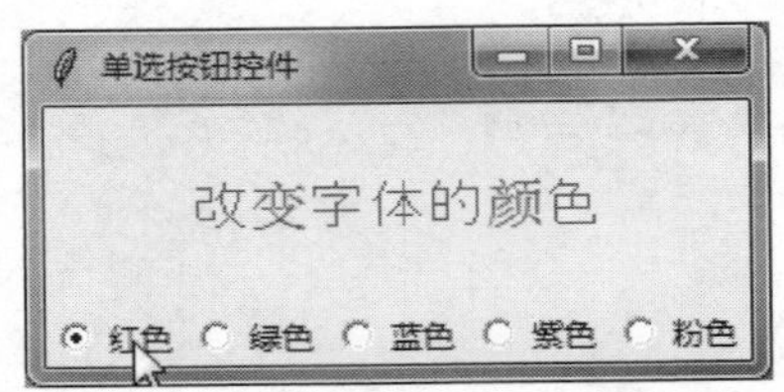

● 图 11.7　标签文字颜色就会变成红色

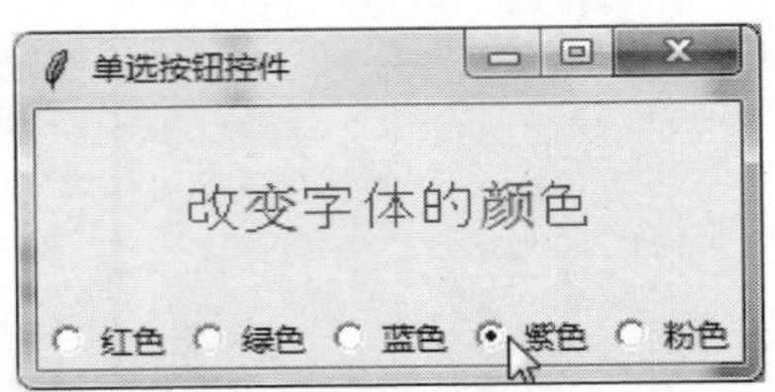

● 图 11.8　紫色文字效果

11.3.5　复选框控件

在 GUI 应用程序中，复选框控件（Checkbutton）和单选按钮控件主要用于表示选择状态。在程序运行期间可以改变其状态。复选框控件用“√”表示被选中，并且可以同时选中多个。

复选框控件的常用属性与标签控件几乎相同，但要注意以下三个属性：

variable：复选框控件索引变量，通过变量的值确定哪些复选框被选中。每个复选框使用不同的变量，使复选框之间相互独立。

onvalue：复选框控件选中时变量的值。

offvalue：复选框控件没有选中时变量的值。

command：复选框控件选中时执行的命令（函数）。

单击“开始”菜单，打开 Python 3.7.2 Shell 软件，然后单击菜单栏中的“File/New File”命令，创建一个 Python 文件，并命名为“Python11-6.py”，然后输入如下代码：

```
import tkinter as tk                        # 导入 tkinter 库，并重命名为 tk
mywindow = tk.Tk()                          # 创建一个窗体
mywindow.title(" 复选按钮控件 ")            # 设置窗体的标题
mywindow.geometry("180x100")                # 设置窗体的大小
# 选择复选框控件时，调用 checkclick() 函数
def checkclick() :
    a1 = check1.get()                        # 获取三个复选框的 value 值，选
中其值为 onvalue 值，不选为 offvalue 值
    a2 = check2.get()
    a3 = check3.get()
    n =a1 + a2 + a3
    if  n == 1 :
        mylab.config(font=("Arial",12,"bold"))
    elif n == 2 :
        mylab.config(font=("Arial",12,"italic"))
    elif n == 4 :
        mylab.config(font=("Arial",12,"underline"))
    elif n == 3 :
        mylab.config(font=("Arial",12,"bold italic"))
    elif n == 5 :
        mylab.config(font=("Arial",12,"bold underline"))
    elif n == 6 :
        mylab.config(font=("Arial",12,"italic underline"))
    elif n == 7 :
        mylab.config(font=("Arial",12,"bold italic underline"))
    else :
        mylab.config(font=("Arial",12))
# 标签控件
mylab = tk.Label(mywindow,text=" 改变字体的样式 ",font=("Arial",
12),width =150,height =3 )
mylab.pack()                                # 布局标签的位置
check1 = tk.IntVar()                        # 三个整数型变量存储器
check2 = tk.IntVar()
check3 = tk.IntVar()
# 三个复选框控件并布局
mycheck1 = tk.Checkbutton(mywindow,text=" 加粗 ",variable=check1, on
value=1,offvalue=0,command=checkclick )
mycheck1.pack(side =tk.LEFT)
mycheck2 = tk.Checkbutton(mywindow,text=" 倾斜 ",variable =check2,
onvalue=2,offvalue=0,command=checkclick )
mycheck2.pack(side =tk.LEFT)
mycheck3  =  tk.Checkbutton(mywindow,text=" 下 画 线 ",variable
=check3,onvalue=4,offvalue=0,command=checkclick )
mycheck3.pack(side =tk.LEFT)
```

在定义复选框控件时，定义了这些按钮的单击事件，即在程序运行时，单击这些按钮，会调用 checkclick() 函数。在 checkclick() 函数中，标签控件通过 config() 方法改变 font 属性的值，该属性值为选中复选框的 value 值（选中其值为 onvalue 值，不选中为 offvalue 值）。复选框的 value 值是通过整型变量存储器的 get() 方法得到，然后利用 if 判断语句修改标签控件的 font 属性的值。

单击菜单栏中的“Run/Run Module”命令或按下键盘上的“F5”，就可以运行程序代码，如图 11.9 所示。

如果选中“加粗”前面的复选框，就会加粗“改变字体的样式”，如图 11.10 所示。

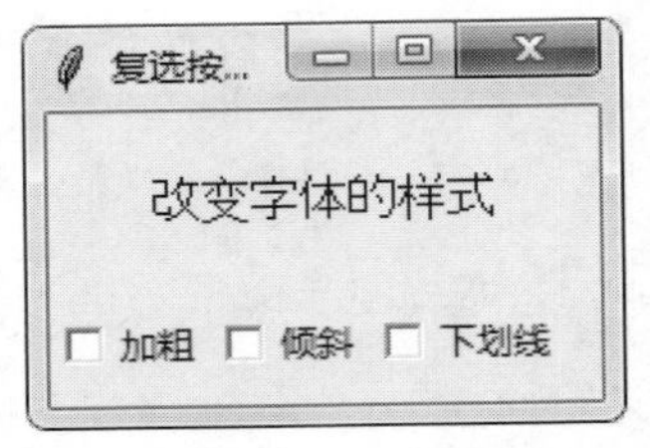

● 图 11.9　复选框控件

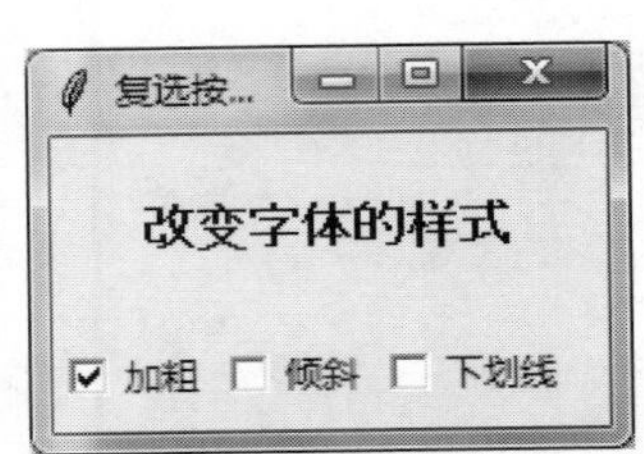

● 图 11.10　加粗字体

如果选中“倾斜”前面的复选框，就会倾斜“改变字体的样式”；如果选中“下画线”前面的复选框，就会给“改变字体的样式”添加下画线。

如果同时选中“加粗”和“倾斜”前面的复选框，就会倾斜并加粗“改变字体的样式”；如果同时选中“倾斜”和“下画线”前面的复选框，就会倾斜并加下画线“改变字体的样式”；如果同时选中“加粗”和“下画线”前面的复选框，就会加粗并加下画线“改变字体的样式”。

如果同时选中“加粗”、“倾斜”、“下画线”前面的复选框，就会倾斜、加粗并加下画线“改变字体的样式”，如图 11.11 所示。

● 图 11.11　同时添加倾斜、加粗、下画线字体样式

11.3.6 列表框控件

列表框控件（Listbox）显示一个选择列表，该列表只能包含文本项目，并且所有的项目都需要使用相同的字体和颜色。用户可以从列表中选择一个或多个选项。

列表框控件的常用属性与标签控件几乎相同，但要注意以下几个属性：

listvariable：列表框索引变量，是一个 StringVar 类型的变量，该变量存放 Listbox 中的所有项目。

selectmode：设置列表框的选择模式。列表框的选择模式有 4 种，分别是”single”（单选）、"browse"（也是单选，但拖动鼠标或通过方向键可以直接改变选项）、"multiple"（多选）和 "extended"（也是多选，但需要同时按住 Shift 键或 Ctrl 键或拖动鼠标实现）。默认选择模式是”browse”。

xscrollcommand：为列表框添加一条水平滚动条。

yscrollcommand：为列表框添加一条垂直滚动条。

列表框控件有几个常用的方法，具体如下：

curselection()：返回一个元组，包含被选中选项的序号（从 0 开始），如果没有选中任何选项，返回一个空元组。

insert()：添加一个或多个项目到 Listbox 中。使用 insert(“end”) 添加新选项到末尾。

size()：返回 Listbox 控件中选项的数量。

delete(first, last=None)：删除参数 first 到 last 范围内（包含 first 和 last）的所有选项。如果忽略 last 参数，表示删除 first 参数指定的选项。

get(first, last=None)：返回一个元组，包含参数 first 到 last 范围内（包含 first 和 last）的所有选项的文本。如果忽略 last 参数，表示返回 first 参数指定的选项的文本。

yview：返回列表框的 y 方向视图。

xview：返回列表框的 x 方向视图。

单击“开始”菜单，打开 Python 3.7.2 Shell 软件，然后单击菜单栏中的“File/New File”命令，创建一个 Python 文件，并命名为“Python11-7.py”，然后输入如下代码：

```
import tkinter as tk   # 导入 tkinter 库，并重命名为 tk
from tkinter import messagebox       # 从 tkinter 库中导入 messagebox
模块
mywindow = tk.Tk()                          # 创建一个窗体
mywindow.title(" 列表框控件的应用 ")       # 设置窗体的标题
mywindow.geometry("120x250")               # 设置窗体的大小
# 添加按钮的单击事件代码
def mybutton1click() :
    s =mytext.get()
    if s != "" :
        mylistbox.insert("end",s)
    else :
        messagebox.showinfo(" 提示对话框 "," 请输入要添加的内容，
不能为空！ ")
 # 删除按钮的单击事件代码
def mybutton2click() :
    mylistbox.delete("active")
# 定义列表变量
mylist  =  ["C","C++","Python","Java","C#","Julia",
"R","PHP"]
# 列表框控件及布局
mylistbox = tk.Listbox(mywindow )
mylistbox.pack()
for i  in mylist :
    mylistbox.insert("end",i)
# 输入文本框及布局
mytext = tk.Entry(mywindow,text="")
mytext.pack()
# 两个按钮及布局
mybutton1 =tk.Button(mywindow,text=" 添加 "  ,command = mybutton1-
click )
mybutton1.pack(side=tk.LEFT)
mybutton2 = tk.Button(mywindow,text=" 删除 ", command = mybutton2-
click )
mybutton2.pack(side=tk.LEFT)
```

上述代码，首先导入 tkinter 库和 messagebox 模块，然后添加窗体，并在窗体上添加一个列表框控件，一个输入文本框控件和两个按钮。在这里还定义了一个列表变量，然后通过 for 循环把列表中的值添加到列表框中。

单击“添加”按钮，可以将输入文本框中的内容添加到列表中。单击“删除”按钮，可以删除列表框中的选项。

单击菜单栏中的“Run/Run Module”命令或按下键盘上的“F5”，就可以运行程序代码，如图 11.12 所示。

如果文本框中为空，直接单击“添加”按钮，就会弹出提示对话框，如图 11.13 所示。

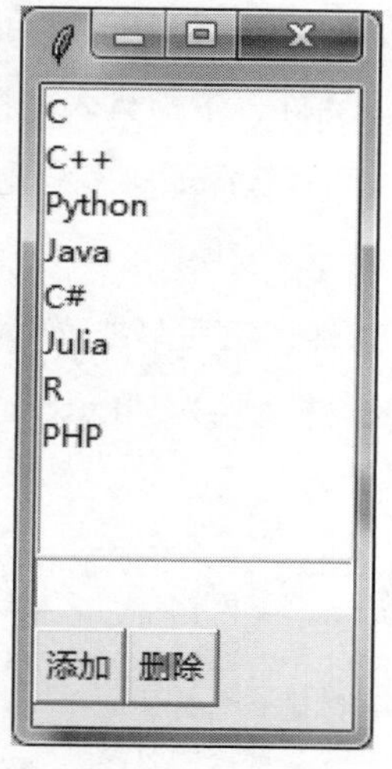

• 图 11.12　列表框控件

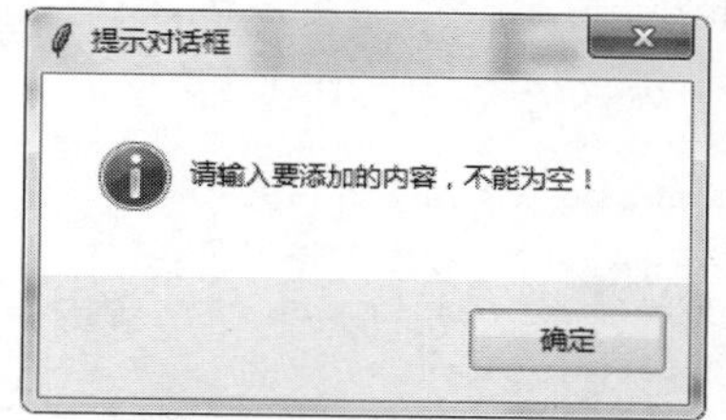

• 图 11.13　提示对话框

在文本框中输入“SQL”，然后单击“添加”按钮，就可以添加到列表框中，如图 11.14 所示。

选中列表框中要删除的项，在这里选择的是“C#”，然后单击“删除”按钮，就可以成功删除该项内容，如图 11.15 所示。

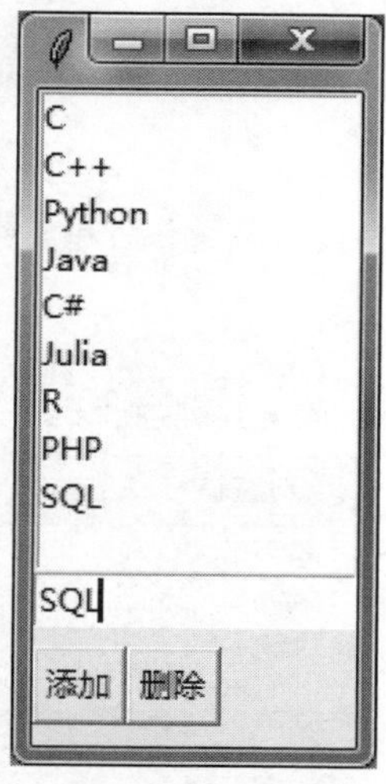

• 图 11.14　SQL 添加到列表框

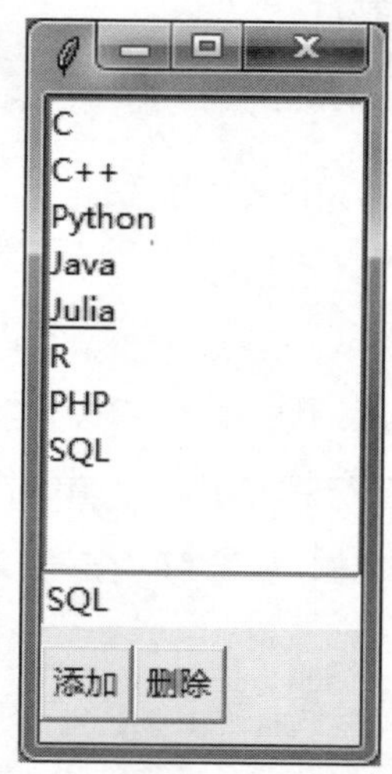

• 图 11.15　删除列表框中的 C#

11.3.7 下拉列表框控件

下拉列表框控件（Combobox）可以让用户输入或下拉选择内容。利用该控件的 values 属性可以设置下拉列表框中的可选内容。利用 current() 方法可以设置选择内容，默认为可选内容的第一项。另外，下拉列表框控件有一个虚拟事件“<<ComboboxSelected>>”，即当列表选择时触发绑定函数。

需要注意的是，下拉列表框控件在 tkinter 库的 ttk 模块中。

单击“开始”菜单，打开 Python 3.7.2 Shell 软件，然后单击菜单栏中的“File/New File”命令，创建一个 Python 文件，并命名为“Python11-8.py”，然后输入如下代码：

```
import tkinter as tk                  # 导入 tkinter 库，并重命名为 tk
from tkinter import ttk               # 从 tkinter 库中导入 ttk 模块
from tkinter import messagebox        # 从 tkinter 库中导入 messagebox 模块
mywindow = tk.Tk()                              # 创建一个窗体
mywindow.title(" 下拉列表框控件的应用 ") # 设置窗体的标题
mywindow.geometry("200x80")                     # 设置窗体的大小
# 下拉列表框的选择事件
def myselect(*args) :
    messagebox.showinfo(" 提示对话框 "," 您选择的是: %s" %mycom.
get())
    mylab.config(text=mycom.get())
# 下拉列表框及布局
mycom = ttk.Combobox(mywindow)
mycom["values"] = (" 李平 "," 张亮 "," 李红 "," 周涛 "," 王真 ")
mycom.current(0)
mycom.bind("<<ComboboxSelected>>",myselect)
mycom.pack()
# 标签控件及布局
mylab = tk.Label(mywindow,text=" 下拉列表框中选择的内容 ",font=
("Arial",12))
mylab.pack()
```

单击菜单栏中的“Run/Run Module”命令或按下键盘上的“F5”，就可以运行程序代码，单击下拉列表框右侧的下拉按钮，就会弹出下拉菜单，如图 11.16 所示。

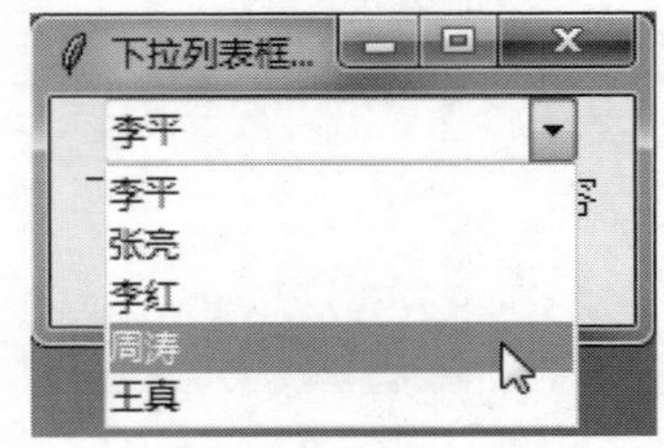

● 图 11.16　下拉列表框控件

在这里选择“周涛”，这时就会弹出提示对话框，如图 11.11 所示。单击“确定”按钮，这时程序效果如图 11.17 所示。

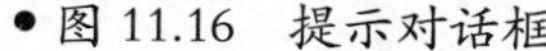

● 图 11.16　提示对话框

● 图 11.17　选择项会在标签控件上显示

11.3.8　多行文本框控件

多行文本框控件（Text）用于显示和处理多行文本。在 tkinter 的所有控件中，Text 控件显得异常强大和灵活，它适用于处理多任务，虽然该控件的主要目的是显示多行文本，但它常常被用于作为简单的文本编辑器使用。

多行文本框控件有几个常用的方法，具体如下：

insert(index,string)：表示向多行文本框中插入内容。index = x.y 的形式，x 表示行，y 表示列。例如，向第一行插入数据 insert(1.0,'hello world')。

delete(1.0,Tkinter.END)：表示删除多行文本框的内容，1.0 表示从第一行第一个开始删除，直到结束。

get(1.0,Tkinter.END)：表示获得多行文本框的所有内容。

单击“开始”菜单，打开 Python 3.7.2 Shell 软件，然后单击菜单栏中的“File/New File”命令，创建一个 Python 文件，并命名为“Python11-9.py”，然后输入如下代码：

```
import tkinter as tk                    #导入 tkinter 库，并重命名为 tk
from tkinter import  filedialog         #从 tkinter 库中导入 filedialog 模块
from tkinter import messagebox          #从 tkinter 库中导入 messagebox 模块
import os                                       #导入 os 标准库
mywindow = tk.Tk()                              #创建一个窗体
mywindow.title("多行文本框的应用")              #设置窗体的标题
mywindow.geometry("400x300")                    #设置窗体的大小
filename=""
```

```
    # 实现打开文件功能
    def myopen():
        global filename
        filename=filedialog.askopenfilename(defaultextension=".
txt")
        if filename=="":
            filename=None
        else:
            mywindow.title(" 记事本 "+os.path.basename(filename))
            mytext.delete(1.0,tk.END)
            f=open(filename,'r')
            mytext.insert(tk.INSERT,f.read())
            f.close()
    # 实现保存文件功能
    def mysave():
        global filename
          f=filedialog.asksaveasfilename(initialfile=" 未命名 .txt",
defaultextension=".txt")
        filename=f
        fh=open(f,'w')
        msg=mytext.get(1.0,tk.END)
        fh.write(msg)
        fh.close()
        mywindow.title(" 记事本 "+os.path.basename(f))
    # 按钮控件及布局
    myb1 = tk.Button(mywindow,text=" 打开 ",command = myopen)
    myb1.pack(side = tk.LEFT)
    myb2 = tk.Button(mywindow,text=" 保存 ", command = mysave )
    myb2.pack()
    # 文本框及布局
    mytext = tk.Text(mywindow)
    mytext.pack()
```

在上述代码中，首先导入所需的库，然后添加窗体，并在窗体上添加两个按钮和一个多行文本框。单击“打开”按钮，调用 myopen()，实现打开文件，并把文件中的内容显示到多行文本框中；单击“保存”按钮，调用 mysave()，实现保存文件功能。

单击菜单栏中的“Run/Run Module”命令或按下键盘上的“F5”，就可以运行程序代码，如图 11.18 所示。

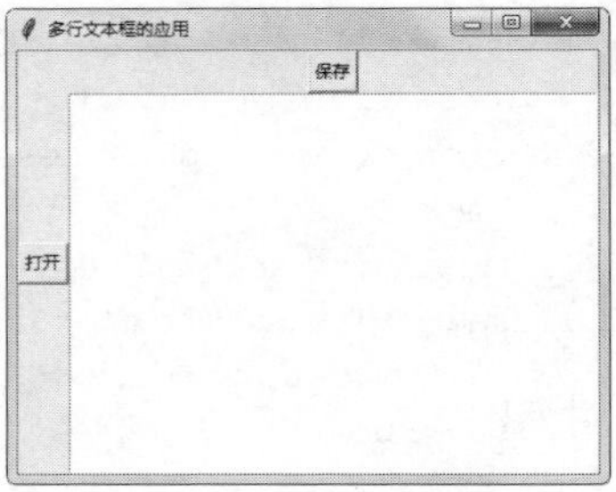

● 图 11.18　多行文本框控件

单击“打开”按钮，就会弹出“打开”对

话框，就可以选择要打开的文件，在这里要选择文本文件，如图 11.19 所示。

● 图 11.19　打开对话框

在这里选择“mytxt.txt”文件，然后单击“打开”按钮，这样就可以把文件中的内容显示到多行文本框中，如图 11.20 所示。

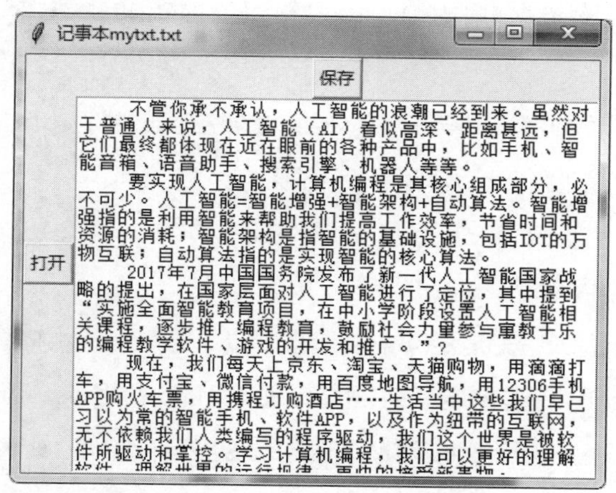

● 图 11.20　把文件中的内容显示到多行文本框中

注意，打开文件后，窗体的标题也改变了。在多行文本框中，你可以修改文本内容，修改后还可以保存文件。单击“保存”按钮，弹出“另存为”对话框，如图 11.21 所示。

选择保存位置和保存文件名后，单击“保存”按钮即可。

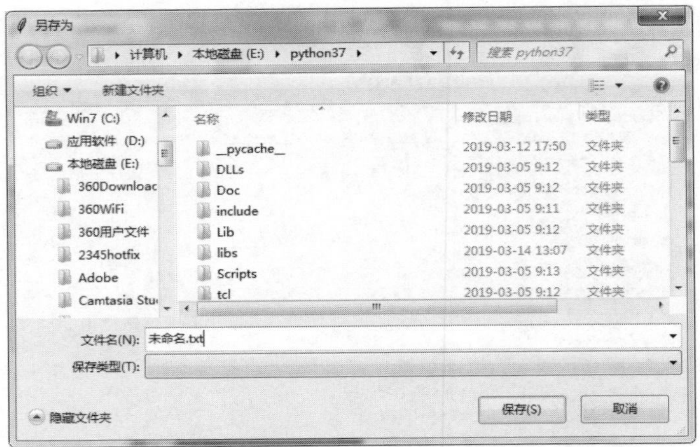

● 图 11.21　另存为对话框

11.3.9　刻度滑动条控件

刻度滑动条控件（Scale）是一种可供用户通过拖动指示器改变变量值的控件，这种控件可以水平放置，也可以竖直放置。

刻度滑动条控件的常用属性与标签控件几乎相同，但要注意以下几个属性。

from_：设置刻度滑动条的最小值。需要注意的是，form 由于本身就是一个关键字，所以要在其后紧跟一个下画线。

to：设置刻度滑动条的最大值。

length：设置刻度滑动条的长度。

resolution：设置刻度滑动条的最小单位，即每一个小格显示的精度。

tickinterval：设置刻度滑动条的的刻度，即每隔多少，显示一个数字。

showvalue：当滑动刻度滑动条时，是否显示当前值。0 表示“不显示”，1 表示“显示”。

orient：设置刻度滑动条的摆放是水平还是竖直，默认为竖直。HORIZONTAL 表示水平，VERTICAL 表示竖直。

command：刻度滑动条拖动时执行的命令（函数）。

单击“开始”菜单，打开 Python 3.7.2 Shell 软件，然后单击菜单栏中的

“File/New File”命令，创建一个 Python 文件，并命名为“Python11-10.py”，然后输入如下代码：

```
import tkinter as tk              # 导入 tkinter 库，并重命名为 tk
mywindow = tk.Tk()                # 创建一个窗体
mywindow.title(" 刻度滑动条控件 ")        # 设置窗体的标题
mywindow.geometry("300x200")            # 设置窗体的大小
# 刻度滑动条拖动时，调用 mysize() 函数
def mysize(ev=None) :
    mylab.config(font="Arial  %d bold" % myscale.get())
#Label 控件
mylab = tk.Label(mywindow, text=' 刻度滑动条控件 ', font="Arial 
10 bold")
# 当 expand 为 1 时，控件显示在父配件中心位置。fill 为 Y，表示填充 Y 方向
mylab.pack(fill=tk.Y, expand=1)
# 刻度滑动条，数值从 10 到 40，水平滑动，回调 resize 函数
myscale = tk.Scale(mywindow, from_=0, to=50, tickinterval
=5 ,resolution =0.1,orient=tk.HORIZONTAL ,command=mysize )
myscale.set(10)  # 设置初始值
#fill 为 X，表示填充 X 方向
myscale.pack(fill=tk.X, expand=1)
```

单击菜单栏中的“Run/Run Module”命令或按下键盘上的“F5”，就可以运行程序代码，如图 11.22 所示。

拖动刻度滑动条，就可以改变窗体中标签上文字的大小，如图 11.23 所示。

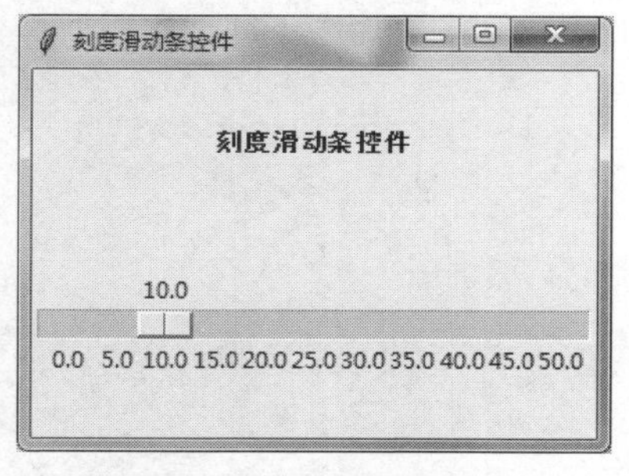

● 图 11.22　刻度滑动条控件

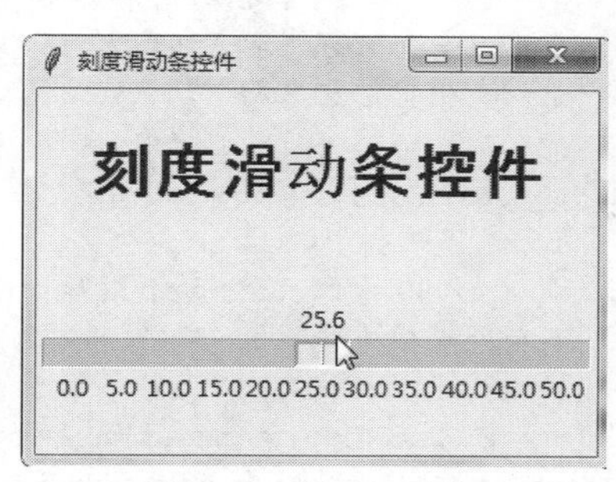

● 图 11.23　改变窗体中标签上文字的大小

11.3.10　滚动条控件

在 GUI 程序设计中，将滚动条控件（Scrollbar）与文本框、列表框一起使用，可以查看列表项目的数据，也可以进行数值输入。借助最大值和最小值的设置，并配合使用滚动条中的滚动块，就能读取用户指定的数据信息。

滚动条控件的常用属性与标签控件几乎相同，但要注意以下几个属性：

orient：设置滚动条控件的摆放是水平还是竖直，默认为竖直。HORIZONTAL 表示水平，VERTICAL 表示竖直。

command：滚动条拖动时执行的命令（函数）。

另外，还要注意滚动条控件的 set() 方法，该方法用来拖动滚动条的位置。

单击“开始”菜单，打开 Python 3.7.2 Shell 软件，然后单击菜单栏中的“File/New File”命令，创建一个 Python 文件，并命名为“Python11-11.py”，然后输入如下代码：

```
import tkinter as tk   # 导入 tkinter 库，并重命名为 tk
mywindow = tk.Tk()                          # 创建一个窗体
mywindow.title(" 列表框和滚动条的应用 ") # 设置窗体的标题
mywindow.geometry("180x120")            # 设置窗体的大小
# 自定义 show() 方地，显示双击项的内容
def showlist(event) :
    print(mylistbox.get(mylistbox.curselection()))
# 滚动条控件
mysc1 = tk.Scrollbar(mywindow)
mysc1.pack(side=tk.RIGHT,fill=tk.Y)
mysc2 = tk.Scrollbar(mywindow,orient=tk.HORIZONTAL)
mysc2.pack(side=tk.BOTTOM,fill=tk.X)
# 定义列表变量
mylist  =  [" 当前计算机编程语言很多，具体如下：","C++","Python",
"Java","C#","Julia","R","PHP","dephi","ASP","Go","Git"]
# 列表框控件及布局
mylistbox = tk.Listbox(mywindow,selectmode="extended" )
mylistbox.pack(side=tk.LEFT,fill=tk.BOTH)
for i  in mylist :
    mylistbox.insert("end",i)
# 与列表框关联
mylistbox.config(yscrollcommand=mysc1.set)
mysc1.config(command=mylistbox.yview)
mylistbox.config(xscrollcommand
=mysc2.set)
mysc2.config(command=mylistbox.xview)
# 为列表框绑定事件
mylistbox.bind("<Double-Button-
1>",showlist)
```

单击菜单栏中的“Run/Run Module”命令或按下键盘上的“F5”，就可以运行程序代码，如图 11.24 所示。

● 图 11.24　滚动条控件

拖动水平滚动条，就可以看到列表框中水平方向看不到的数据信息；拖动竖直滚动条，就可以看到垂直方向看不到的数据信息，如图 11.25 所示。

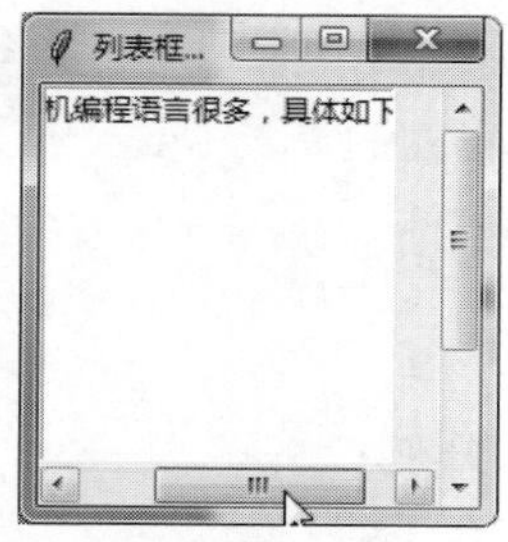

（a）查看水平方向看不到的数据信息

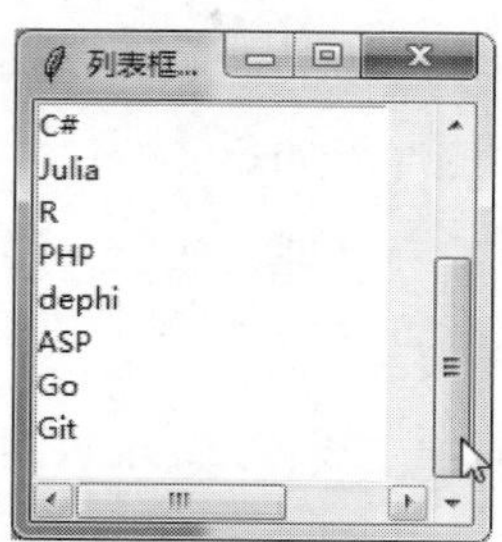

（b）查看垂直方向看不到的数据信息

● 图 11.25　利用滚动条查看列表框中看不到的数据信息

双击列表框中的不同选项，就会显示所选的内容信息，如图 11.26 所示。

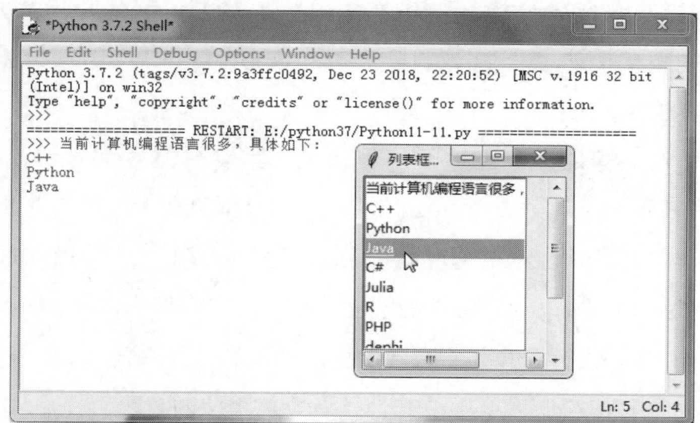

● 图 11.26　双击显示列表框中的数据信息

11.4　几何管理对象

所有的 tkinter 控件都包含专用的几何管理方法，这些方法是用来组织和管理整个父配件区中子配件的布局的。tkinter 提供了截然不同的三种几何管理对象，分别是 pack、grid 和 place。

11.4.1 pack 对象

pack 对象采用块的方式组织配件，在快速生成界面设计中被广泛采用。若干控件简单的布局，采用 pack 的代码量最少。pack 对象根据控件创建生成的顺序将控件添加到父控件中去。通过设置相同的锚点（anchor）可以将一组配件紧挨一个地方放置，如果不指定任何选项，默认在父窗体中自上而下添加控件。

pack 对象主要通过 pack() 方法实现控件的布局，其语法格式如下：

```
控件 .pack(选项 1，选项 2……)
```

pack() 方法提供的参数选项及意义，具体如下：

expand：当值为 1 时，表示控件显示在父配件的中心位置。如果这时 fill 为 X，则在 X 方向填充父配件的剩余空间；如果这时 fill 为 Y，则在 Y 方向填充父配件的剩余空间；如果这时 fill 为 BOTH，则在 X 和 Y 方向都填充父配件的剩余空间。需要注意的是，当 expand 为 1 时，size 参数是无效的。Expand 参数默认为 0。

side：定义停靠在父配件的那一边上，其参数值分别为 top（上）、bottom（下）、left（左）、right（右），其中默认值为 top（上）。

fill：填充父配件的 X、Y 方向。如果 side 为 top 或 botton，填充方向为 X；如果 side 为 left 或 right，则填充方向为 Y。

ipadx：用来设置控件的 x 方向大小，默认单位为像素。

ipady：用来设置控件的 y 方向大小，默认单位为像素。

padx：用来设置控件外部的 x 方向大小，默认单位为像素。

pady：用来设置控件外部的 y 方向大小，默认单位为像素。

anchor：锚选项，当可用空间大于所需求的尺寸时，决定组件被放置于容器的何处。anchor 其值分别为 n（north，即北）、s（south，即南）、w（west，即西）、e（east，即东）、nw（西北）、sw（西南）、ne（东北）、se（东南）、center（中间），默认为 center。

11.4.2 grid 对象

grid 对象采用类似表格的结构组织控件，使用起来非常灵活，用其设计对话框和带有滚动条的窗体效果最好。grid 对象采用行列确定位置，行列交汇处为一个单元格。每一列中，列宽由这一列中最宽的单元格确定。每一行中，行高由这一行中最高的单元格决定。组件并不是充满整个单元格的，可以指定单元格中剩余空间的使用。可以空出这些空间，也可以在水平或竖直或两个方向上填满这些空间。还可以连接若干个单元格为一个更大空间，这一操作被称作跨越。

grid 对象主要通过 grid() 方法实现控件的布局，其语法格式如下：

```
控件 . grid(选项 1, 选项 2……)
```

grid() 方法提供的参数选项及意义，具体如下：

column：组件设置单元格的列号，起始默认值为 0。

columnspan：从组件设置单元格算起在列方向上的跨度。

ipadx：用来设置控件的 x 方向大小，默认单位为像素。

ipady：用来设置控件的 y 方向大小，默认单位为像素。

padx：用来设置控件外部的 x 方向大小，默认单位为像素。

pady：用来设置控件外部的 y 方向大小，默认单位为像素。

row：组件设置单元格的行号，起始默认值为 0。

rowspan：从组件设置单元格算起在行方向上的跨度。

sticky：组件紧靠所在单元格的某一边角，其值分别为 n（north，即北）、s（south，即南）、w（west，即西）、e（east，即东）、nw（西北）、sw（西南）、ne（东北）、se（东南）、center（中间），默认为 center。

11.4.3 place 对象

place 对象可以显示控件的绝对位置或相对于其他控件的位置，是一种最简单、最灵活的一种布局。但是不太推荐使用，因为在不同的分辨率下，界面往往有较大差异。

place 对象主要通过 place () 方法实现控件的布局，其语法格式如下：

```
控件 .place(选项 1, 选项 2……)
```

place () 方法提供的参数选项及意义，具体如下：

anchor：锚选项，与 pack 对象用法相同，这里不再多说。

x：控件左上角的 x 坐标值。

y：控件左上角的 y 坐标值。

width：控件的宽度。

height：控件的高度。

relx：控件相对于父配件的 x 坐标值。

rely：控件相对于父配件的 y 坐标值。

relwidth：控件相对于父配件的宽度。

relheight：控件相对于父配件的高度。

11.4.4 实例：Window 窗体登录系统

单击“开始”菜单，打开 Python 3.7.2 Shell 软件，然后单击菜单栏中的“File/New File”命令，创建一个 Python 文件，并命名为“Python11-12.py”，然后输入如下代码：

```
import tkinter as tk            # 导入 tkinter 库，并重命名为 tk
from  tkinter import messagebox        # 导入 messagebox 模块
mywindow = tk.Tk()                     # 创建一个窗体
mywindow.title("Window 窗体登录系统 ") # 设置窗体的标题
mywindow.geometry("200x120")           # 设置窗体的大小
def my1click() :
    myn = myen1.get()
    myp = myen2.get()
    if myn == "" or myp == "" :
        messagebox.showinfo(" 提示对话框 "," 对不起，姓名或密码不
能为空！ ")
    elif myn == " 周涛 "   :
        if  myp == "123456" :
            messagebox.showinfo(" 提示对话框 "," 姓名和密码，都
正确，可以成功登录！ ")
        else :
            messagebox.showinfo(" 提示对话框 "," 密码不正确，请
重新输入密码！ ")
    else :
        messagebox.showinfo(" 提示对话框 "," 姓名不都正确，请重新
输入姓名！ ")
def my2click() :
    kk.set("")
    tt.set("")
#Label 控件及布局
```

```
mylab1 = tk.Label(mywindow,text="登录系统",font="Airal 18 bold")
mylab1.grid(row=0,column=0,columnspan=2)
mylab2 = tk.Label(mywindow,text="姓名: ")
mylab2.grid(row=2,column=0,sticky="w")
kk =tk.StringVar()
myen1 = tk.Entry(mywindow,text="",textvariable=kk)
myen1.grid(row=2,column=1,sticky="w")
mylab3 = tk.Label(mywindow,text="密码: ")
mylab3.grid(row=3,column=0,sticky="w")
tt =tk.StringVar()
myen2 = tk.Entry(mywindow,text="",show="*",
textvariable=tt)
myen2.grid(row=3,column=1,sticky="w")
# 按钮控件的布局
mybut1 =tk.Button(mywindow,text="登录", command= my1click)
mybut1.grid(row=4,column=0,ipadx=15)
mybut1 =tk.Button(mywindow,text="清空", command= my2click)
mybut1.grid(row=4,column=1,ipadx=15 )
```

在这里首先导入 tkinter 库和 messagebox 模块，然后创建窗体、三个标签、两个输入文本框、两个按钮。

在这里是利用 grid() 方法进行控件布局。另外单击“登录”和“取消”两个按钮，分别调用不同的自定义函数，从而实现登录判断功能。

单击菜单栏中的“Run/Run Module”命令或按下键盘上的“F5”，就可以运行程序代码，如图 11.27 所示。

如果不输入姓名或不输入密码，就单击“登录”按钮，就会弹出如图 11.28 所示的提示对话框。

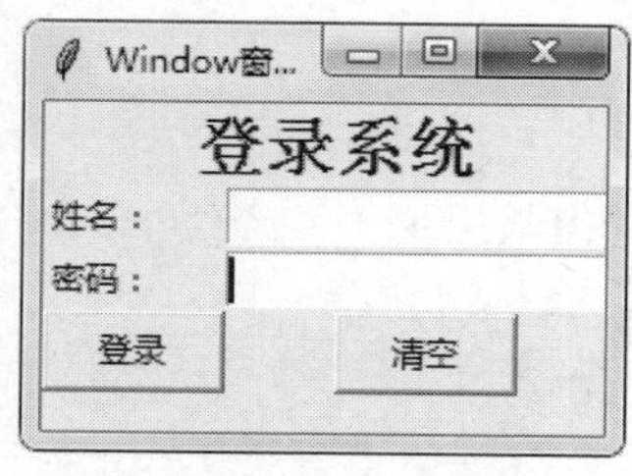

● 图 11.27 程序运行效果

● 图 11.28 姓名或密码不能为空提示对话框

如果姓名填写的不是“周涛”，就弹出提示对话框，显示“姓名不都正确，请重新输入姓名！”，如图 11.29 所示。

如果姓名填写的是“周涛”，而密码输入的不是“123456”，就弹出提示对话框，显示“密码不正确，请重新输入密码！”，如图 11.30 所示。

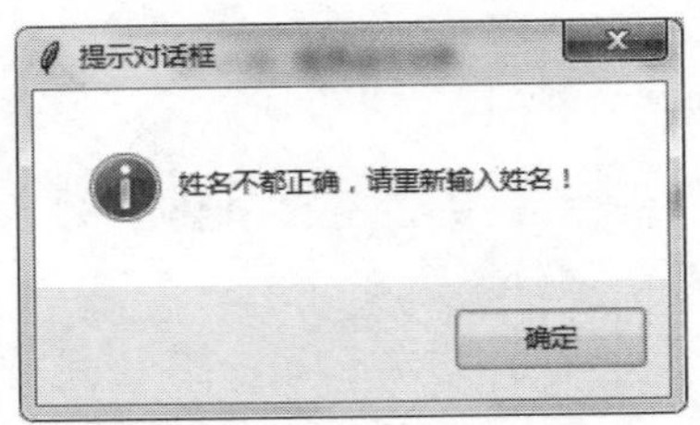

● 图 11.29 姓名不都正确提示对话框

● 图 11.30 密码不正确提示对话框

如果姓名为“周涛”，密码为“123456”，就弹出提示对话框，显示“姓名和密码，都正确，可以成功登录！”，如图 11.31 所示。

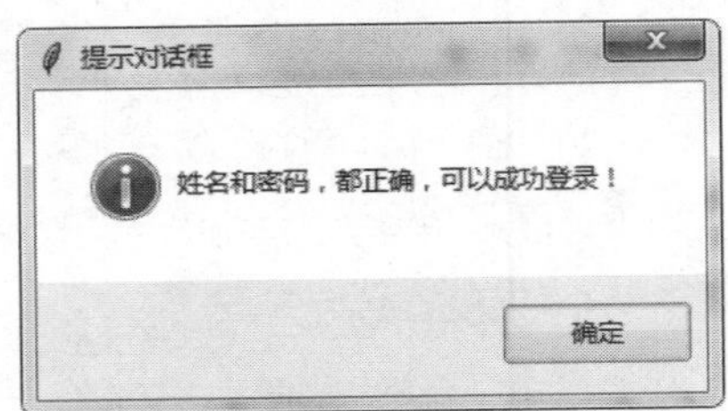

● 图 11.31 姓名和密码都正确提示对话框

单击“清空”按钮，可以清空“姓名”和“密码”文本框中的内容，便于用户重新输入。

11.5 窗体菜单

菜单是将系统可以执行的命令以阶层的方式显示出来，一般位于标题栏下方。在 Python 中是利用 Menu 对象来创建的。

11.5.1 Menu 对象的方法与属性

创建 Menu 对象后，就可以利用 add_command() 方法添加菜单项。需要注意的是，如果添加的菜单还有子菜单，就需要利用 add_cascade() 方法来添加菜单项。如果添加分割线，就需要使用 add_separator() 方法。

如果添加复选框式菜单，就需要利用 add_checkbutton() 方法来添加菜单项。如果添加单选按钮式菜单，就需要利用 add_radiobutton() 方法来添加菜单项。

另外，需要注意的是，要在窗体中显示菜单，还要将窗体的 menu 属性设置为顶级菜单项。

Menu 对象（窗体菜单）的常用属性如下：

label：用来设置菜单命令的显示名称。

command：单击时执行的命令（函数）。

menu：创建下一级子菜单的变量名。

accelector：创建菜单命令的快捷键。

state：设置菜单命令的状态，如果其值为 disabled，表示菜单命令不可用；如果其值为 normal，表示菜单命令可用。

11.5.2 实例：为窗体添加菜单

单击“开始”菜单，打开 Python 3.7.2 Shell 软件，然后单击菜单栏中的“File/New File”命令，创建一个 Python 文件，并命名为“Python11-13.py”，然后输入如下代码：

```
import tkinter as tk                # 导入 tkinter 库，并重命名为 tk
mywindow = tk.Tk()                  # 创建一个窗体
mywindow.title(" 菜单的应用 ")      # 设置窗体的标题
mywindow.geometry("400x300")        # 设置窗体的大小
# 多行文本框及布局
mytext = tk.Text(mywindow,undo=True)
mytext.pack(expand=1,fill=tk.BOTH)
# 添加文件子菜单的下一级菜单
savemenu = tk.Menu(mywindow)
savemenu.add_command(label=" 另存为 ")
# 添加文件子菜单
filemenu = tk.Menu(mywindow)
filemenu.add_command(label=" 新建 ")
filemenu.add_checkbutton(label=" 打开 ")
filemenu.add_cascade(label=" 保存 ", menu=savemenu)
filemenu.add_separator()
filemenu.add_radiobutton(label=" 页面设置 ",state=tk.DISABLED)
filemenu.add_separator()
filemenu.add_radiobutton(label=" 退出 ")
```

```
#添加编辑子菜单
editmenu = tk.Menu(mywindow)
editmenu.add_command(label=" 撤销 ")
editmenu.add_separator()
editmenu.add_radiobutton(label=" 剪切 ")
editmenu.add_radiobutton(label=" 复制 ")
editmenu.add_command(label=" 粘贴 ")
editmenu.add_command(label=" 删除 ")
editmenu.add_separator()
editmenu.add_checkbutton(label=" 全选 ")
#添加顶级菜单
mymenu = tk.Menu(mywindow)
mymenu.add_cascade(label=" 文件 ",menu=filemenu )
mymenu.add_cascade(label=" 编辑 ",menu=editmenu )
mymenu.add_cascade(label=" 格式 ")
mymenu.add_cascade(label=" 查看 ")
mymenu.add_cascade(label=" 帮助 ")
#把顶级菜单添加到窗体中
mywindow["menu"] = mymenu
```

首先导入 tkinter 库并重命名为 tk，然后创建窗体并在窗体中添加一个多行文本框。接着添加菜单，要添加菜单，首先应创建 Menu 对象。需要注意的是，如果创建的菜单有下一级子菜单，需要使用 add_cascade() 方法；如果没有下一级子菜单，可以使用 add_command() 方法、add_radiobutton() 方法或 add_checkbutton() 方法。

单击菜单栏中的“Run/Run Module”命令或按下键盘上的“F5”，就可以运行程序代码，就可以看到窗体菜单。单击“文件”菜单会弹出下拉菜单，鼠标指向“保存”，还会再弹出下一级子菜单，如图 11.32 所示。

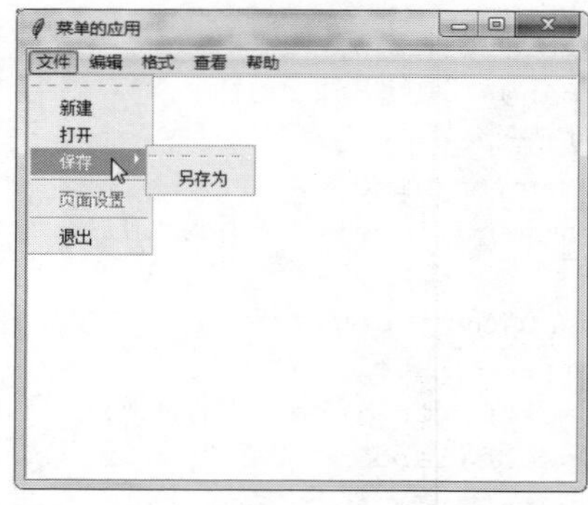

● 图 11.32　窗体菜单

在这里还要注意，“页面设置”菜单命令不可用，原因是 state=tk.

DISABLED。

另外还要注意，利用 add_radiobutton() 方法创建的多个菜单命令，只会有一个菜单命令有“√”号。利用 add_checkbutton() 方法创建的菜单命令，如果命令前没有“√”号，单击该命令后就会添加“√”号；如果命令前有“√”号，单击该命令后“√”号就会消失。

11.5.3　实例：添加右键菜单

需要注意的是，添加右键菜单，是指为多行文本框添加右键菜单，即在多行文本框中的任何一个位置右击，就会弹出右键菜单命令。

在 mywindow[“menu”] = mymenu 这行代码的上方，添加如下代码：

```
mytext.bind("<Button-3>",mypopup)
```

这里添加了多行文本框的绑定事件，即右击，调用自定义的 mypopup() 函数。下面来自定义 mypopup() 函数，具体代码如下：

```
def mypopup(event):
    editmenu.tk_popup(event.x_root,event.y_root)
```

需要注意自定义 mypopup() 函数，一定要放在创建的菜单命令前。在这里放到 mywindow.geometry("400x300") 后面。

单击菜单栏中的“Run/Run Module”命令或按下键盘上的“F5”，就可以运行程序代码，鼠标放在多行文本框中，右击，就会弹出右键菜单命令，如图 11.33 所示。

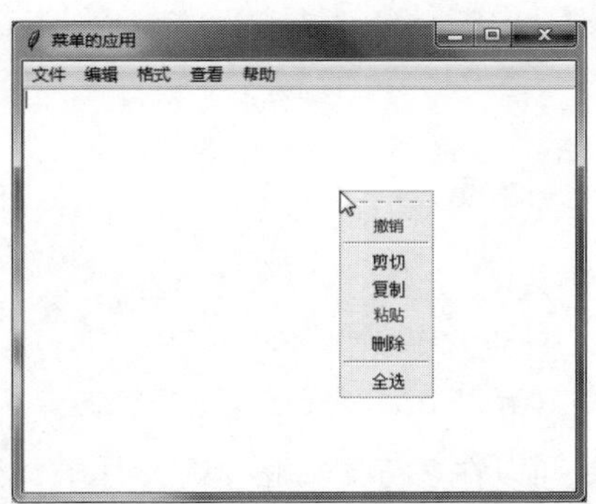

● 图 11.33　添加右键菜单

11.5.4 实例：添加菜单命令

下面为“编辑”中的“撤销”命令，先添加两个属性，具体代码如下：

```
editmenu.add_command(label="撤销",accelerator="Ctrl+Z", command=undo)
```

accelerator 属性的功能，是为“撤销”菜单命令添加快捷键。command 是为“撤销”菜单命令添加单击时执行的命令（函数）。

下面编写 undo() 自定义函数，具体代码如下：

```
def undo():
    global mytext
    mytext.event_generate("<<Undo>>")
```

上述代码放到 undo() 自定义函数后面。

同理，为“编辑”中的“剪切”、“复制”、“粘贴”命令，先添加两个属性，具体代码如下：

```
editmenu.add_radiobutton(label="剪切",accelerator="Ctrl+X", command=cut)
editmenu.add_radiobutton(label="复制",accelerator="Ctrl+C", command=copy)
editmenu.add_command(label="粘贴",accelerator="Ctrl+V", command=paste)
```

下面编写 cut ()、copy()、paste() 自定义函数，具体代码如下：

```
#剪切菜单命令执行的函数
def cut():
    global mytext
    mytext.event_generate("<<Cut>>")
#复制菜单命令执行的函数
def copy():
    global mytext
    mytext.event_generate("<<Copy>>")
#粘贴菜单命令执行的函数
def paste():
    global mytext
    mytext.event_generate("<<Paste>>")
```

单击菜单栏中的“Run/Run Module”命令或按下键盘上的“F5”，就可以运行程序代码，就可以在多行文本框中输入内容，然后进行剪切、复制、粘贴、撤销操作，如图 11.34 所示。

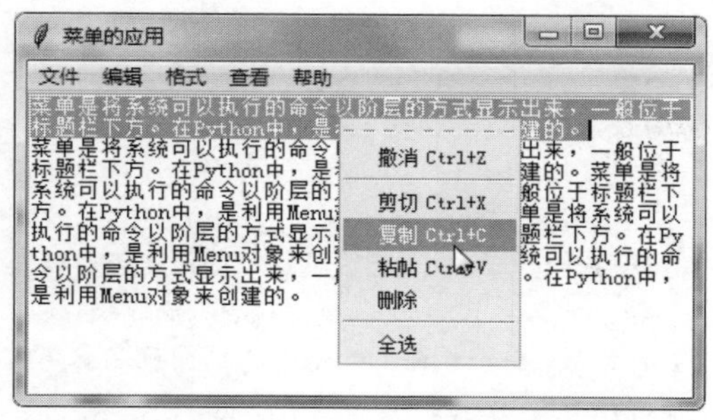

● 图 11.34　添加菜单命令

11.6　常用对话框

在 Python 中，Tkinter 库提供 4 种标准的对话框模式，分别是 messagebox、filedialog、simpledialog、colorchooser，下面分别讲解一下。

11.6.1　messagebox 对话框

利用 messagebox 对象创建的对话框，称为消息对话框。通过消息对话框对用户进行警告，或让用户选择下一步如何操作。消息对话框包括很多类型，常用的有 info、warning、error、yeno、okcancel 等，包含不同的图标、按钮以及弹出提示声音。

单击“开始”菜单，打开 Python 3.7.2 Shell 软件，然后单击菜单栏中的“File/New File”命令，创建一个 Python 文件，并命名为“Python11-14.py”。

首先导入 tkinter 库并重命名为 tk，然后创建窗体并设置窗体属性，具体代码如下：

```
import tkinter as tk                #导入tkinter库，并重命名为tk
mywindow = tk.Tk()                        #创建一个窗体
mywindow.title("messagebox对话框")    #设置窗体的标题
mywindow.geometry("260x320")          #设置窗体的大小
```

接下来向窗体中添加 7 个按钮，具体代码如下：

```
mybut1 =tk.Button(mywindow,text="显示信息对话框")
```

```
mybut1.pack(expand=1,fill=tk.X, ipady=6)
mybut2 =tk.Button(mywindow,text=" 显示警告对话框 ")
mybut2.pack(expand=1,fill=tk.X, ipady=6)
mybut3 =tk.Button(mywindow,text=" 显示错误对话框 ")
mybut3.pack(expand=1,fill=tk.X, ipady=6)
mybut4 =tk.Button(mywindow,text=" 询问是否对话框 ")
mybut4.pack(expand=1,fill=tk.X, ipady=6)
mybut5 =tk.Button(mywindow,text=" 询问确定取消对话框 ")
mybut5.pack(expand=1,fill=tk.X, ipady=6)
mybut6 =tk.Button(mywindow,text=" 询问问题对话框 ")
mybut6.pack(expand=1,fill=tk.X, ipady=6)
mybut7 =tk.Button(mywindow,text=" 询问再试取消对话框 ")
mybut7.pack(expand=1,fill=tk.X, ipady=6)
```

单击菜单栏中的“Run/Run Module”命令或按下键盘上的“F5”，就可以运行程序代码，效果如图 11.35 所示。

这时单击窗体上的按钮，是没有任何反应的。接下来为各个按钮添加 command 属性是指定该按钮单击时执行的命令（函数）。

为“显示信息对话框”按钮添加 command 属性，具体代码如下：

```
mybut1 =tk.Button(mywindow,text=" 显示信息对话框 ",command= showinfo)
```

这样，当单击“显示信息对话框”按钮，就会调用 showinfo() 函数。

因为要在 showinfo() 函数用到 messagebox 对象，所以要先导入该对象，具体方法是，在 import tkinter as tk 后面，添加如下代码：

```
from  tkinter  import messagebox    # 导入 messagebox 模块
```

接下来就可以编写 showinfo() 函数，具体代码如下：

```
def showinfo() :
    mya = messagebox.showinfo(" 显示信息对话框 "," 你单击了我！ ")
    print(" 显示信息对话框的返回值是： ",mya)
```

需要注意的是，该代码一定要放在创建的 7 个按钮代码之前。

下面来看一下效果。单击菜单栏中的“Run/Run Module”命令或按下键盘上的“F5”，就可以运行程序代码，然后单击“显示信息对话框”按钮，就会弹出显示信息对话框，如图 11.36 所示。

单击对话框中的“确定”，就会关闭显示信息对话框，这时就可以看到返回值，其返回值是 ok，如图 11.37 所示。

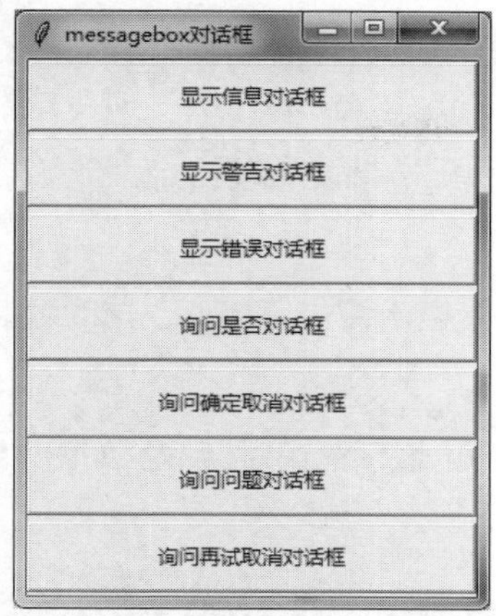

● 图 11.35　窗体及 7 个按钮

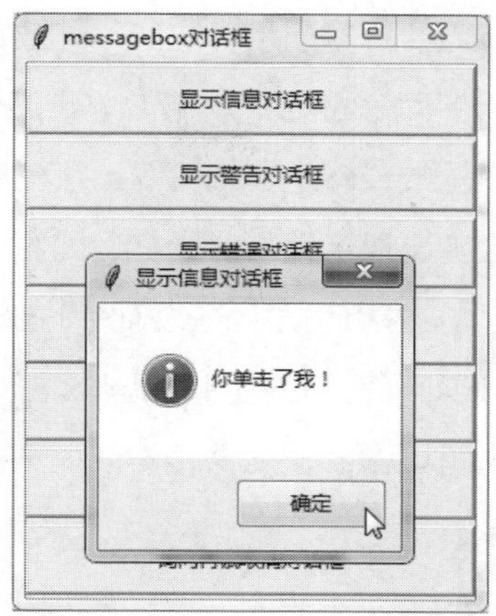

● 图 11.36　显示信息对话框

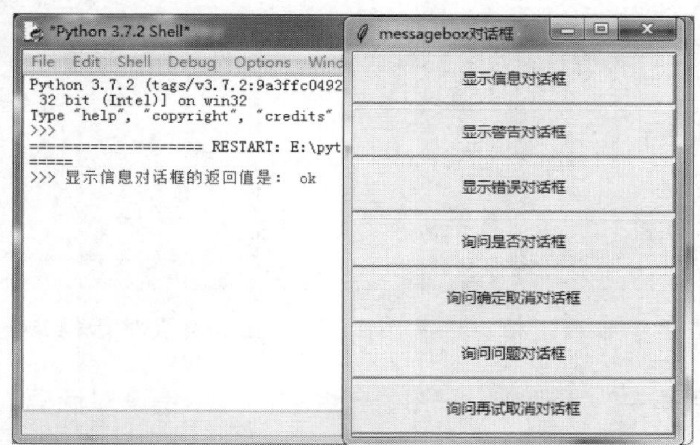

● 图 11.37　显示信息对话框的返回值

同理，为“显示警告对话框”、“显示错误对话框”添加 command 属性，具体代码如下：

```
mybut2 =tk.Button(mywindow,text="显示警告对话框",command= showwarning)
mybut3 =tk.Button(mywindow,text="显示错误对话框",command= showerror)
```

接下来分别编写 showwarning() 函数和 showerror() 函数，具体代码如下：

```
def showwarning() :
    myb = messagebox.showwarning("显示警告对话框","警告信息！ ")
    print("显示警告对话框的返回值是：",myb)
def showerror() :
    myc = messagebox.showerror("显示错误对话框","错误信息！ ")
    print("显示错误对话框的返回值是：",myc)
```

需要注意的是，这些代码放在 showinfo() 函数后面。

下面来看一下效果。单击菜单栏中的“Run/Run Module”命令或按下键盘上的“F5”，就可以运行程序代码，然后单击“显示警告对话框”按钮，就会弹出显示警告对话框，如图 11.38 所示。

单击对话框中的“确定”按钮，就会关闭显示警告对话框，这时就可以看到返回值，其返回值是 ok。

再单击“显示警告对话框”按钮，就会弹出显示错误对话框，如图 11.39 所示。

● 图 11.38　显示警告对话框

● 图 11.39　显示错误对话框及返回值

单击对话框中的“确定”按钮，就会关闭显示错误对话框，这时就可以看到返回值，其返回值是 ok。

同理，为“询问是否对话框”添加 command 属性，具体代码如下：

```
mybut4 =tk.Button(mywindow,text=" 询问是否对话框 ",command= askyesno)
```

接下来分别编写 askyesno () 函数，具体代码如下：

```
def askyesno() :
    myd = messagebox.askyesno(" 询问是否对话框 "," 是否信息！ ")
    if myd :
        print(" 你单击了 " 是 " 按钮，返回值是： ",myd )
    else :
        print(" 你单击了 " 否 " 按钮，返回值是： ",myd)
```

需要注意的是，这些代码放在 showerror() 函数后面。

下面来看一下效果。单击菜单栏中的“Run/Run Module”命令或按下键盘上的“F5”，就可以运行程序代码，然后单击“询问是否对话框”按钮，就会弹出询问是否对话框。单击“是”按钮，就会返回“你单击了是按钮，返回值是：True”；如果单击的是“否”按钮，就会返回“你单击了否按钮，返回值是：False”，如图 11.40 所示。

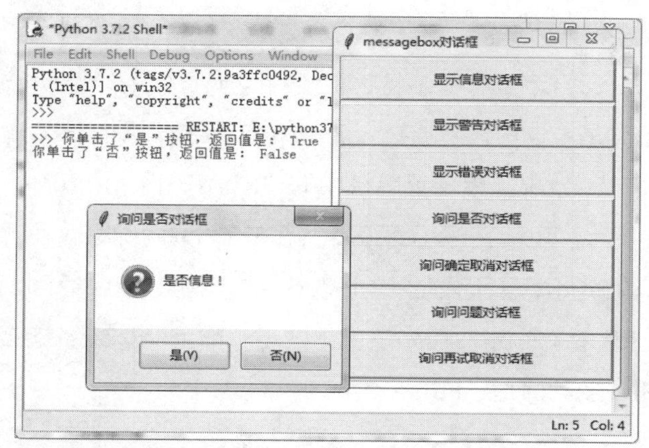

• 图 11.40 询问是否对话框及返回值

同理，为“询问确定取消对话框”、“询问问题对话框”、“询问再试取消对话框”添加 command 属性，具体代码如下：

```
mybut5 =tk.Button(mywindow,text="询问确定取消对话框",command= askok-
cancel)
mybut6 =tk.Button(mywindow,text="询问问题对话框",command= ask-
question )
mybut7 =tk.Button(mywindow,text="询问再试取消对话框",command= askretry-
cancel)
```

接下来分别编写 askokcancel () 函数、askquestion () 函数、askretr ycancel() 函数，具体代码如下：

```
def askokcancel() :
    mye = messagebox.askokcancel("询问确定取消对话框","确定取
消信息！ ")
    if mye :
        print("你单击了"确定"按钮，返回值是：",mye)
    else :
        print("你单击了"取消"按钮，返回值是：",mye)
def askquestion() :
    myf = messagebox.askquestion("询问问题对话框","询问问题！ ")
    if myf :
        print("你单击了"是"按钮，返回值是：",myf )
    else :
```

```
            print("你单击了"否"按钮，返回值是：",myf)
    def askretrycancel() :
        myg = messagebox.askretrycancel("询问再试取消对话框","再试取消消息！")
        if myg :
            print("你单击了"重试"按钮，返回值是：",myg )
        else :
            print("你单击了"取消"按钮，返回值是：",myg )
```

需要注意的是，这些代码放在 askyesno () 函数后面。

下面来看一下效果。单击菜单栏中的“Run/Run Module”命令或按下键盘上的“F5”，就可以运行程序代码，然后单击“询问确定取消对话框”按钮，就会弹出询问确定取消对话框。单击“确定”按钮，就会返回“你单击了确定按钮，返回值是：True”；如果单击的是“取消”按钮，就会返回“你单击了取消按钮，返回值是：False”，如图 11.41 所示。

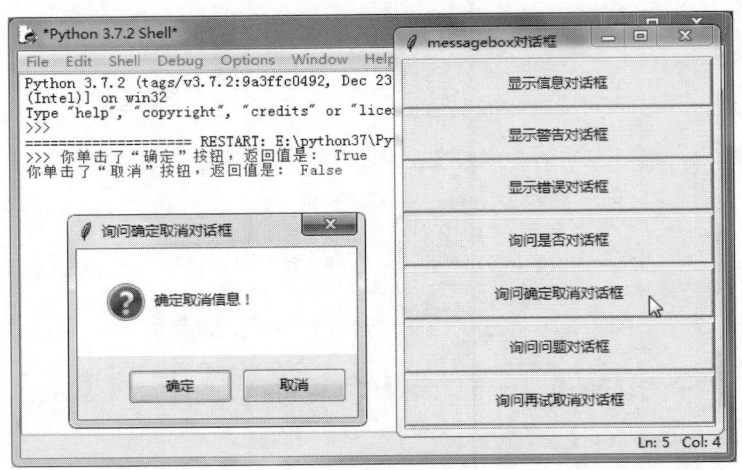

● 图 11.41　询问确定取消对话框及返回值

单击“询问问题对话框”按钮，就会弹出询问问题对话框。单击“是”按钮，就会返回“你单击了是按钮，返回值是：True”；如果单击的是“否”按钮，就会返回“你单击了否按钮，返回值是：False”，如图 11.42 所示。

单击“询问再试取消对话框”按钮，就会弹出询问再试取消对话框。单击“重试”按钮，就会返回“你单击了重试按钮，返回值是：True”；如果单击的是“取消”按钮，就会返回“你单击了取消按钮，返回值是：False”，如

图 11.43 所示。

● 图 11.42　询问问题对话框及返回值

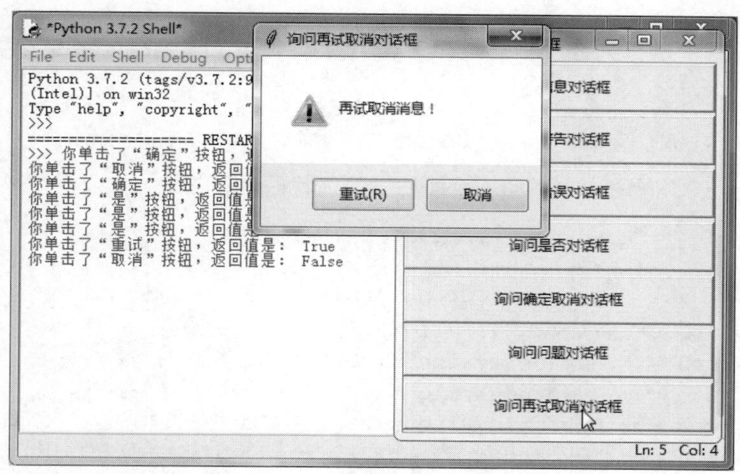

● 图 11.43　询问再试取消对话框及返回值

11.6.2　filedialog 对话框

利用 filedialog 对象可以让用户直观地选择一个或者多个文件或者保存文件等操作。

filedialog 对象的常用方法如下：

askopenfilename() 方法：以对话框的方式打开一个文件，返回值是绝对路径及文件名。

askopenfilenames() 方法：以对话框的方式打开多个文件，返回值是一个元组，在元组中多个文件的绝对路径及文件名。

asksaveasfilename() 方法：以对话框的方式保存多个文件，返回值是绝对路径及保存的文件名。

askdirectory() 方法：以对话框的方式打开文件夹，返回值是文件夹的路径及名称。

单击“开始”菜单，打开 Python 3.7.2 Shell 软件，然后单击菜单栏中的“File/New File”命令，创建一个 Python 文件，并命名为“Python11-15.py”。

首先导入 tkinter 库并重命名为 tk，然后创建窗体并设置窗体属性，具体代码如下：

```
import tkinter as tk            # 导入 tkinter 库，并重命名为 tk
mywindow = tk.Tk()              # 创建一个窗体
mywindow.title("filedialog 对话框 ")    # 设置窗体的标题
mywindow.geometry("250x200")          # 设置窗体的大小
```

接下来，向窗体中添加 4 个按钮，具体代码如下：

```
mybut1 =tk.Button(mywindow,text=" 打开文件 ")
mybut1.pack(expand=1,fill=tk.X, ipady=6)
mybut2 =tk.Button(mywindow,text=" 打开多个文件 ")
mybut2.pack(expand=1,fill=tk.X, ipady=6)
mybut3 =tk.Button(mywindow,text=" 保存文件 ")
mybut3.pack(expand=1,fill=tk.X, ipady=6)
mybut4 =tk.Button(mywindow,text=" 打开文件夹 ")
mybut4.pack(expand=1,fill=tk.X, ipady=6)
```

单击菜单栏中的“Run/Run Module”命令或按下键盘上的“F5”，就可以运行程序代码，效果如图 11.44 所示。

● 图 11.44　窗体及 4 个按钮

这时单击窗体上的按钮，是没有任何反应的。接下来为各个按钮添加 command 属性是指定该按钮单击时执行的命令（函数）。

为“打开文件”按钮添加 command 属性，

具体代码如下：

```
mybut1 =tk.Button(mywindow,text=" 打开文件 ",command=myopen )
```

这样，当单击“打开文件”按钮，就会调用 myopen() 函数。

因为要在 myopen () 函数用到 filedialog 对象和 messagebox 对象，所以要先导入这两个对象，具体方法是，在 import tkinter as tk 后面添加如下代码：

```
from tkinter import  filedialog   #从 tkinter 库中导入 filedialog 模块
from  tkinter  import messagebox    # 导入 messagebox 模块
```

接下来就可以编写 myopen () 函数，具体代码如下：

```
def myopen() :
    mya = filedialog.askopenfilename()
     messagebox.showinfo(" 提示对话框 "," 打开文件的路径是: %s" %mya)
```

需要注意的是，该代码一定要放在创建的 4 个按钮代码之前。

下面来看一下效果。单击菜单栏中的“Run/Run Module”命令或按下键盘上的“F5”，就可以运行程序代码，然后单击“打开文件”按钮，就会弹出“打开”对话框，如图 11.45 所示。

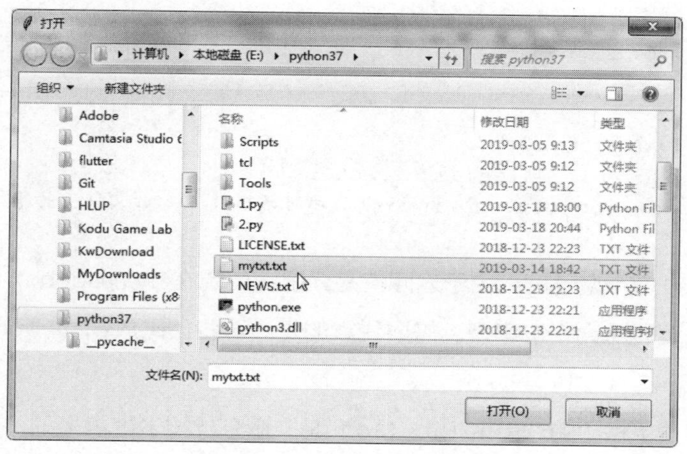

● 图 11.45　打开对话框

在这里选择的是“mytxt.txt”，然后单击“打开”按钮，就会弹出提示对话框，就可以看到打开文件的绝对路径信息，如图 11.46 所示。

• 图 11.46　提示对话框

同理，为“打开多个文件”、“保存文件”、“ 打开文件夹”添加 command 属性，具体代码如下：

```
mybut2 =tk.Button(mywindow,text=" 打开多个文件 ",command= myopens)
mybut3 =tk.Button(mywindow,text=" 保存文件 ",command=mysave)
mybut4 =tk.Button(mywindow,text=" 打开文件夹 ",command= mydirectory)
```

接下来分别编写 yopens () 函数、mysave() 函数、mydirectory() 函数，具体代码如下：

```
def myopens() :
    myb = filedialog.askopenfilenames()
     messagebox.showinfo(" 提示对话框 "," 打开文件的个数是: %d,
这些文件的路径是: %s" %(len(myb),str(myb)))

def mysave() :
    myc = filedialog.asksaveasfilename()
     messagebox.showinfo(" 提示对话框 "," 保存文件的路径是: %s"
%myc)

def mydirectory() :
    myd =filedialog.askdirectory()
     messagebox.showinfo(" 提示对话框 "," 打开文件夹的路径是: %s"
%myd)
```

在打开多个文件时，由于返回值是元组，要想在 messagebox 对话框中显示，先要转化为字符串型。需要注意的是，这些代码放在 myopen () 函数后面。

单击菜单栏中的“Run/Run Module”命令或按下键盘上的“F5”，就可以运行程序代码，然后单击“打开多个文件”按钮，弹出“打开”对话框，就可以同时选择多个文件，如图 11.47 所示。

在这里按下键盘上的“Shift”键，同时选择 4 个文件，文件名分别为“Python11-1.py”、“ Python11-2.py”、“ Python11-3.py”、

“Python11-4.py”，然后单击“打开”按钮，这时就会弹出提示对话框，显示打开的文件个数及这些文件的绝对路径，如图 11.48 所示。

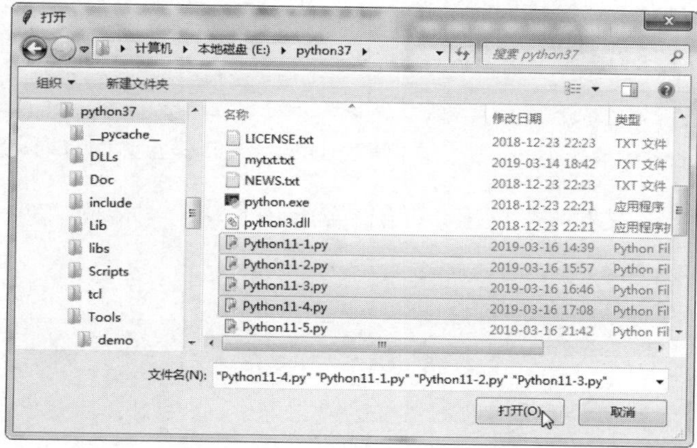

● 图 11.47　打开对话框

● 图 11.48　显示打开的文件个数及这些文件的绝对路径

单击“保存文件”按钮，弹出“另存为”对话框，然后选择保存文件的位置，再输入文件名，如图 11.49 所示。

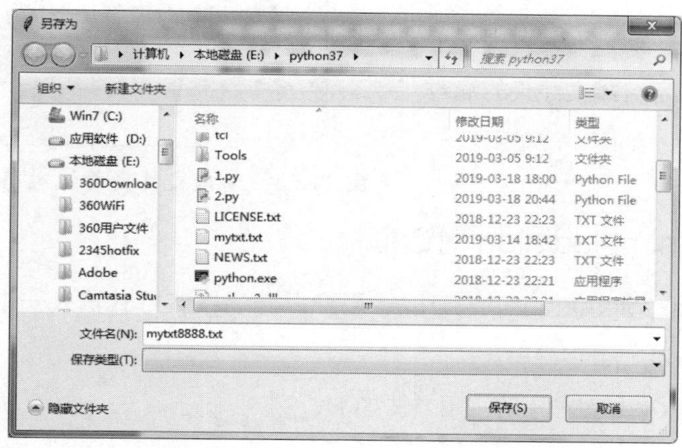

● 图 11.49　另存为对话框

在这里，文件保存位置为“E:\python37”，文件名为“mytxt8888.txt”，然后单击“保存”按钮，就会弹出提示对话框，显示保存文件的绝对路径及名称，如图 11.50 所示。

● 图 11.50　显示保存文件的绝对路径及名称

单击“打开文件夹”按钮，弹出“选择文件夹”对话框，然后就可以选择要打开的文件夹了，如图 11.51 所示。

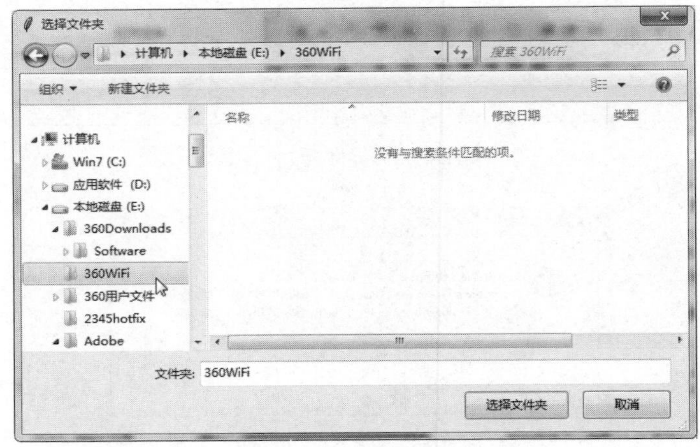

● 图 11.51　选择文件夹对话框

在这里选择的是“E:\ 360-WiFi”文件夹，然后单击“选择文件夹”按钮，就会弹出提示对话框，显示选择文件夹的绝对路径及名称，如图 11.52 所示。

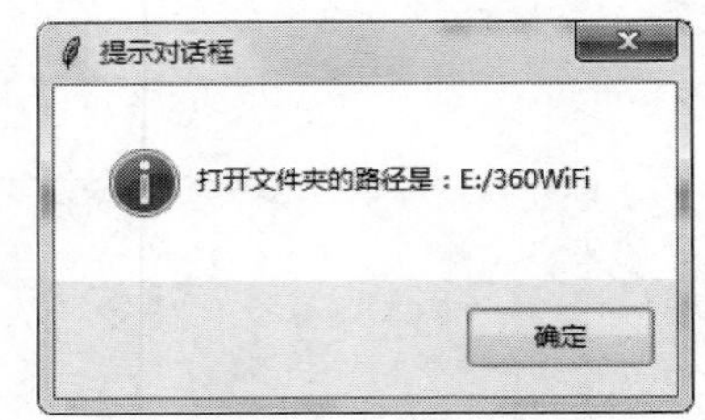

● 图 11.52　选择文件夹的绝对路径及名称

11.6.3　simpledialog 对话框

利用 simpledialog 对象可以让用户以对话框的方式输入一个整数值、一个浮点值或一个字符串。

simpledialog 对象的常用方法如下：

askinteger() 方法：以对话框的方式让用户输入一个整数值，返回值为输入的整数值。

askfloat() 方法：以对话框的方式让用户输入一个浮点值，返回值为输入的浮点值。

askstring() 方法：以对话框的方式让用户输入一个字符串，返回值为输入的字符串。

单击“开始”菜单，打开 Python 3.7.2 Shell 软件，然后单击菜单栏中的“File/New File”命令，创建一个 Python 文件，并命名为“Python11-16.py”，然后输入如下代码：

```
import tkinter as tk          # 导入 tkinter 库，并重命名为 tk
from  tkinter import simpledialog   # 导入 simpledialog 模块
from  tkinter  import messagebox    # 导入 messagebox 模块
mywindow = tk.Tk()                  # 创建一个窗体
mywindow.title("simpledialog 对话框 ") # 设置窗体的标题
mywindow.geometry("250x150")        # 设置窗体的大小
# 单击 " 输入一个整数 " 按钮，调用的函数
def myinteger() :
     mya  =  simpledialog.askinteger(" 输入整数对话框 "," 请输入一个整数：")
     if mya != None :
          messagebox.showinfo(" 提示对话框 "," 输入的整数是：%d" % mya)
     else :
          messagebox.showinfo(" 提示对话框 "," 您取消了！ " )
# 单击 " 输入一个浮点数 " 按钮，调用的函数
def myfloat() :
     myb  =  simpledialog.askfloat(" 输入浮点数对话框 "," 请输入一个浮点数：")
     if myb != None :
          messagebox.showinfo(" 提示对话框 "," 输入的浮点数是：%f" % myb )
     else :
          messagebox.showinfo(" 提示对话框 "," 您取消了！ " )
# 单击 " 输入一个字符串 " 按钮，调用的函数
def mystring() :
     myc  =  simpledialog.askstring(" 输入字符串对话框 "," 请输入一个字符串：")
     if myc != None :
          messagebox.showinfo(" 提示对话框 "," 输入的字符串是：%s" % myc )
     else :
```

```
            messagebox.showinfo("提示对话框","您取消了！ " )
    #3 个按钮控件
    mybut1 =tk.Button(mywindow,text="输入一个整数", command= myinteger)
    mybut1.pack(expand=1,fill=tk.X, ipady=6)
    mybut2 =tk.Button(mywindow,text="输入一个浮点数", command=
myfloat)
    mybut2.pack(expand=1,fill=tk.X, ipady=6)
    mybut3 =tk.Button(mywindow,text="输入一个字符串", command=
mystring )
    mybut3.pack(expand=1,fill=tk.X, ipady=6)
```

单击菜单栏中的“Run/Run Module”命令或按下键盘上的“F5”，就可以运行程序代码，效果如图 11.53 所示。

单击“输入一个整数”按钮，就会弹出输入整数对话框，如图 11.54 所示。

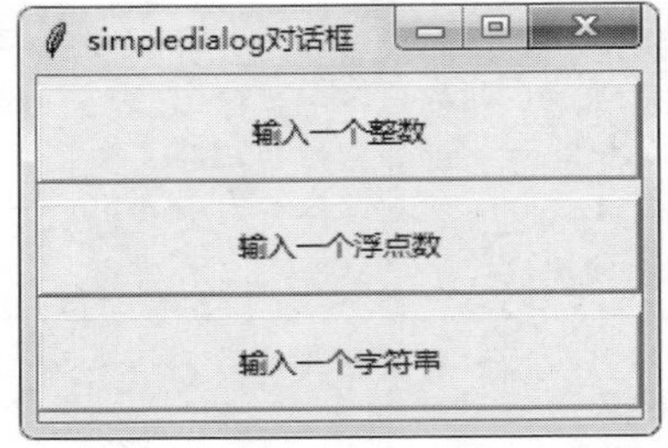

● 图 11.53　程序运行效果

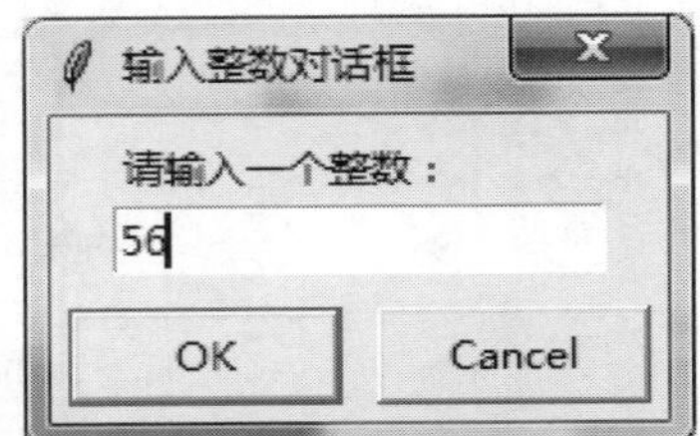

● 图 11.54　输入整数对话框

在这里输入“56”，然后单击“OK”按钮，这时就会再弹出一个提示对话框，如图 11.55 所示。

单击“输入一个浮点数”按钮，就会弹出输入浮点数对话框，如图 11.56 所示。

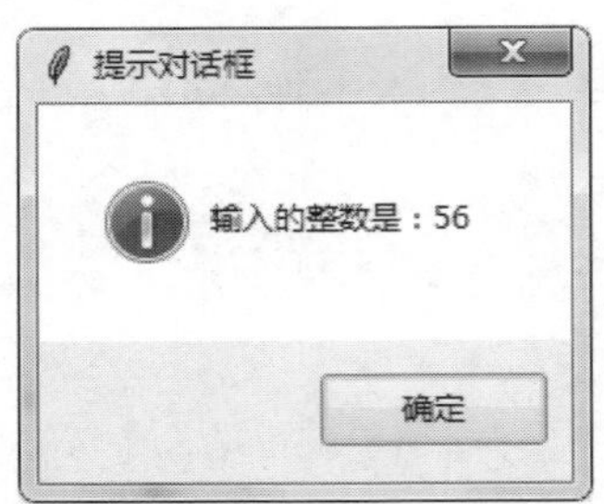

● 图 11.55　提示对话框

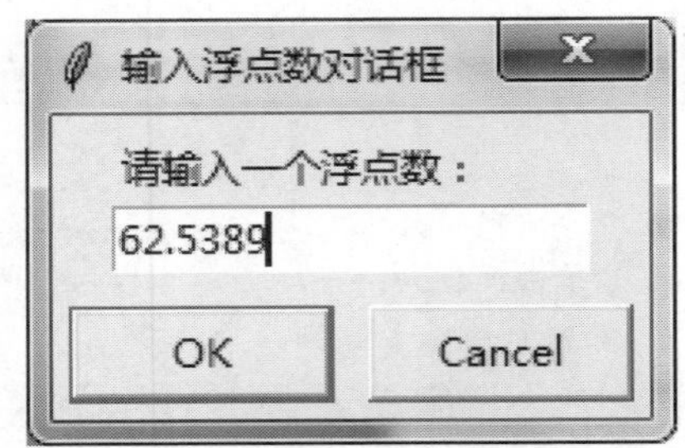

● 图 11.56　输入浮点数对话框

在这里输入“62.5389”，然后单击“OK”按钮，这时就会再弹出一个提示对话框，如图 11.57 所示。

单击“输入一个字符串”按钮，就会弹出输入字符串对话框，如图 11.58 所示。

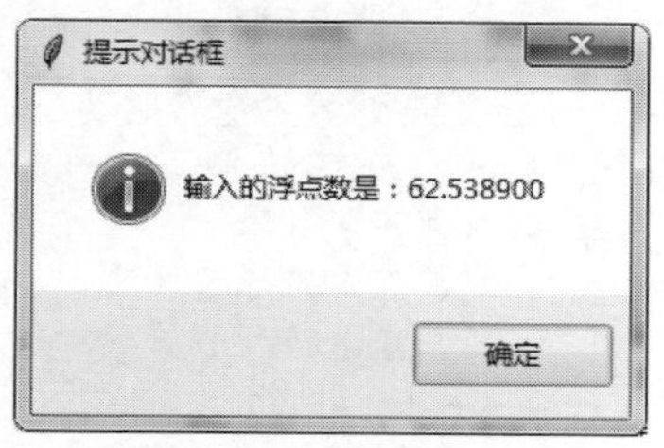

● 图 11.57　提示对话框

● 图 11.58　输入字符串对话框

在这里输入“hello world”，然后单击“OK”按钮，这时就会再弹出一个提示对话框，如图 11.59 所示。

如果在输入字符串对话框中，不单击“OK”按钮，而是单击“Cancel”按钮，就会弹出“您取消了”提示对话框，如图 11.60 所示。

● 图 11.59　提示对话框

● 图 11.60　您取消了提示对话框

11.6.4　colorchooser 对话框

利用 colorchooser 对象可以让用户以对话框的方式选择一种颜色。

colorchooser 对象的主要方法是 askcolor()。该方法的返回值是一个嵌套元组，第一个元素是元组，第二个元素是字符串，如 ((128.5，255.99609375，128.5)，‘#80ff80’)。

嵌套元组的第一个元素，是含有 3 个元素的元组，即利用 RGB 来表示的颜色，如（255，255，0）。

嵌套元组的第二个元素是十六进制表示的颜色，如‘#80ff80’。

单击“开始”菜单，打开 Python 3.7.2 Shell 软件，然后单击菜单栏中的“File/New File”命令，创建一个 Python 文件，并命名为“Python11-17.py”，然后输入如下代码：

```
import tkinter as tk                    #导入tkinter库，并重命名为tk
from  tkinter  import colorchooser   #导入colorchooser模块
mywindow = tk.Tk()                    #创建一个窗体
mywindow.title("colorchooser对话框") #设置窗体的标题
mywindow.geometry("260x140")          #设置窗体的大小
#设置字体颜色按钮的单击事件
def mycolor() :
    mya = colorchooser.askcolor()
    print(mya)
    mylab1.config(fg=mya[1])
#添加标签控件和按钮控件，并布局
mylab1  =tk.Label(mywindow,text=" colorchooser对话框",font=
"Arial 20 bold")
mylab1.pack(expand=1,fill=tk.X, ipady=20)
mybut2 =tk.Button(mywindow,text="设置字体颜色", command= mycolor)
mybut2.pack(expand=1,fill=tk.X, ipady=6)
```

单击菜单栏中的“Run/Run Module”命令或按下键盘上的“F5”，就可以运行程序代码，效果如图 11.61 所示。

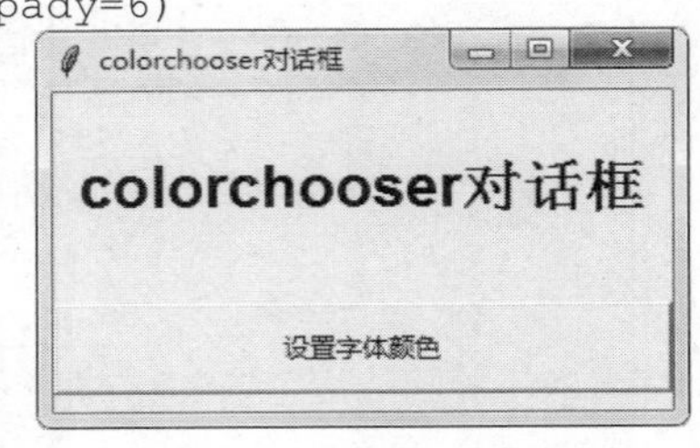

● 图 11.61　程序运行效果

单击“设置字体颜色”按钮，就会弹出“颜色”对话框，这样用户就可以自由选择喜欢的颜色，如图 11.62 所示。

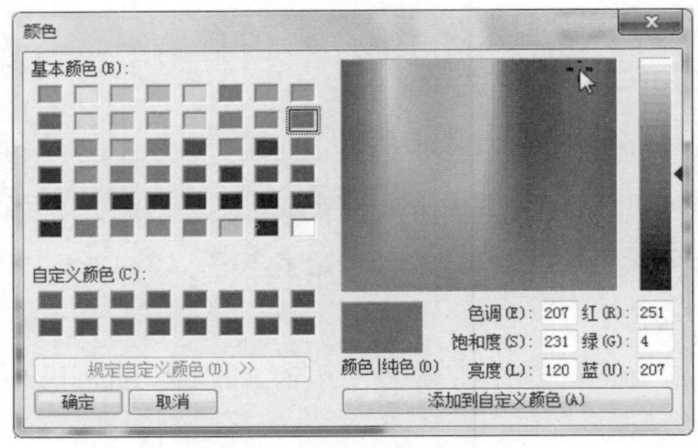

● 图 11.62　颜色对话框

在这里选择的颜色 RGB 分别为 251、4、207，即紫红色，然后单击“确定”按钮，这时标签字体就变成紫红色，如图 11.63 所示。

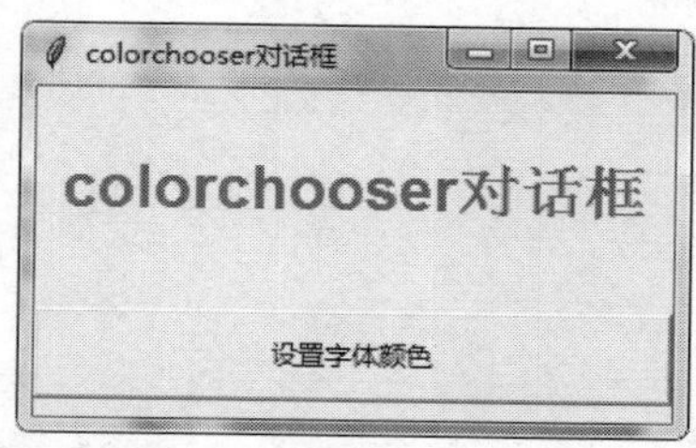

● 图 11.63　利用颜色对话框改变字体颜色

第 12 章

利用 tkinter 库绘制图形和制作动画

Tkinter 库具有强大的功能，不仅可以创建窗体、控件、菜单，还可以利用 tkinter 库中的 Canvas 控件绘制各种图形、显示图像，并且还可以制作简单动画。

本章主要内容包括：

- Canvas 控件
- 实例：利用 Canvas 控件创建一个背景色为黄色的画布
- 绘制各种图形，如线段、椭圆、矩形、多边形、弧线
- 显示矢量图和位图
- 显示文本和窗体组件
- 实例：利用键盘控制多彩矩形的运动
- 实例：利用 time 实现矩形的运动效果
- 实例：手绘效果
- 实例：图形的放大与缩小效果
- 实例：滚动字幕效果

12.1 创建画布

要想绘制图形或制作动画，就要先创建一个画布。在 tkinter 中是利用 Canvas 控件绘制画布的。

12.1.1 Canvas 控件

Canvas 是一个高度灵活的控件，你可以用它绘制各种线段、圆形、多边形、文本等。

Canvas 控件的常用属性如下：

bd：设置画布的边框宽度，单位像素，默认为 2 像素。

bg：设置画布的背景色。

height：设置画布的高度。

width：设置画布的宽度。

xscrollcommand：设置画布的水平滚动条。

yscrollcommand：设置画布的垂直滚动条。

12.1.2 实例：利用 Canvas 控件创建一个背景色为黄色的画布

单击“开始”菜单，打开 Python 3.7.2 Shell 软件，然后单击菜单栏中的“File/New File”命令，创建一个 Python 文件，并命名为“Python12-1.py”，然后输入如下代码：

```
import tkinter as tk   # 导入 tkinter 库，并重命名为 tk
mywindow = tk.Tk()                   # 创建一个窗体
mywindow.title(" 创建画布 ")      # 设置窗体的标题
# 创建画布并布局
mycanvas = tk.Canvas(mywindow,width=400,height=300,
bg="yellow")
mycanvas.pack()
```

在这里设置画布的宽度为 400 像素，高度为 300 像素，背景色为黄色。单击菜单栏中的“Run/Run Module”命令或按下键盘上的“F5”，就可以运行程序代码，结果如图 12.1 所示。

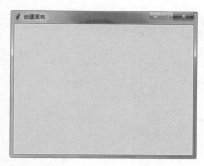

● 图 12.1　利用 Canvas 控件创建一个背景色为黄色的画布

12.2　绘制各种图形

利用 Canvas 控件创建画布后，就可以利用 Canvas 对象的各种方法绘制不同的图形，如线段、椭圆、矩形、多边形、弧线等。

12.2.1　绘制线段

利用 Canvas 对象的 create_line() 方法可以绘制线段，其语法格式如下：

```
create_line(coords, **options)
```

其中参数 coords 为绘制线段的各个点的坐标，需要注意每个点有两个坐标，分别是（x,y），画布的坐标原点，即（0,0）坐标在画布的左上角。

> 提醒：绘制线段最少需要 4 个数，即前两个数是一个坐标点，后两个数是一个坐标点。

create_line() 方法的返回值是绘制线段在画布中的对象 ID。

create_line() 方法常用参数及意义具体如下：

arrow：用来设置绘制线段带有箭头的。如果其值为“first”，表示添加箭头到线段开始的位置；如果其值为“last”，表示添加箭头到线段结束的位置；如果其值为“both”，表示线段开头和结束都添加箭头。

arrowshape：一个含有三个元素的元组，即用 (a，b，c) 来指定箭头的形状，其中 b 是箭头的斜边，c 是与直线垂直的边，而 b 是与直线重合的边，默认箭头的三边分别是（8,10,3）。

width：用来设置绘制线段的宽度。

dish：用来设置绘制线段是否为虚线。该选项值是一个整数元组，元组中的元素分别代表短线的长度和间隔。例如 (12,2)，表示 12 个像素的短线和 2 个像素的间隔。

fill：用来设置绘制线段的颜色。

smooth：该属性为 True 时，将绘制贝塞尔样条曲线代替线段。

单击“开始”菜单，打开 Python 3.7.2 Shell 软件，然后单击菜单栏中的“File/New File”命令，创建一个 Python 文件，并命名为“Python12-2.py”，然后输入如下代码：

```
import tkinter as tk            # 导入 tkinter 库，并重命名为 tk
from tkinter import messagebox       # 导入 messagebox 模块
mywindow = tk.Tk()                   # 创建一个窗体
mywindow.title(" 绘制线段 ")          # 设置窗体的标题
# 创建画布并布局
mycanvas = tk.Canvas(mywindow,width=250,height=250,
bg="white")
mycanvas.pack()
# 绘制线段
myline0 = mycanvas.create_line(0,0,100,100)
# 绘制多条线段
myline1 = mycanvas.create_line(0,0,60,80,20,100,80,100)
# 绘制带有箭头的线段
myline2 = mycanvas.create_line(20,120,20,220,arrow="last")
myline3 = mycanvas.create_line(30,120,30,220,arrow="first")
myline4 = mycanvas.create_line(40,120,40,220,arrow="both")
myline5 = mycanvas.create_line(80,120,80,220,arrow=
"both",arrowshap=(20,25,10))
# 绘制虚线
myline6 = mycanvas.create_line(100,120,100,220,
dash=(12,1),width=3)
myline7 = mycanvas.create_line(120,120,120,220,
dash=(1,10),width=6)
# 绘制带有颜色的线段
myline8 = mycanvas.create_line(140,120,140,220 ,
```

```
fill="red",width=5 )
    myline9 = mycanvas.create_line(160,120,160,220,
dash=(12,1),fill = "blue",width=4)
    myline10 = mycanvas.create_line(180,120,180,220,arrow=
"both",arrowshap=(20,25,10),
    fill="green")
    #绘制贝塞尔样条曲线
    myline11 = mycanvas.create_line(0,0,110,20,150,60,180,100,
220,10,smooth="True",width=3)
    messagebox.showinfo("提示对话框","利用 create_line 函数创建的
贝塞尔样条曲线的返回值是: %s" % myline11)
```

在这里，首先导入 tkinter 库和 messagebox 模块，然后创建一个画布，接着在画布上绘制线段、多条线段、虚线、带有箭头的线段、贝塞尔样条曲线等，最后调用 messagebox.showinfo() 方法显示第 12 条直线的 ID 值。

单击菜单栏中的“Run/Run Module”命令或按下键盘上的“F5”，就可以运行程序代码，结果如图 12.2 所示。

程序运行后，会弹出一个提示对话框，显示第 12 条直线的 ID 值，如图 12.3 所示。

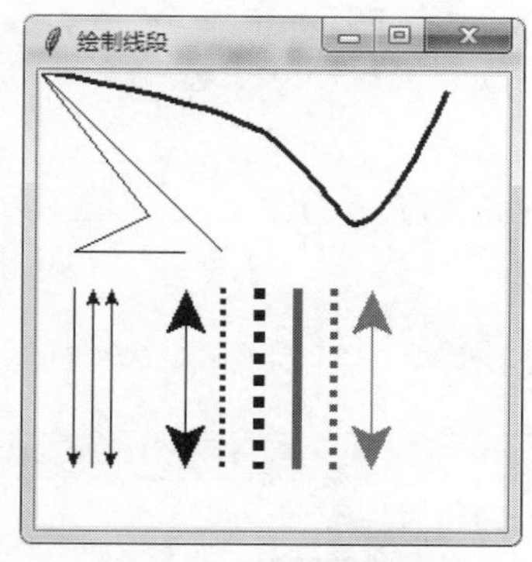

● 图 12.2　绘制线段

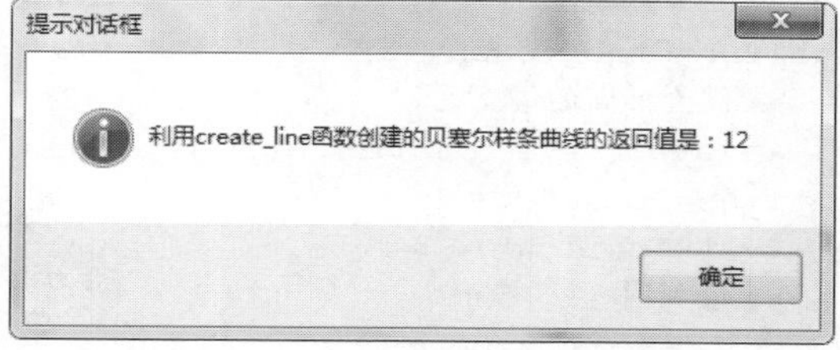

● 图 12.3　提示对话框

12.2.2　绘制椭圆

利用 Canvas 对象的 create_oval() 方法可以绘制椭圆，其语法格式如下：

```
create_oval(bbox,**options)
```

其中参数 bboxo 为绘制椭圆的左上角坐标值和右下角坐标值。

create_oval() 方法的返回值是绘制椭圆在画布中的对象 ID。

create_oval() 方法的常用参数与 create_line() 方法几乎相同，但还要注意以下几个属性及意义：

outline：用来设置椭圆的边框的颜色。

width：用来设置椭圆的边框宽度。

fill：用来设置椭圆的填充色。

单击“开始”菜单，打开 Python 3.7.2 Shell 软件，然后单击菜单栏中的“File/New File”命令，创建一个 Python 文件，并命名为“Python12-3.py”，然后输入如下代码：

```
import tkinter as tk              # 导入 tkinter 库，并重命名为 tk
mywindow = tk.Tk()                # 创建一个窗体
mywindow.title(" 绘制椭圆 ")      # 设置窗体的标题
# 创建画布并布局
mycanvas = tk.Canvas(mywindow,width=350,height=350,
bg="white")
mycanvas.pack()
# 绘制椭圆
myoval = mycanvas.create_oval(10,20,340,300)
# 设置椭圆边框的宽度和颜色
myova2 = mycanvas.create_oval(30,50,320,280,width=5)
myova3 = mycanvas.create_oval(50,70,320,260,width=5,
outline="red")
# 设置椭圆的边框是否是虚线
myova4 = mycanvas.create_oval(70,90,300,240,width=8,
outline="red",dash=(5,3))
# 设置椭圆的填充色
myova5 = mycanvas.create_oval(100,120,260,200,width=8,
outline="blue",dash=(5,3),
fill="yellow")
# 绘制圆
myova6 = mycanvas.create_
oval(140,140,180,180,width=5,
outline="red")
```

单击菜单栏中的“Run/Run Module”命令或按下键盘上的“F5”，就可以运行程序代码，结果如图 12.4 所示。

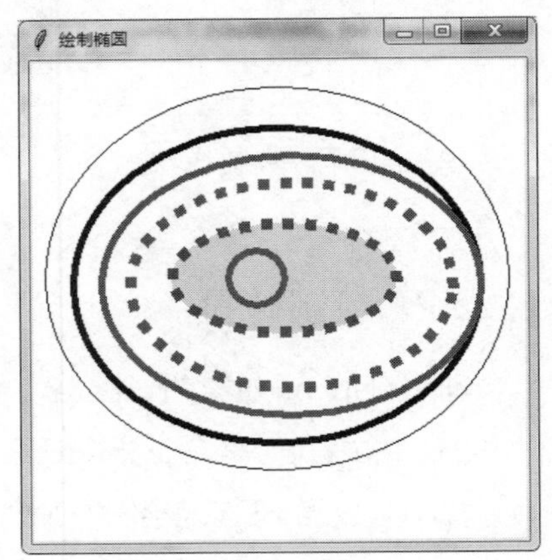

● 图 12.4　绘制椭圆

12.2.3 绘制矩形

利用 Canvas 对象的 create_rectangle() 方法可以绘制椭圆，其语法格式如下：

```
create_rectangle(bbox, **options)
```

其中参数 bboxo 为绘制矩形的左上角坐标值和右下角坐标值。

create_rectangle() 方法的返回值是绘制矩形在画布中的对象 ID。

create_rectangle() 方法的常用参数与 create_oval() 方法几乎相同，这里不再多说。

单击“开始”菜单，打开 Python 3.7.2 Shell 软件，然后单击菜单栏中的“File/New File”命令，创建一个 Python 文件，并命名为“Python12-4.py”，然后输入如下代码：

```
import tkinter as tk                  # 导入 tkinter 库，并重命名为 tk
mywindow = tk.Tk()                    # 创建一个窗体
mywindow.title(" 绘制矩形 ")          # 设置窗体的标题
# 创建画布并布局
mycanvas  =  tk.Canvas(mywindow,width=350,height=350,
bg="white")
mycanvas.pack()
# 绘制矩形
s1 = 10                               # 定义两个整型变量
s2 = 340
# 利用 for 循环绘制多个矩形
for i in range(s1,s2,20) :
    mycanvas.create_rectangle(s1+i,s1+i,s2-i,s2-i)
```

单击菜单栏中的“Run/Run Module”命令或按下键盘上的“F5”，就可以运行程序代码，结果如图 12.5 所示。

● 图 12.5　绘制矩形

12.2.4 绘制多边形

利用 Canvas 对象的 create_ polygon () 方法可以绘制椭圆，其语法格式如下：

```
create_polygon(coords,**options)
```

其中参数 coords 为绘制多边形的各个顶点的坐标值。

create_polygon() 方法的返回值是绘制

多边形在画布中的对象 ID。

create_polygon() 方法的常用参数与 create_oval() 方法几乎相同，这里不再多说。

单击“开始”菜单，打开 Python 3.7.2 Shell 软件，然后单击菜单栏中的“File/New File”命令，创建一个 Python 文件，并命名为“Python12-5.py”，然后输入如下代码：

```
import tkinter as tk                    # 导入 tkinter 库，并重命名为 tk
mywindow = tk.Tk()                      # 创建一个窗体
mywindow.title("绘制多边形")            # 设置窗体的标题
# 创建画布并布局
mycanvas = tk.Canvas(mywindow,width=250,height=250,
bg="white")
mycanvas.pack()
# 绘制多边形
mycanvas.create_polygon(80,80,80,180,130,220,180,180,180,
80,130,40, fill="yellow",width=5,outline="red")
```

单击菜单栏中的“Run/Run Module”命令或按下键盘上的“F5”，就可以运行程序代码，结果如图 12.6 所示。

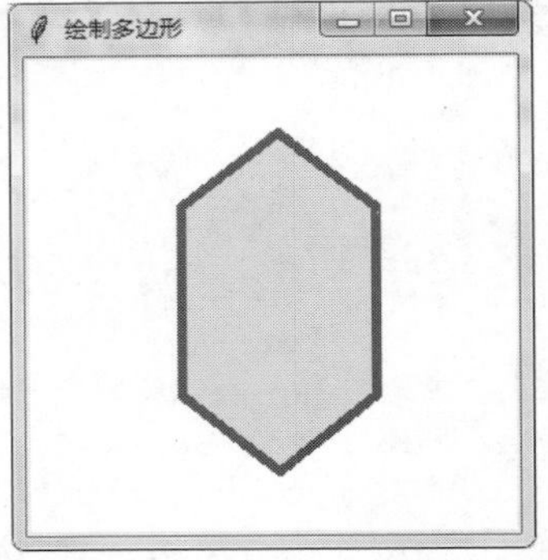

● 图 12.6　绘制多边形

12.2.5　绘制弧线

利用 Canvas 对象的 create_arc() 方法可以绘制弧线，其语法格式如下：

```
create_arc(bbox, **options)
```

根据参数 bbox (x1，y1，x2，y2) 创建一个扇形(Pieslice)、弓形(Chord) 或弧形（ Arc ）。

create_arc() 方法的返回值是绘制矩形在画布中的对象 ID。

create_arc() 方法的常用参数与 create_oval() 方法几乎相同，但还要注意以下几个属性及意义：

style：用来设置绘制的图形是扇形（ Pieslice ）、弓形（ Chord ）或弧形（ Arc ），默认为扇形（ Pieslice ）。

start：用来设置绘制弧线的起始位置的偏移角度。

extent：用来设置绘制弧线跨度（从 start 选项指定的位置开始到结束位置的角度），默认为 90 度。

单击“开始”菜单，打开 Python 3.7.2 Shell 软件，然后单击菜单栏中的“File/New File”命令，创建一个 Python 文件，并命名为“Python12-6.py”，然后输入如下代码：

```
import tkinter as tk              # 导入 tkinter 库，并重命名为 tk
mywindow = tk.Tk()                # 创建一个窗体
mywindow.title("绘制弧线")         # 设置窗体的标题
# 创建画布并布局
mycanvas = tk.Canvas(mywindow,width=250,height=250,
bg="white")
mycanvas.pack()
# 绘制扇形
mypie1 = mycanvas.create_arc(10,10,100,100)
mypie2 = mycanvas.create_arc(120,10,220,100,start=10, exte
nt=120,width=3,fill="yellow",outline="red")
# 绘制弓形
mych1 = mycanvas.create_arc(10,100,100,200,style="chord")
mych2 = mycanvas.create_arc(120,100,200,200, style="chord"
,extent=100,width=3,fill="yellow",outline="red")
# 绘制弧线
myarc1 =mycanvas.create_arc(10,180,100,260,style="arc")
myarc2 =mycanvas.create_arc(100,180,200,260, style="arc",s
tart=10,extent=120,width=6,outline="red")
```

单击菜单栏中的“Run/Run Module”命令或按下键盘上的“F5”，就可以运行程序代码，结果如图 12.7 所示。

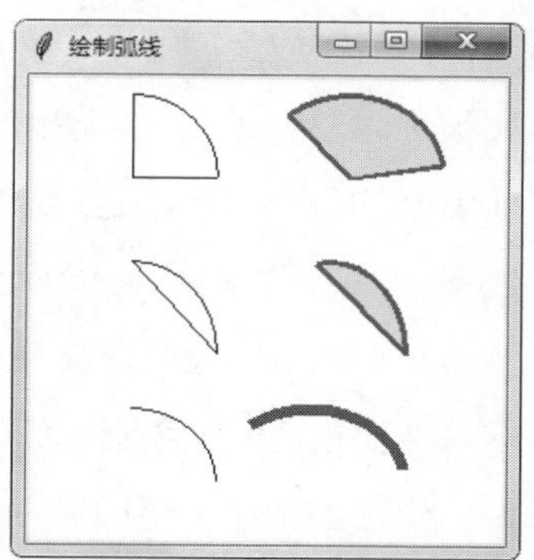

• 图 12.7　绘制弧线

12.3　显示图像

利用 Canvas 对象不仅可以绘制各种图形，还可以显示图像。利用 Canvas 对象不但可以显示像 GIF 这样的矢量图像，还可以显示位图图像。

12.3.1 矢量图

矢量图又叫向量图，是用一系列计算机指令来描述和记录一幅图。一幅图可以理解为一系列由点、线、面等到组成的子图，它所记录的是对象的几何形状、线条粗细和色彩等。生成的矢量图文件存储量很小，特别适用于文字设计、图案设计、版式设计、标志设计、计算机辅助设计（CAD）、工艺美术设计、插图等。

矢量图只能表示有规律的线条组成的图形，如工程图、三维造型或艺术字等。对于由无规律的像素点组成的图像（风景、人物、山水），难以用数学形式表达，不宜使用矢量图格式。另外，矢量图不容易制作色彩丰富的图像，绘制的图像不是很真实，并且在不同的软件之间交换数据也不太方便。

> 提醒：矢量图无法通过扫描获得，它们主要是依靠设计软件（AutoCAD、Illustrator）生成。

12.3.2 位图

位图又叫点阵图或像素图，计算机屏幕上的图你是由屏幕上的发光点（即像素）构成的，每个点用二进制数据来描述其颜色与亮度等信息，这些点是离散的，类似于点阵。多个像素的色彩组合就形成了图像，称为位图。

位图在放大到一定程度时会发现它是由一个个小方格组成的，这些小方格被称为像素点，一个像素是图像中最小的图像元素。在处理位图图像时，所编辑的是像素而不是对象或形状，它的大小和质量取决于图像中的像素点的多少，每平方英寸中所含像素越多，图像越清晰，颜色之间的混合也越平滑。计算机存储位图像实际上是存储图像的各个像素的位置和颜色数据等的信息，所以图像越清晰，像素越多，相应的存储容量也就越大。

位图图像与矢量图像相比更容易模仿照片的真实效果。位图图像的主要优点在于表现力强、细腻、层次多、细节多，可以十分容易地模拟出像照片一样的真实效果。由于是对图像中的像素进行编辑，所以在对图像进行拉伸、放大或缩小等的处理时，其清晰度和光滑度会受到一定的影响。

> 提醒：位图主要通过手机、数码相机扫描得到。

12.3.3 显示矢量图

利用 Canvas 对象的 create_image() 方法可以显示矢量图，其语法格式如下：

```
create_image(position, **options)
```

在 position 指定的位置（x，y）创建一个矢量图对象。create_image() 方法的返回值是显示图像在画布中的对象 ID。

create_image() 方法的常用参数及意义如下：

image：用来设置要显示的矢量图。

anchor：用来设置矢量图在 position 参数的相对位置。其值可能是 N、NE、E、SE、S、SW、W、NW 或 CENTER 来定位（EWSN 代表东西南北，上北下南左西右东）。

还需要注意的是，image 参数不能直接接受矢量图的路径，只能接受 PhotoImage 对象。所以要先利用 PhotoImage 对象读取矢量图，但其只能读取 GIF 和 PGM/PPM 格式的矢量图。

单击“开始”菜单，打开 Python 3.7.2 Shell 软件，然后单击菜单栏中的“File/New File”命令，创建一个 Python 文件，并命名为“Python12-7.py”，然后输入如下代码：

```
import tkinter as tk            # 导入 tkinter 库，并重命名为 tk
mywindow = tk.Tk()              # 创建一个窗体
mywindow.title("显示矢量图")    # 设置窗体的标题
# 创建画布并布局
mycanvas = tk.Canvas(mywindow,width=450,height=350,
bg="yellow")
mycanvas.pack()
# 添加按钮并布局
mybu = tk.Button(mywindow,text="添加矢量图")
mybu.pack(side=tk.BOTTOM,fill=tk.X)
```

这里首先导入 tkinter 库并重命名为 tk，然后创建窗体，接着在窗体中添加画布和按钮并布局。

单击菜单栏中的“Run/Run Module”命令或按下键盘上的“F5”，就可以运行程序代码，结果如图 12.8 所示。

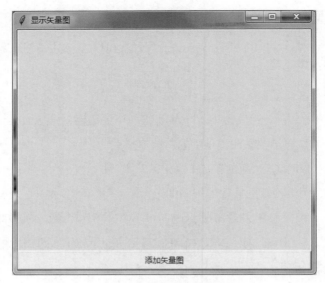

● 图 12.8 窗体界面效果

下面为“添加矢量图”按钮添加事件代码，实现单击该按钮，弹出“打开”对话框，然后选择矢量图并打开后，就会在窗体中显示。

先为“添加矢量图”按钮添加 command 属性，具体代码如下：

```
mybu = tk.Button(mywindow,text=" 添加矢量图 ",command = myclick)
```

由于在 myclick() 函数中要调用“打开”对话框，所以要先导入 filedialog 模块，具体代码如下：

```
from tkinter import filedialog              # 导入 filedialog 模块
```

该代码放在 import tkinter as tk 后面。

接下来编写 myclick() 函数，具体代码如下：

```
def myclick() :
    global  img
    mya = filedialog.askopenfilename()
    # 显示矢量图
    img = tk.PhotoImage(file=mya)
    mypic = mycanvas.create_image(0,0,anchor="nw", image= img)
```

需要注意 img 变量是在不同的方法中引用，如果不定义成 global 变量，参数传不过去，所以一定要注意。

myclick() 函数代码要放在 mycanvas.pack() 后面。

单击菜单栏中的“Run/Run Module”命令或按下键盘上的“F5”，就

可以运行程序代码，然后单击“添加矢量图”按钮，弹出“打开”对话框，就可以选择要显示的矢量图，如图 12.9 所示。

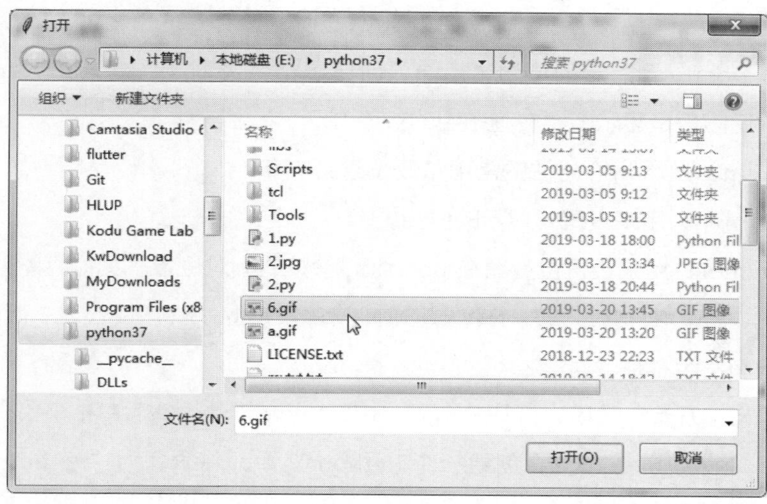

● 图 12.9　打开对话框

在这里选择“6.gif”，然后单击“打开”按钮，就可以在窗体中看到打开的矢量图效果，如图 12.10 所示。

● 图 12.10　矢量图效果

12.3.4 显示位图

利用Canvas对象的create_bitmap()方法可以显示位图，其语法格式如下：

```
create_bitmap(position, **options)
```

在 position 指定的位置（x，y）创建一个位图对象。create_bitmap() 方法的返回值是显示图像在画布中的对象 ID。

create_bitmap() 方法的常用参数及意义如下：

bitmap：用来设置要显示的位图。

anchor：用来设置位量图在 position 参数的相对位置。其值可能是 N、NE、E、SE、S、SW、W、NW 或 CENTER 来定位（EWSN 代表东西南北，上北下南左西右东）。

单击“开始”菜单，打开 Python 3.7.2 Shell 软件，然后单击菜单栏中的“File/New File”命令，创建一个 Python 文件，并命名为“Python12-8.py”，然后输入如下代码：

```
import tkinter as tk            # 导入 tkinter 库，并重命名为 tk
mywindow = tk.Tk()              # 创建一个窗体
mywindow.title(" 显示系统自带的位图 ")  # 设置窗体的标题
# 创建画布并布局
mycanvas = tk.Canvas(mywindow,width=450,height=150,
bg="pink")
mycanvas.pack()
# 定义字典变量
d = {1:'error',2:'info',3:'question',4:'hourglass', 5:'qu
esthead',6:'warning',7:"hourglass",8:"gray75",9: "gray50",
10:"gray25",11: "gray12"}
# 利用 for 循环显示系统自带的位图
for i in d:
    mycanvas.create_bitmap((36*i,70),bitmap = d[i])
```

单击菜单栏中的“Run/Run Module”命令或按下键盘上的“F5”，就可以运行程序代码，效果如图 12.11 所示。

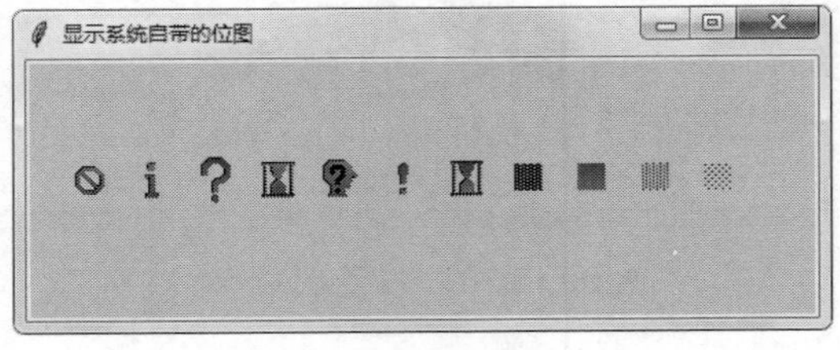

● 图 12.11　显示位图

12.4 显示文本和窗体组件

利用 Canvas 对象不仅可以绘制各种图形、显示位图和矢量图，还可以显示文本和窗体组件。

12.4.1 显示文本

利用 Canvas 对象的 create_text() 方法可以显示文本，其语法格式如下：

```
create_text(position, **options)
```

在 position 指定的位置（x，y）创建一个文本对象。create_text() 方法的返回值是显示文本在画布中的对象 ID。

create_text() 方法的常用参数及意义如下：

fill：用来设置显示文本的颜色。

font：用来设置显示文本的字体大小、样式等。

text：用来设置显示文本的内容。

单击“开始”菜单，打开 Python 3.7.2 Shell 软件，然后单击菜单栏中的“File/New File”命令，创建一个 Python 文件，并命名为“Python12-9.py”，然后输入如下代码：

```
import tkinter as tk            # 导入 tkinter 库，并重命名为 tk
mywindow = tk.Tk()              # 创建一个窗体
mywindow.title("显示文本")      # 设置窗体的标题
# 创建画布并布局
mycanvas = tk.Canvas(mywindow,width=400,height=200,
bg="pink")
mycanvas.pack()
global colors
colors = ["yellow", "red", "green", "blue", "orange",
"purple","red", "yellow","green", "blue", "orange"]
for i in range(1,90,5) :
    mytxt = mycanvas.create_text(120+i,20+i,text = "python
",fill=colors[i//10],font="Arial %d bold" %i)
```

单击菜单栏中的“Run/Run Module”命令或按下键盘上的“F5”，就可以运行程序代码，效果如图 12.12 所示。

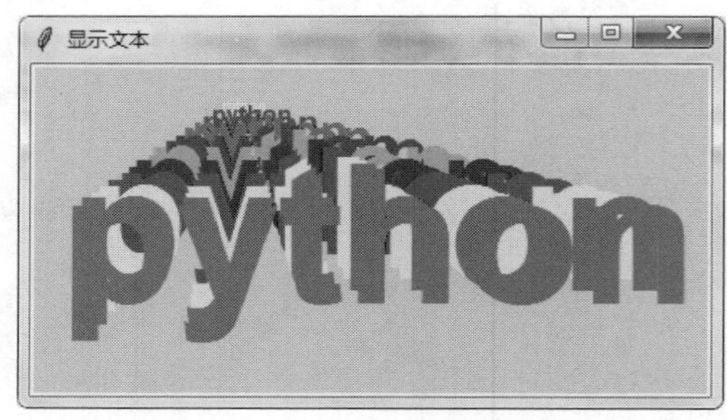

● 图 12.12　显示文本

12.4.2　显示窗体控件

利用 Canvas 对象的 create_window() 方法可以显示窗体控件，其语法格式如下：

```
create_window(position, **options)
```

在 position 指定的位置（x，y）创建一个窗体控件。create_window() 方法的返回值是显示窗体控件在画布中的对象 ID。

create_window() 方法的常用参数及意义如下：

window：用来设置显示的窗体控件。

width：用来设置窗体控件的宽度。

height：用来设置窗体控件的高度。

anchor：用来设置窗体控件在 position 参数的相对位置。其值可能是 N、NE、E、SE、S、SW、W、NW 或 CENTER 来定位（EWSN 代表东西南北，上北下南左西右东）。

单击“开始”菜单，打开 Python 3.7.2 Shell 软件，然后单击菜单栏中的“File/New File”命令，创建一个 Python 文件，并命名为“Python12-10.py”，然后输入如下代码：

```
import tkinter as tk                  # 导入 tkinter 库，并重命名为 tk
from tkinter import messagebox              # 导入 messagebox 模块
mywindow = tk.Tk()                          # 创建一个窗体
mywindow.title(" 显示窗体控件 ")             # 设置窗体的标题
# 按钮单击事件
def myclick():
    messagebox.showinfo(" 提示对话框 "," 这是在一个画布上创建的按
```

```
钮! ")
    #创建画布并布局
    mycanvas = tk.Canvas(mywindow,width=300,height=100,
bg="pink")
    mycanvas.pack()
    #定义一个按钮控件
    button = tk.Button(mywindow,text="确定" ,command=myclick)
    #在画布上显示按钮控件
    my1 = mycanvas.create_window(150,50,window=button,
width=100,height=50)
```

单击菜单栏中的“Run/Run Module”命令或按下键盘上的“F5”，就可以运行程序代码，效果如图 12.13 所示。

单击“确定”按钮，就会弹出一个提示对话框，显示“这是在一个画布上创建的按钮！”，如图 12.14 所示。

● 图 12.13　显示文本

● 图 12.14　提示对话框

12.5　实例：利用键盘控制多彩矩形的运动

单击“开始”菜单，打开 Python 3.7.2 Shell 软件，然后单击菜单栏中的“File/New File”命令，创建一个 Python 文件，并命名为“Python12-11.py”，然后输入如下代码：

```
    import tkinter as tk                #导入 tkinter 库，并重命名为 tk
    mywindow = tk.Tk()                  #创建一个窗体
    mywindow.title("显示窗体控件")      #设置窗体的标题
    #创建画布并布局
    mycanvas = tk.Canvas(mywindow,width=400,height=400,
bg="pink")
    mycanvas.pack()
    #创建矩形并填充位图
```

```
myrec = mycanvas.create_rectangle(80,80,160,160,
      outline = "yellow",                    # 边框颜色为黄色
      stipple = "question",                  # 填充位置
      fill = "red",                          # 填充红色
      width =6                               # 边框宽度为 6 像素
     )
```

在这里导入 tkinter 库并重命名为 tk 后，先创建一个窗体，然后在窗体中添加一个矩形，注意这个矩形添加了位图。

单击菜单栏中的“Run/Run Module”命令或按下键盘上的“F5”，就可以运行程序代码，效果如图 12.15 所示。

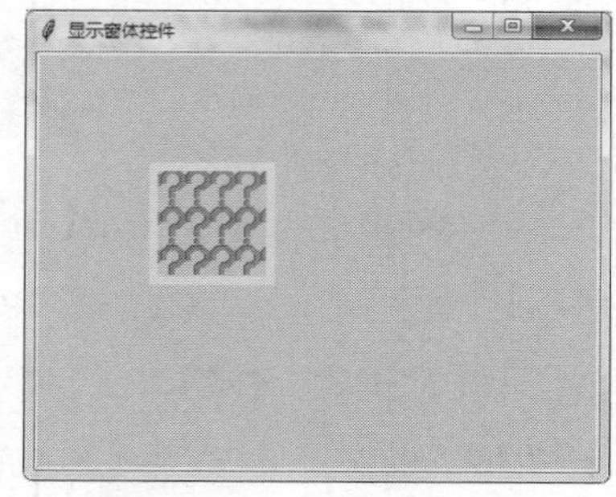

● 图 12.15　窗体界面效果

下面给画布 mycanvas 添加键盘绑定事件，具体代码如下：

```
mycanvas.bind_all("<KeyPress-Up>",mymove)
mycanvas.bind_all("<KeyPress-Down>",mymove)
mycanvas.bind_all("<KeyPress-Left>",mymove)
mycanvas.bind_all("<KeyPress-Right>",mymove)
```

需要注意的是，这些代码要放在创建矩形并填充位图的代码后面。

在这里还要注意，无论按键盘上的任何方向键，即“↑”、“↓”、“→”、“←”键，都调用 mymove() 函数，下面来编写该函数，具体代码如下：

```
def mymove(event) :
    if event.keysym == "Up" :
        mycanvas.move(1,0,-3)
    elif event.keysym == "Down" :
        mycanvas.move(1,0,3)
    elif event.keysym == "Left" :
        mycanvas.move(1,-3,0)
    else :
        mycanvas.move(1,3,0)
```

这里调用了画布的 move() 函数，利用该函数可以实现图形的移动，其语法格式如下：

```
move(item, dx, dy)
```

其中参数 item 是画布中图形的对象 ID，在这里只绘制了一个矩形，并且是第一个绘制的，所以对象 ID 为 1。第二个绘制的图形的 ID 为 2，第三个绘制的图形的 ID 为 3……

参数 dx 为 x 方向的移动距离；参数 dy 为 y 方向移动距离。

mymove() 函数代码要放在 mycanvas.pack() 代码后面。

单击菜单栏中的“Run/Run Module”命令或按下键盘上的“F5”，就可以运行程序代码，按下键盘上的“↑”，就会向上移动；按下键盘上的“↓”，就会向下移动；按下键盘上的“→”，就会向右移动；按下键盘上的“←”，就会向左移动，如图 12.16 所示。

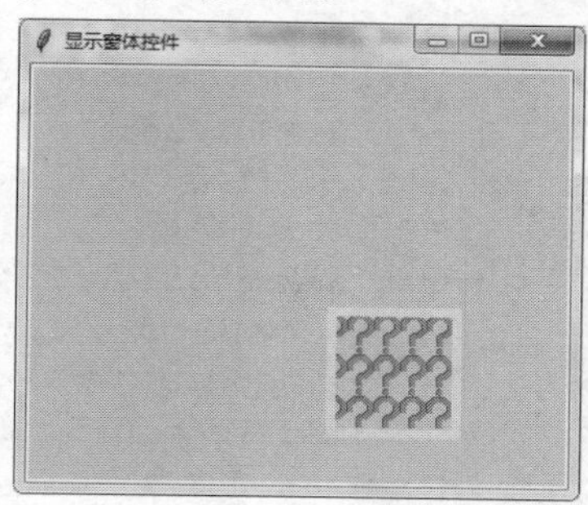

● 图 12.16 利用键盘的移动键移动矩形

12.6 实例：利用 time 实现矩形的运动效果

单击“开始”菜单，打开 Python 3.7.2 Shell 软件，然后单击菜单栏中的“File/New File”命令，创建一个 Python 文件，并命名为“Python12-12.py”，然后输入如下代码：

```
import  time                        # 导入 time 模块
import tkinter as tk                # 导入 tkinter 库，并重命名为 tk
mywindow = tk.Tk()                  # 创建一个窗体
mywindow.title(" 利用 time 实现矩形的运动效果 ") # 设置窗体的标题
# 创建画布并布局
mycanvas  =  tk.Canvas(mywindow,width=410,height=410,
bg="pink")
mycanvas.pack()
# 绘制圆形
# 创建矩形并填充位图
myrec = mycanvas.create_rectangle(10,10,90,90,
      outline = "yellow",          # 边框颜色为黄色
      stipple = "question",        # 填充位置
      fill = "red",                # 填充红色
      width =6                     # 边框宽度为 6 像素
    )
# 矩形向右水平运动
for x in range(0,62) :
    mycanvas.move(1,5,0)
    mywindow.update()
    time.sleep(0.1)
```

```
#矩形向下垂直运动
for x in range(0,62) :
    mycanvas.move(1,0,5)
    mywindow.update()
    time.sleep(0.1)
#矩形向左水平运动
for x in range(0,62) :
    mycanvas.move(1,-5,0)
    mywindow.update()
    time.sleep(0.1)
#矩形向上垂直运动
for x in range(0,62) :
    mycanvas.move(1,0,-5)
    mywindow.update()
    time.sleep(0.1)
```

单击菜单栏中的“Run/Run Module”命令或按下键盘上的“F5”，就可以运行程序代码，就可以看到矩形的运动效果，如图 12.17 所示。

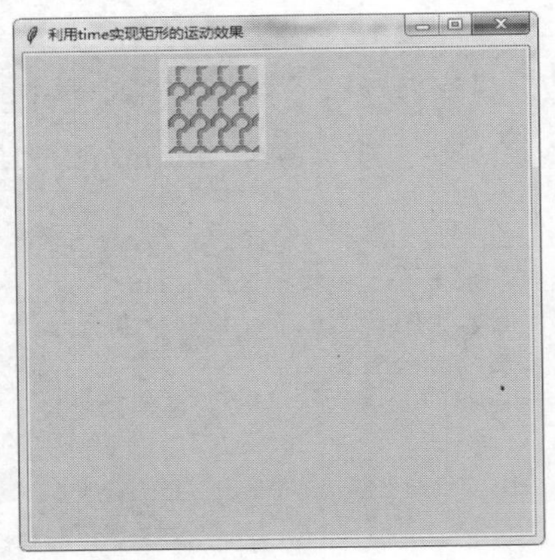

（a）水平运动效果

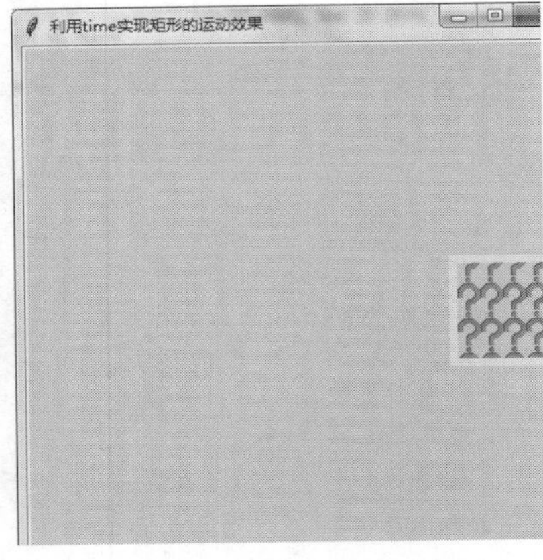

（b）垂直运动效果

● 图 12.17　利用 time 实现矩形的运动效果

12.7　实例：手绘效果

单击“开始”菜单，打开 Python 3.7.2 Shell 软件，然后单击菜单栏中的“File/New File”命令，创建一个 Python 文件，并命名为“Python12-13.

py”，然后输入如下代码：

```
import tkinter as tk                # 导入 tkinter 库，并重命名为 tk
mywindow = tk.Tk()                  # 创建一个窗体
mywindow.title(" 手绘效果 ")        # 设置窗体的标题
# 创建画布并布局
mycanvas = tk.Canvas(mywindow,width=450,height=200,
bg="yellow")
mycanvas.pack()
# 按下键盘左键拖动调用的函数
def mymove(event) :
    x1 = event.x -1
    y1 = event.y -1
    x2 = event.x +1
    y2 = event.y +1
    mycanvas.create_oval(x1,y1,x2,y2, fill=
"red",outline="red",width=5 )
# 画布绑定左键移动事件
mycanvas.bind("<B1-Motion>",mymove)
```

单击菜单栏中的“Run/Run Module”命令或按下键盘上的“F5”，就可以运行程序代码，按下鼠标左键，就可以绘制图形或文字，如图 12.18 所示。

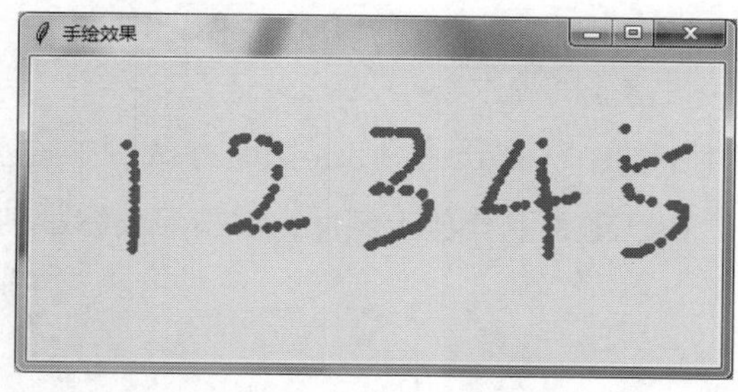

● 图 12.18　手绘效果

12.8　实例：图形的放大与缩小效果

单击“开始”菜单，打开 Python 3.7.2 Shell 软件，然后单击菜单栏中的“File/New File”命令，创建一个 Python 文件，并命名为“Python12-14.py”，然后输入如下代码：

```
import tkinter as tk                # 导入 tkinter 库，并重命名为 tk
mywindow = tk.Tk()                  # 创建一个窗体
```

```
    mywindow.title("图形的放大与缩小效果")          #设置窗体的标题
    #创建画布并布局
    mycanvas = tk.Canvas(mywindow,width=300,height=300,
bg="yellow")
    mycanvas.pack()
    myr =50
    def drawoval():
        global myr
            mycanvas.create_oval(150-myr,150-
myr,150+myr,150+myr,fill ="red",outline="blue",tag="myoval")
    drawoval()
    def mybig(event) :
        global myr
        if myr < 130 :
            myr = myr + 5
            mycanvas.delete("myoval")
            drawoval()
    def mysmall(event) :
        global myr
        if myr>10 :
            myr = myr -5
            mycanvas.delete("myoval")
            drawoval()
    mycanvas.bind("<Button-1>",mybig)
    mycanvas.bind("<Button-3>",mysmall)
```

单击菜单栏中的“Run/Run Module”命令或按下键盘上的“F5”，就可以运行程序代码，单击就会放大图形，右击就会缩小图形，如图 12.19 所示。

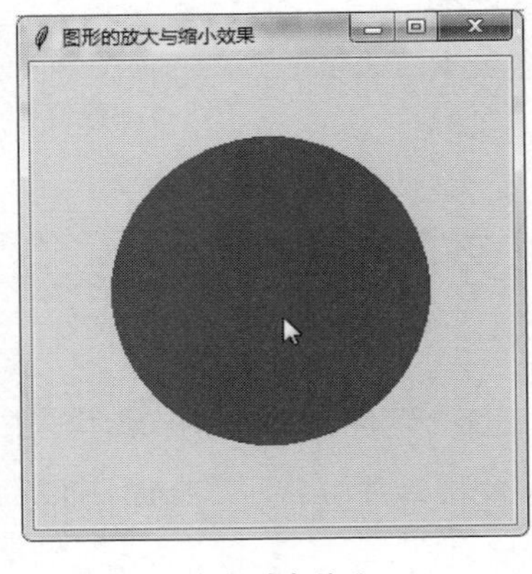

（a）放大效果

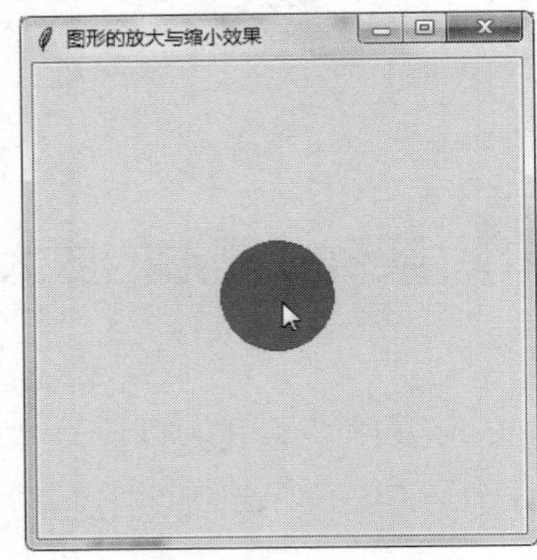

（b）缩小效果

● 图 12.19　图形的放大与缩小效果

12.9 实例：滚动字幕效果

单击“开始”菜单，打开 Python 3.7.2 Shell 软件，然后单击菜单栏中的“File/New File”命令，创建一个 Python 文件，并命名为“Python12-15.py”，然后输入如下代码：

```
import tkinter as tk                    # 导入 tkinter 库，并重命名为 tk
mywindow = tk.Tk()                      # 创建一个窗体
mywindow.title(" 滚动字幕效果 ")        # 设置窗体的标题
# 创建画布并布局
mycanvas = tk.Canvas(mywindow,width=500,height=100,
bg="yellow")
mycanvas.pack()
x = 0
width = 500
dx = 5

mycanvas.create_text(x,50,text=" 滚动字幕效果 ",tag="mytext",
font="Arial 16 bold",fill="red")
while True :
    mycanvas.after(100) # 延时 100 毫秒
    mycanvas.move("mytext",dx,0)
    mycanvas.update()
    if x < width :
        x =x +dx
    else :
        x = 0
        mycanvas.delete("mytext")
         mycanvas.create_text(x,50,text=" 滚动字幕效果 ",tag=
"mytext",font="Arial 16 bold",fill="red")
```

单击菜单栏中的“Run/Run Module”命令或按下键盘上的“F5”，就可以运行程序代码，就可以看到滚动字幕效果，如图 12.20 所示。

● 图 12.20 滚动字幕效果

第 13 章

利用 Matplotlib 库绘制图形和制作动画

matplotlib 是 Python 的一个 2D 绘图库，它可以在各平台绘制出很多高质量的图形。目的就是让简单的事变得更简单，让复杂的事变得简单。我们可以用 matplotlib 生成绘图、条形图、饼形图，还可以制作简单动画。

本章主要内容包括：

- Matplotlib 概述与安装
- Numpy 的安装与概述
- figure() 方法的应用
- plot() 方法的应用
- subplot() 方法的应用
- add_axes () 方法的应用
- 绘制条形图
- 绘制饼形图
- 实例：余弦的动画效果
- 实例：过山车动画效果

13.1 初识 Matplotlib 库

Matplotlib 库是 Python 的绘图库。它可与 Numpy 库一起使用，提供了一种有效的 MatLab 开源替代方案。

> 提醒：MatLab 是美国 Math Works 公司出品的商业数学软件，用于算法开发、数据可视化、数据分析以及数值计算的高级技术计算语言和交互式环境。但其是收费的。

13.1.1 Matplotlib 概述

Matplotlib 是一个绘制 2D 和 3D 科学图像的软件库，其优点具体如下：

第一，容易学习和掌握。

第二，兼容 LaTeX 格式的标题和文档。

第三，可以控制图像中的每个元素，库括图像大小和扫描精度。

第四，对于很多格式都可以高质量输出图像，库括 PNG，PDF，SVG，EPS 和 PGF。

第五，可以生成图形用户界面（GUI），做到交互式的获取图像以及一键生成图像文件（通常用于批量作业）。

13.1.2 Matplotlib 的安装

Matplotlib 是第三方库，要使用该库，要先安装，下面看一下安装方法与步骤。

如果没有安装 Matplotlib 库，单击“开始”菜单，打开 Python 3.7.2 Shell 软件，然后输入 import matplotlib，回车，这时就会报错，即没有 matplotlib 库，如图 13.1 所示。

下面来安装 matplotlib 库。Python 自定义 pip 安装工具，可以直接利用其进行安装。pip 安装工具安装到默认目录的 Scripts 目录中，如图 13.2 所示。

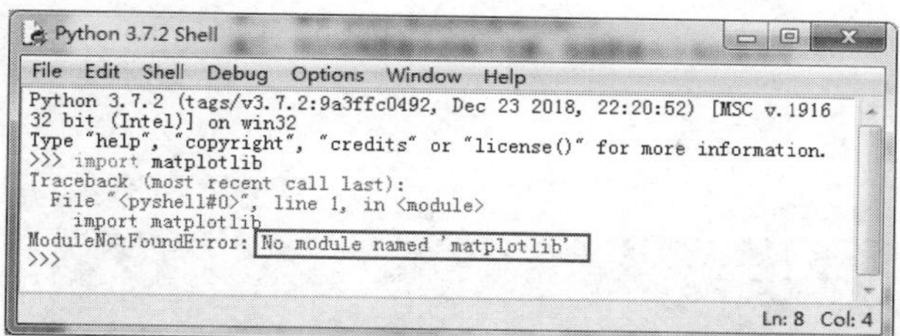

● 图 13.1　没有安装 matplotlib 库会显示报错信息

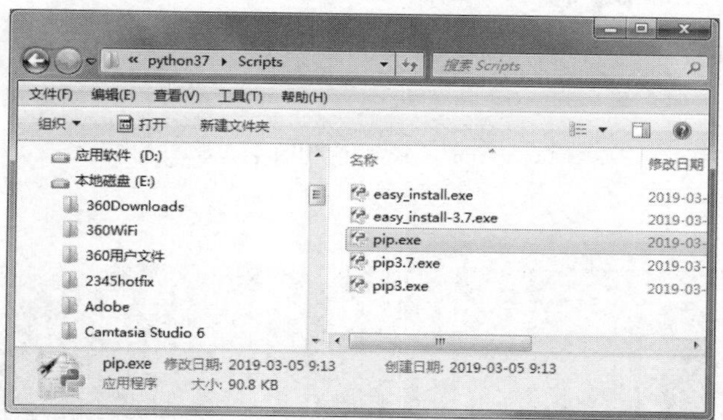

● 图 13.2　pip 安装工具的位置

下面来具体讲解安装 matplotlib 库。单击桌面左下角的“开始”按钮，弹出“开始”菜单，然后在文本框中输入“cmd”，如图 13.3 所示。

● 图 13.3　开始菜单

在文本框中输入“cmd”后，回车，即可打开 Windows 系统命令行程序，如图 13.4 所示。

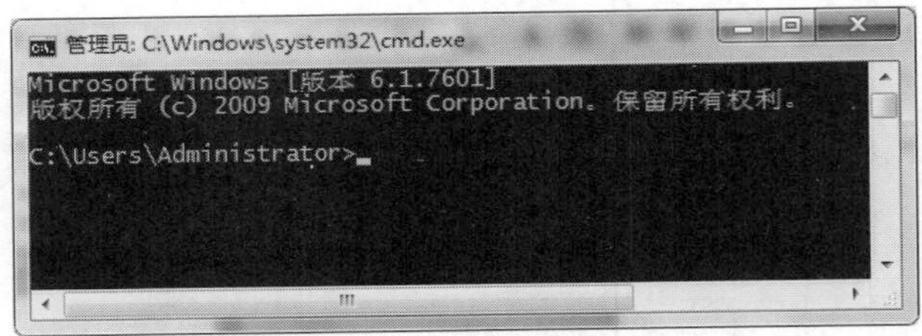

● 图 13.4　Windows 系统命令行程序

然后输入 pip install matplotlib，然后回车，就会开始安装 matplotlib 库，如图 13.5 所示。

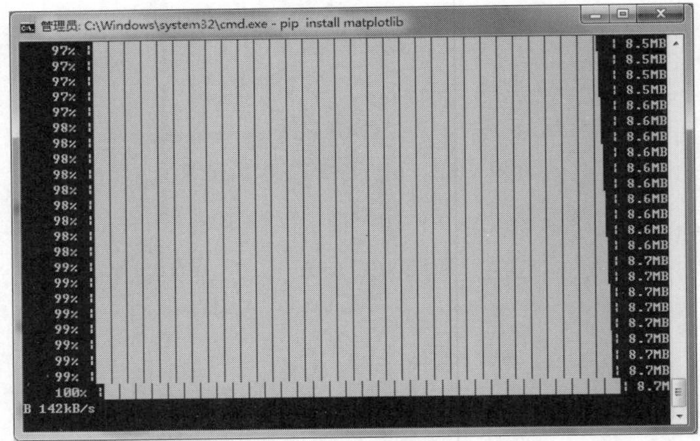

● 图 13.5　安装 matplotlib 库

matplotlib 安装成功后，再输入 import matplotlib，回车，就不会报错，如图 13.6 所示。

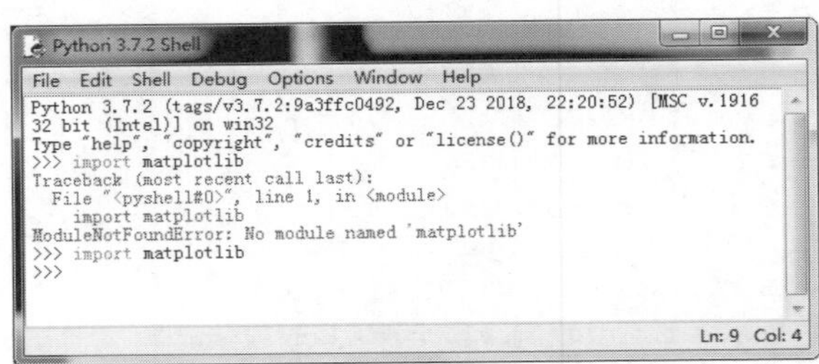

● 图 13.6　matplotlib 库安装成功

利用 Matplotlib 库绘制图形和制作动画，其实是利用 Matplotlib 库中的 pyplot 模块来绘制图形和制作动画。

13.1.3 Numpy 的安装与概述

要使用 matplotlib 库绘制图形或制作动画，就需要 numpy 数据。numpy 库也是第三方库，所以需要安装，安装方法与 matplotlib 库一样。

单击桌面左下角的“开始”按钮，弹出“开始”菜单，然后在文本框中输入“cmd”，回车，打开 Windows 系统命令行程序，然后输入如下命令：

```
pip  install  numpy
```

输入命令后，回车，开始安装，如图 13.7 所示。

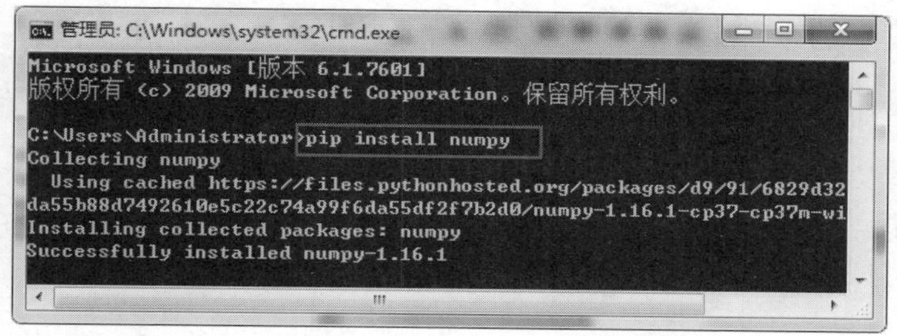

● 图 13.7　安装 numpy 库

numpy 库安装成功后，就可以在后面的 Python 程序中进行使用。

Pyhton 中用列表保存一组值，可将列表当成是数组使用。此外，Python 有 array 模块，但它不支持多维数组，无论是列表还是 array 模块都没有科学运算方法，不适合做矩阵等科学计算。因此，numpy 没有使用 Python 本身的数组机制，而是提供了 ndarray 数组对象，该对象不但能方便地存取数组，而且拥有非常丰富的数组计算方法，比如向量的加法、减法、乘法等。

13.2 figure() 方法的应用

利用 pyplot 模块中的 figure() 方法可以创建一个图形对象，其语法格式如下：

```
figure(num=None, figsize=None, dpi=None, facecolor=None,
edgecolor=None, frameon=True)
```

13.2.1 figure() 方法的各参数意义

num 参数：指定绘图对象的编号或名称，数字为编号，字符串为名称。

figsize 参数：指定绘图对象的宽和高，单位为英寸。

dpi 参数：指定绘图对象的分辨率，即每英寸多少个像素，缺省值为 80。

facecolor 参数：指定绘图对象的背景颜色。

edgecolor 参数：指定绘图对象的边框颜色。

frameon 参数：指定绘图对象是否显示边框。

13.2.2 figure() 方法的实例

要使用 figure() 方法，首先要导入 matplotlib 中的 pyplot 模块，下面通过具体实例讲解一下。

单击“开始”菜单，打开 Python 3.7.2 Shell 软件，然后单击菜单栏中的“File/New File”命令，创建一个 Python 文件，并命名为“Python13-1.py”，然后输入如下代码：

```
import numpy as np      # 导入 numpy 库并重命名为 np
from matplotlib import pyplot as plt      # 从 matplotlib 库中导入 pyplot 模块并重命名为 plt
x = np.arange(1,31)     # 利用 numpy 创建一维数组，其值是 1、2、3……30
y = 6 * x -2            # 变量 y 是变量 x 的一次方程
plt.figure(figsize=(8,3),dpi=100,facecolor="pink")
# 利用 pyplot 模块中的 figure() 方法创建图形对象
plt.plot(x,y)     # 利用 pyplot 模块中的 plot() 方法在图形对象中绘图
plt.show()        # 利用 pyplot 模块中的 show() 方法，显示图形
```

上述代码，首先导入 numpy 模块和 pyplot 模块，然后利用 numpy 创建一维数组 x，变量 y 为变量 x 的一次方程。接着利用 pyplot 模块中的 figure() 方法创建图形对象，利用 plot() 方法在图形对象中绘图，再利用 show() 方法显示图形。

单击菜单栏中的“Run/Run Module”命令或按下键盘上的“F5”，就可以运行程序代码，效果如图 13.8 所示。

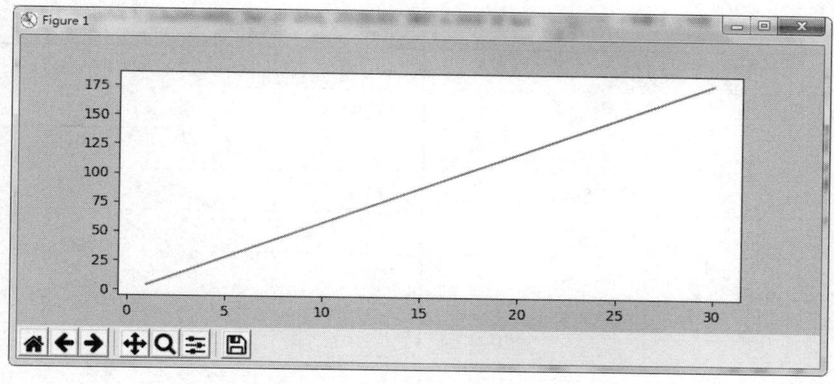

● 图 13.8　figure() 方法的应用

13.3　plot() 方法的应用

利用 pyplot 模块中的 plot() 方法来绘制线条或绘制标记的轴，其语法格式如下：

```
plot(*args, **kwargs)
```

参数是一个可变长度参数，允许多个 x、y 对及可选的格式字符串（指表 13.1 和表 13.2 中的字符）。

13.3.1　plot() 方法的各参数意义

*args 参数：用来设置绘制线条或标记轴的变量，如 plot(x,y)。

**kwargs：用来设置绘制线条或标记的样式和颜色，如 plot (x,y,"ob")。

样式的字符与描述如表 13.1 所示。

表 13.1　样式的字符与描述

字　符	描　述	字　符	描　述
'–'	实线样式	','	像素标记
'––'	短横线样式	'o'	圆标记
'–.'	点画线样式	'v'	倒三角标记
':'	虚线样式	'^'	正三角标记
'.'	点标记	'<'	左三角标记

续表

字　符	描　述	字　符	描　述
‘>’	右三角标记	‘h’	六边形标记 1
‘1’	下箭头标记	‘H’	六边形标记 2
‘2’	上箭头标记	‘+’	加号标记
‘3’	左箭头标记	‘x’	X 标记
‘4’	右箭头标记	‘D’	菱形标记
‘s’	正方形标记	‘d’	窄菱形标记
‘p’	五边形标记	‘|’	竖直线标记
‘*’	星形标记	‘_’	水平线标记

颜色的字符与描述如表 13.2 所示。

表 13.2　颜色的字符与描述

字　符	颜　色	字　符	颜　色
‘b’	蓝色	‘m’	品红色
‘g’	绿色	‘y’	黄色
‘r’	红色	‘k’	黑色
‘c’	青色	‘w’	白色

13.3.2　plot() 方法的实例

要使用 plot() 方法，首先要导入 matplotlib 中的 pyplot 模块，下面通过具体实例讲解一下。

单击“开始”菜单，打开 Python 3.7.2 Shell 软件，然后单击菜单栏中的“File/New File”命令，创建一个 Python 文件，并命名为“Python13-2.py”，然后输入如下代码：

```
    import numpy as np      # 导入 numpy 库并重命名为 np
    from  matplotlib  import pyplot as plt      # 从 matplotlib 库
中导入 pyplot 模块并重命名为 plt
    x = np.arange(-51,51)  # 变量 x 的数据是从 -50 到 50 的整数
    y = 8 * x +1           # 变量 y 是变量 x 的一次方程
    plt.figure()           # 创建图形对象
    plt.plot(x,y,"*r")     # 绘制图形，字符样式为 *（星形标记），颜色
为 r（红色）
    z = x ** 2             # 变量 z 是变量 x 的二次方程
    plt.plot(x,z,"+b")     # 绘制图形，字符样式为 +(+ 号标记），颜色为
```

```
b(蓝色)
    plt.show()                          # 显示图形对象
```

在这里，在一个图形对象中添加两个图形，第一个为一次方程，第二个为二次方程。

单击菜单栏中的“Run/Run Module”命令或按下键盘上的“F5”，就可以运行程序代码，效果如图 13.9 所示。

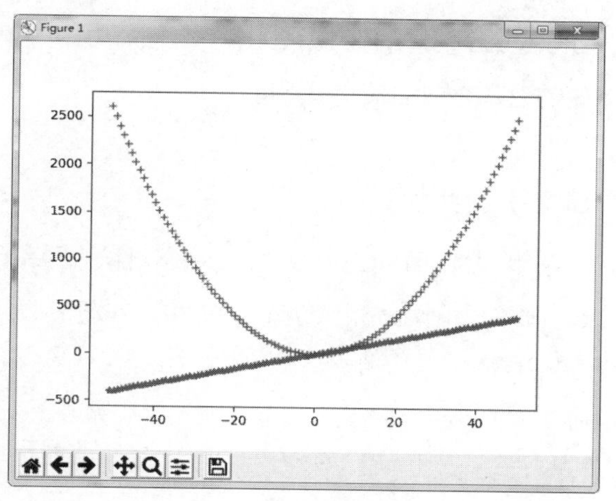

● 图 13.9　plot() 方法的应用

13.4　subplot() 方法的应用

利用 pyplot 模块中的 subplot() 方法可以把图形对象分成很多不同的区域，这样就可以在不同的区域中绘制不同的图形，其语法格式如下：

```
subplot(nrows,ncols,plotNum)
```

需要注意的是，每条 subplot 命令只会创建一个子图。

13.4.1　subplot() 的各参数意义

nrows 参数：subplot 的行数。

ncols 参数：subplot 的列数。

plotNum 参数：指定的区域。

subplot 将整个绘图区域等分为 nrows 行 ×ncols 列个子区域，然后按照从左到右，从上到下的顺序对每个子区域进行编号，左上的子区域的编号为 1。

如果 nrows，ncols 和 plotNum 这三个数都小于 10 的话，可以把它们缩写为一个整数，例如 subplot(323) 和 subplot(3,2,3) 是相同的。

subplot 在 plotNum 指定的区域中创建一个轴对象。如果新创建的轴和之前创建的轴重叠的话，之前的轴将被删除。

13.4.2 subplot() 的实例

单击“开始”菜单，打开 Python 3.7.2 Shell 软件，然后单击菜单栏中的“File/New File”命令，创建一个 Python 文件，并命名为“Python13-3.py”，然后输入如下代码：

```
import numpy as np                    # 导入 numpy 库并重命名为 np
from  matplotlib  import pyplot as plt      # 从 matplotlib 库中导入 pyplot 模块并重命名为 plt
x = np.arange(0,3*np.pi,0.1)  # 创建一维数组变量 x，范围为 0 到 3π，间隔为 0.1
y = x ** 3                 # 变量 y 是变量 x 的三次方
z = np.sin(x)              # 变量 z 是变量 x 的正弦
a = np.cos(x)              # 变量 a 是变量 x 的余弦
b = 2*x-2                  # 变量 b 是变量 x 的一次方
plt.figure()               # 创建图形对象
plt.subplot(2,2,1)         # 把图形对象分成 4 个区域，然后分别在不同的区域绘制图形
plt.plot(x,y,"hb")
plt.subplot(2,2,2)
plt.plot(x,z,"+r")
plt.subplot(2,2,3)
plt.plot(x,a,"*g")
plt.subplot(2,2,4)
plt.plot(x,b,":y")
plt.show()                 # 显示图形对象
```

在这里利用 subplot() 方法，将对图形对象分成 4 个区域，然后分别在不同的区域绘制图形并显示。

单击菜单栏中的“Run/Run Module”命令或按下键盘上的“F5”，就

可以运行程序代码，效果如图 13.10 所示。

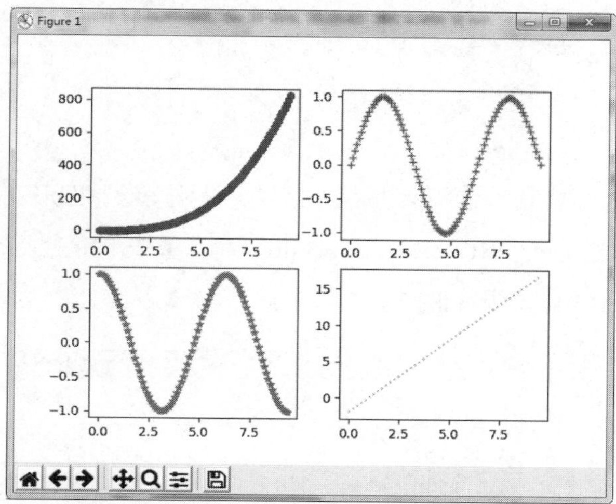

● 图 13.10　subplot() 方法的应用

13.5　add_axes () 方法的应用

利用 figure 图形对象的 add_axes 方法为新增子区域，该区域可以坐落在 figure 图形对象内的任意位置，且该区域可任意设置大小，下面通过实例来讲解。

单击“开始”菜单，打开 Python 3.7.2 Shell 软件，然后单击菜单栏中的“File/New File”命令，创建一个 Python 文件，并命名为“Python13-4.py”，然后输入如下代码：

```
import numpy as np
from  matplotlib import pyplot as plt
#定义数据
x = np.arange(1,26)
y = x**2 + 1
fig = plt.figure()         #创建图形对象
plt.plot(x,y,"+b")
#新建区域myaxes1，坐标原点在左下角
left = 0.2          #水平位置的百分比
bottom = 0.6        #垂直位置的百分比
```

```
width = 0.25     # 宽度的百分比
height = 0.25    # 高度的百分比
myaxes1 = fig.add_axes([left,bottom,width,height])
myaxes1.plot(x,y,"*r")
myaxes2 = fig.add_axes([0.65,0.2,0.2,0.2])
myaxes2.plot(x,y,"hy")
plt.show()
```

在这里先绘制图形，然后添加两个区域，分别再绘制图形。

单击菜单栏中的“Run/Run Module”命令或按下键盘上的“F5”，就可以运行程序代码，效果如图 13.11 所示。

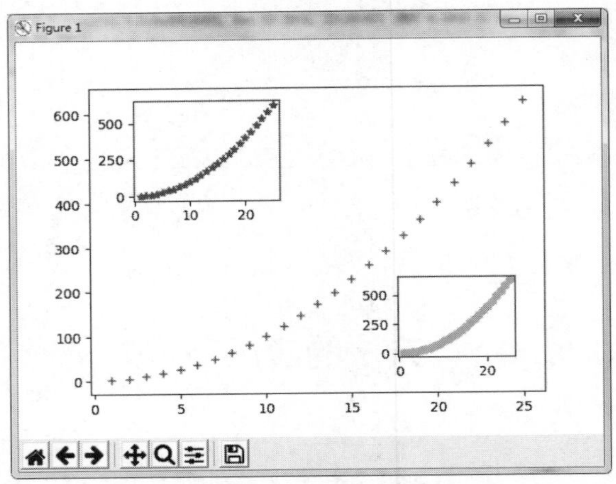

● 图 13.11　add_axes () 方法的应用

13.6　绘制条形图

条形图实际上是用来表示分组（或离散）变量的可视化，可以使用 pyplot 模块中的 bar() 方法或 barh() 方法完成条形图的绘制。

13.6.1　简单垂直条形图

下面使用 pyplot 模块中的 bar 方法，显示 2017 年世界主要国家 GDP 排名的垂直条形图。

单击“开始”菜单，打开 Python 3.7.2 Shell 软件，然后单击菜单栏中的“File/New File”命令，创建一个 Python 文件，并命名为“Python13-5.py”，然后输入如下代码：

```
import matplotlib.pyplot as plt
# 定义列表变量，显示世界主要国家 GDP 数据
GDP = [185691,112182.8,49386.4,34666.3]
# 中文乱码的处理
plt.rcParams['font.sans-serif'] =['Microsoft YaHei']
# 调用 bar 方法绘图
plt.bar(range(4), GDP, align = 'center',color='steelblue', 
alpha = 0.8)
# 添加轴标签
plt.ylabel('GDP')
# 添加标题
plt.title(' 世界主要国家 GDP 大比拼 ')
# 添加刻度标签
plt.xticks(range(4),[' 美国 ',' 中国 ',' 日本 ',' 德国 '])
# 为每个条形图添加数值标签
for x,y in enumerate(GDP):
    plt.text(x,y+100,'%s' %round(y,1),ha='center')
# 显示图形
plt.show()
```

由于 matplotlib 对中文的支持并不是很好，所以需要提前对绘图进行字体设置，即通过 rcParams 来设置字体，这里将字体设置为微软雅黑。

Bar() 方法指定了条形图的 x 轴、y 轴值，设置 x 轴刻度标签为水平居中，条形图的填充色为铁蓝色，同时设置透明度 alpha 为 0.8。

接下来，添加 y 轴标签、标题、x 轴刻度标签值，最后通过循环的方式，添加条形图的数值标签。

单击菜单栏中的“Run/Run Module”命令或按下键盘上的“F5”，就可以运行程序代码，结果如图 13.12 所示。

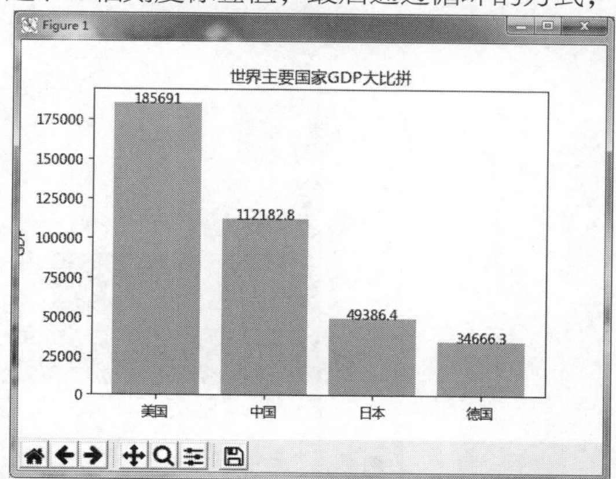

● 图 13.12　简单垂直条形图

13.6.2　简单水平条形图

下面使用 matplotlib 模块中的 barh 方法，显示 2017 年

世界主要国家 GDP 排名的水平条形图。

单击“开始”菜单，打开 Python 3.7.2 Shell 软件，然后单击菜单栏中的“File/New File”命令，创建一个 Python 文件，并命名为“Python13-6.py”，然后输入如下代码：

```
import matplotlib.pyplot as plt
# 定义列表变量，显示世界主要国家 GDP 数据
GDP = [185691,112182.8,49386.4,34666.3]
# 中文乱码的处理
plt.rcParams['font.sans-serif'] =['Microsoft YaHei']
# 调用 bar 方法绘图
plt.barh(range(4),  GDP,  align  =  'center',color='red', alpha = 0.6)
# 添加轴标签
plt.xlabel('GDP')
# 添加标题
plt.title(' 世界主要国家 GDP 大比拼 ')
# 添加刻度标签
plt.yticks(range(4),[' 美国 ',' 中国 ',' 日本 ',' 德国 '])
# 为每个条形图添加数值标签
for x,y in enumerate(GDP):
    plt.text(x,y+100,'%s' %round(y,1),ha='center')
# 显示图形
plt.show()
```

水平条形图的绘制与垂直条形图的绘制步骤一致，只是通过调用 barh 方法来完成。

单击菜单栏中的“Run/Run Module”命令或按下键盘上的“F5”，就可以运行程序代码，结果如图 13.13 所示。

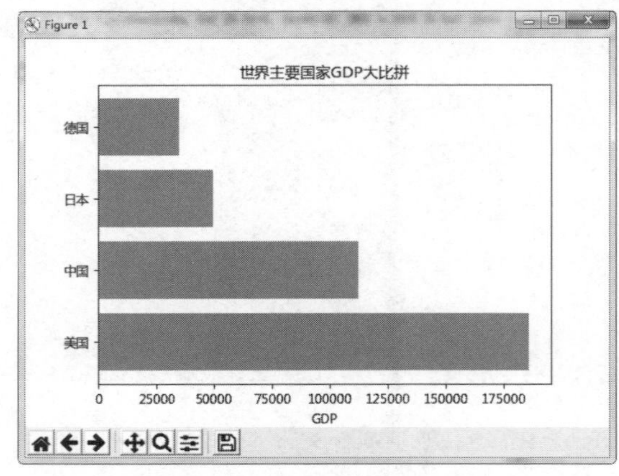

● 图 13.13　简单水平条形图

13.7 绘制饼形图

饼形图表示分组（或离散）变量水平的占比情况，可以使用 pyplot 模块中的 pie() 方法完成饼形图的绘制。

13.7.1 pie() 方法语法格式及各参数意义

pie() 方法可以绘制一个饼形图，其语法格式如下：

```
pie(x, explode=None, labels=None, colors=None, pctdistance=0.6, shadow=False, labeldistance=1.1, startangle=None, radius=None, counterclock=True, wedgeprops=None, textprops=None, center=(0,0), frame=False)
```

各参数意义如下：

x：指定绘制饼形图的数据。

explode：指定饼形图某些部分的突出显示，即呈现爆炸式。

labels：为饼形图添加标签说明，类似于图例说明。

colors：指定饼形图的填充色。

autopct：设置百分比格式。

shadow：是否添加饼形图的阴影效果。

pctdistance：设置百分比标签与圆心的距离。

labeldistance：设置各扇形标签（图例）与圆心的距离。

startangle：设置饼形图的初始摆放角度，180 为水平。

radius：设置饼形图的半径大小。

counterclock：是否让饼形图按逆时针顺序呈现。

wedgeprops：设置饼形图内外边界的属性，如边界线的粗细、颜色等。

textprops：设置饼形图中文本的属性，如字体大小、颜色等。

center：指定饼形图的中心点位置，默认为原点。

frame：是否要显示饼形图背后的图框，如果设置为 True 的话，需要同时控制图框 x 轴、y 轴的范围和饼图的中心位置。

13.7.2 pie() 方法的实例

我们使用芝麻信用近 300 万失信人群的样本统计数据来绘制饼图，该数据显示，从受教育水平上来看，中专占比 25.15%，大专占比 37.24%，本科占比 33.36%，硕士占比 3.68%，剩余的其他学历占比 0.57%。对于这样一组数据，我们该如何使用饼图来呈现呢？

单击“开始”菜单，打开 Python 3.7.2 Shell 软件，然后单击菜单栏中的“File/New File”命令，创建一个 Python 文件，并命名为“Python13-7.py”，然后输入如下代码：

```
import matplotlib.pyplot as plt
# 构造数据
edu=[0.2515,0.3724,0.3336,0.0368,0.0057]
labels=['中专','大专','本科','硕士','其他']
explode = [0,0.1,0,0,0]  # 用于突出显示大专学历人群
colors=['#FEB748','#EDD25D','#FE4F54','#51B4FF','#dd5555']
# 自定义颜色
# 中文乱码的处理
plt.rcParams['font.sans-serif'] =['Microsoft YaHei']
# 将横、纵坐标轴标准化处理，保证饼图是一个正圆，否则为椭圆
plt.axes(aspect='equal')
# 控制 x 轴和 y 轴的范围
plt.xlim(0,4)
plt.ylim(0,4)
# 绘制饼图
plt.pie(x = edu,            # 绘图数据
  explode=explode,          # 突出显示大专人群
  labels=labels,            # 添加教育水平标签
  colors=colors,            # 设置饼图的自定义填充色
  autopct='%.1f%%',         # 设置百分比的格式，这里保留一位小数
  pctdistance=1.2,          # 设置百分比标签与圆心的距离
  labeldistance = 1.4,      # 设置教育水平标签与圆心的距离
  startangle = 180,         # 设置饼图的初始角度
  radius = 1.5,             # 设置饼图的半径
  counterclock = False,     # 是否逆时针，这里设置为顺时针方向
   wedgeprops = {'linewidth': 1.5, 'edgecolor':'green'},#
设置饼图内外边界的属性值
   textprops = {'fontsize':12, 'color':'k'}, # 设置文本标签的
属性值
   center = (1.8,1.8),      # 设置饼图的原点
   frame = 1)               # 是否显示饼图的图框，这里设置显示
# 删除 x 轴和 y 轴的刻度
plt.xticks(())
```

```
plt.yticks(())
# 添加图标题
plt.title('芝麻信用失信用户分析')
# 显示图形
plt.show()
```

单击菜单栏中的“Run/Run Module”命令或按下键盘上的“F5”，就可以运行程序代码，结果如图 13.14 所示。

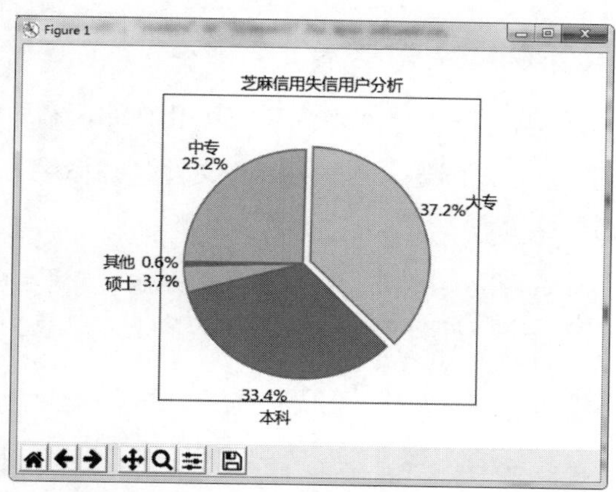

● 图 13.14 绘制饼形图

13.8 制作动画

利用 Matplotlib 库中的 animation.FuncAnimation() 方法，可以制作动画，其语法格式如下：

```
animation.FuncAnimation(fig,func,frames,init_func,interval,
blit)
```

各参数意义如下：

fig：是指制作动画的图形对象。

func：是一个函数，每一帧都被调用该函数。该函数的第一个参数就是下一个参数 frames 中的 value。

frames：动画长度，一次循环库含的帧数。

init_func：初始化函数，就是 fig 的最初设置。

interval: 用来设置动画的时间间隔，用来控制动画速度的，单位是ms（毫秒），默认为200毫秒。

blit：用来告诉动画只重绘修改的部分或是全部。如果其值为True，表示只重绘修改的部分，这样动画的速度会很快；如果其值为False，表示要重绘全部，动画的速度就会较慢。

13.8.1 实例：余弦的动画效果

单击“开始”菜单，打开Python 3.7.2 Shell软件，然后单击菜单栏中的“File/New File”命令，创建一个Python文件，并命名为“Python13-8.py”，然后输入如下代码：

```
import numpy as np                  # 导入 numpy 库并重命名为 np
from  matplotlib  import pyplot as plt     # 从 matplotlib 库中导入 pyplot 模块并重命名为 plt
from  matplotlib  import animation  # 从 matplotlib 库中导入 animation 模块
myfig = plt.figure()                # 定义图形对象
# 定义数据
x = np.arange(0,8*np.pi,0.1)
y = np.cos(x)
mydots = plt.plot(x,y,"*r")   #plot() 方法的返回值是一个列表
mydot = mydots[0]             # 取第一个值
```

首先导入所需要的模块，即numpy、pyplot和animation，然后定义图形对象和数据，需要注意的是，plot()方法的返回值是一个列表，在这里只取第一个值。

接下来定义init()函数，用来设置动画的初始值，具体代码如下：

```
def init():
    mydot.set_ydata(np.cos(x))
    return mydot
```

接下来定义update()函数，用来更新动画，具体代码如下：

```
def update(i):
    mydot.set_ydata(np.cos(x + i/5))
    return mydot
```

然后，就可以创建动画并显示，具体代码如下：

```
myani = animation.FuncAnimation(fig = myfig, func = update, init_func = init, interval = 10, frames = 300 )
```

```
#显示动画
plt.show()
```

单击菜单栏中的“Run/Run Module”命令或按下键盘上的“F5”，就可以运行程序代码，余弦的动画效果如图 13.15 所示。

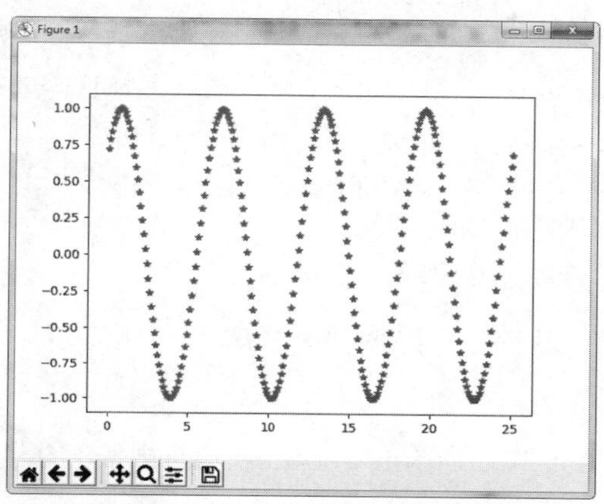

● 图 13.15　余弦的动画效果

13.8.2　实例：过山车动画效果

单击“开始”菜单，打开 Python 3.7.2 Shell 软件，然后单击菜单栏中的“File/New File”命令，创建一个 Python 文件，并命名为“Python13-9.py”，然后输入如下代码：

```
import numpy as np       #导入numpy库并重命名为np
from  matplotlib  import pyplot as plt      #从matplotlib库中导入pyplot模块并重命名为plt
from  matplotlib  import animation  #从matplotlib库中导入animation模块
myfig,ax = plt.subplots()               #定义图形对象
x = np.arange(0,3*np.pi,0.1)            #定义数据
y = np.cos(x)
mysc = ax.plot(x,y,"+b")                #绘制图形
myansc =ax.plot([],[],"Dr")             #绘制一个无数据图形
mydot = myansc[0]                       #获取第一个数据
```

接下来定义 init() 函数，用来设置动画的初始值，具体代码如下：

```
def init() :
    ax.set_xlim(0,3*np.pi)      #设置x坐标
    ax.set_ylim(-1,1)           #设置y坐标
```

```
    return mysc
```

接下来定义 myframesdot()，用来设定动画的帧数，具体代码如下：

```
def myframesdot() :
    for  i  in  np.arange(0,3*np.pi,0.1) :
        newdot =[i,np.cos(i)]
        yield newdot          # 记住上一次返回时在函数体中的位置
```

接下来定义 update() 函数，用来更新动画，具体代码如下：

```
def update(newd) :
    mydot.set_data(newd[0],newd[1]) # 获得每一帧的 x 和 y 坐标值
    return mydot
```

然后就可以创建动画并显示，具体代码如下：

```
    myani  =  animation.FuncAnimation(fig  =  myfig,  func  =  update, 
init_func=init , interval=1,frames =myframesdot )
    plt.show()
```

单击菜单栏中的“Run/Run Module”命令或按下键盘上的“F5”，就可以运行程序代码，过山车动画效果如图 13.16 所示。

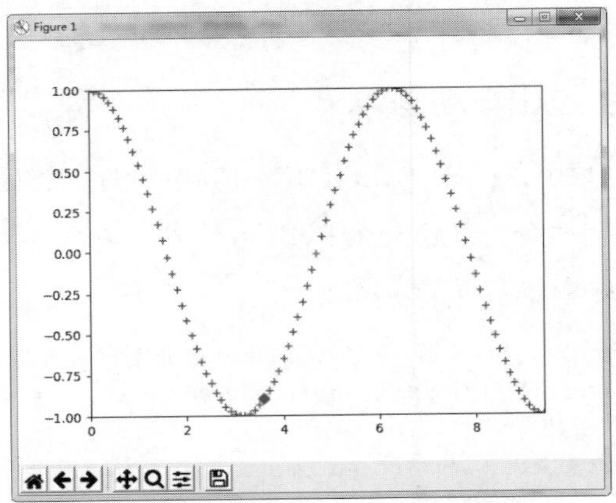

● 图 13.16　过山车动画效果

第 14 章

Python 的 pygame 游戏

Pygame 是一款用来开发游戏软件的 Python 库，基于 SDL 库的基础上开发。允许在 Python 程序中创建功能丰富的游戏和多媒体程序，Pygame 是一个高可移植性的模块，可以支持多个操作系统，用它来开发小游戏非常适合。

本章主要内容包括：

- 初识 Pygame 库及安装
- 实例：创建窗体并显示文字
- 利用键盘控制图像的动画效果
- 绘制各种图形
- 精灵和精灵组
- 实例：可以移动的圆
- 实例：弹弹猫
- 实例：利用键盘控制动画猫

14.1 初识 Pygame 库

Pygame 是被设计用来写游戏的 python 模块集合，是在优秀的 SDL 库之上开发的功能性包。Pygame 库是免费的，发行遵守 GPL，可以利用它开发开源的、免费的、免费软件、共享件、还有商业软件等。

14.1.1 SDL 库

Pygame 是一个利用 SDL 库写出的游戏库。SDL（Simple DirectMedia Layer）是一套开放源代码的跨平台多媒体开发库。SDL 提供了数种控制图像、声音、输入 / 输出的函数，让开发者只要用相同或是相似的代码就可以开发出跨多个平台（Linux、Windows、Mac OS X 等）的应用软件。目前 SDL 多用于开发游戏、模拟器、媒体播放器等多媒体应用领域。

SDL 是用 C 写的，不过它也可以使用 C++ 进行开发，当然还有很多其他的语言，如 Python、Java、C#、PHP 等。库装得比较好的是 Python 语言的 pygame 库。

14.1.2 Pygame 的安装

Pygame 库也是第三方库，所以需要安装，安装方法与 matplotlib 库一样。

单击桌面左下角的“开始”按钮，弹出“开始”菜单，然后在文本框中输入“cmd”，回车，打开 Windows 系统命令行程序，然后输入如下命令：

```
pip  install  pygame
```

输入命令后，回车，即可开始安装，如图 14.1 所示。

pygame 库安装成功后，就可以在后面的 Python 程序中进行使用。

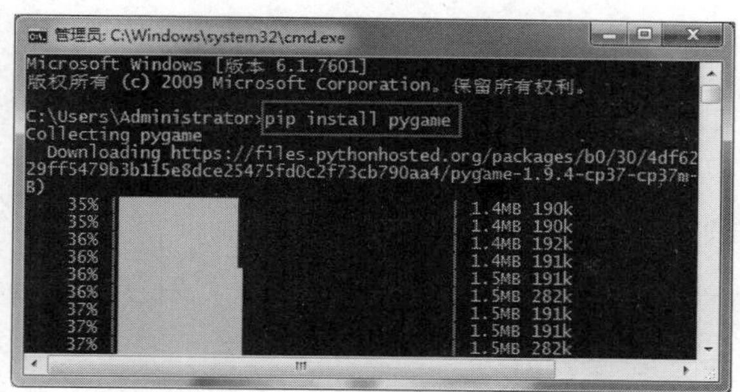

● 图 14.1 安装 pygame 库

14.2 创建窗体

游戏界面也是图形用户界面，所以要创建游戏，首先创建一个窗体，然后才能在窗体上实现游戏的各种功能。

14.2.1 set_mode() 方法

在 pygame 中，是利用 pygame 库中的 display 模块中的 set_mode() 方法来创建窗体的。其中 displays 模块是访问显示设备的模块。

set_mode() 方法的语法格式如下：

```
pygame.display.set_mode(resolution=(0,0),flags=0,depth=0)
```

各参数意义如下：

resolution：必需参数，用来设置 windows 窗体的大小，单位是像素。

flages：可选参数，表示想要什么样的显示屏。如果其值为 pygame.FULLSCREEN，表示全屏显示；如果其值为 pygame.RESIZABLE，表示窗体大小可以调整；如果其值为 pygame.RESIZABLE，表示窗体大小可以调整；默认值为 0，表示不用什么特性。

depth：用来设置色深。色深是一种主要取决于物体色的明度并与色调和彩度有关的对物体色的综合颜色感觉。最好不要设置。

需要注意的是，set_mode() 方法的返回值就是窗体。

在 pygame 中，是利用 pygame 库中的 display 模块中的 set_caption() 方法来设置窗口的标题。如果想得到窗口的标题，要使用 get_caption() 方法。

14.2.2 实例：创建窗体并显示文字

单击“开始”菜单，打开 Python 3.7.2 Shell 软件，然后单击菜单栏中的“File/New File”命令，创建一个 Python 文件，并命名为“Python14-1.py”，然后输入如下代码：

```
import pygame              # 导入游戏 pygame 库
# 设置文字颜色和背景颜色
textcolor = (255,0,0)
bgcolor = (0,0,255)
pygame.init()              # 初始化，为使用硬件做准备
# 创建一个窗体，窗体的宽度为 320 像素，高度为 240 像素
myscreen = pygame.display.set_mode((320,240))
pygame.display.set_caption(" 第一个 PyGame 游戏窗体 ")
myfont = pygame.font.Font(None,50)
mytext = myfont.render("Hell World!",True,textcolor)
# 游戏主循环
while  True :
    myscreen.fill(bgcolor)             # 填充背景色
    myscreen.blit(mytext,(50,100))     # 添加文字并设置位置
    pygame.display.update()            # 更新窗体
```

上述代码首先导入游戏 pygame 库，然后定义两个元组变量，分别存放文字颜色和背景颜色；接着进行 pygame 初始化，为使用硬件做准备；然后创建窗体并设置窗体标题；接着设置文本并进入游戏主循环。在游戏主循环中，填充窗体背景色，添加文字，最后更新窗体。

单击菜单栏中的“Run/Run Module”命令或按下键盘上的“F5”，就可以运行程序代码，结果如图 14.2 所示。

需要注意的是，while 循环一直在运行，所以你无法关闭窗体，这样就需要添加关闭窗体事件，即单击窗体右上角的“X”，就可以关闭游戏。

由于这里要用到 pygame 中的一些常量和函数，所以要先导入 pygame.locals，

图 14.2　创建窗体并显示文字

具体代码如下：

```
from pygame.locals import *   # 导入一些常用的函数和常量
```

注意上述代码放在 import pygame 下面即可。

然后在代码的最后添加如下代码：

```
    for event in pygame.event.get() :
        if event.type == QUIT :
            exit()
```

首先利用 pygame.event.get() 获得 pygame 中的所有事件，然后循环判断，当事件类型为退出时，即 event.type == QUIT，执行退出函数。

这样程序运行后，单击单击窗体右上角的“ X ”，就会调用 exit()，弹出提示对话框，如图 14.3 所示。

单击“确定”按钮，就会关闭程序。

• 图 14.3　提示对话框

14.3　利用键盘控制图像的动画效果

创建窗体后，就可以在在窗体中制作游戏了。下面制作一个利用键盘控制图像的动画效果。

14.3.1　背景加载图像

单击“开始”菜单，打开 Python 3.7.2 Shell 软件，然后单击菜单栏中的“File/New File”命令，创建一个 Python 文件，并命名为“Python14-2.py”，然后输入如下代码：

```
import pygame                      # 导入游戏 pygame 库
from pygame.locals import *        # 导入一些常用的函数和常量
pygame.init()                      # 初始化，为使用硬件做准备
# 创建一个窗体，窗体的宽度为 650 像素，高度为 350 像素
myscreen = pygame.display.set_mode((650,350))
# 设置窗体的标题
pygame.display.set_caption(" 第一个 PyGame 游戏窗体 ")
# 加载图像
bgimage = pygame.image.load("bgpic.jpg")
```

```
# 获得图像的大小
bgposition = bgimage.get_rect()
# 游戏主循环
while  True :
    for event in pygame.event.get() :
        if event.type == pygame.QUIT :
            exit()
    # 把图像绘制到窗体上显示
    myscreen.blit(bgimage,bgposition)
    pygame.display.update()          # 更新窗体
```

首先导入游戏 pygame 库并初始化，然后创建窗体并设置窗体标题，接着调用 pygame 库中的 image 模块中的 load() 方法，加载图像，该方法的语法格式如下：

```
pygame.image.load(filename)
```

参数 filename 就是加载图像的图像位置及图像名。所以在上述代码中，要把图像“bgpic.jpg”放到“E:\Python37”文件夹中，即与当前 Python 文件放在同一个位置夹中。pygame 一般来说支持图像的 JPG、PNG、GIF (non animated)、BMP、PCX、TGA (uncompressed)、TIF、LBM (及 PBM)、PBM (及 PGM、PPM)、XPM 等格式。

load() 方法的返回值是一个包含图像的 Surface，Surface 的格式和原来的文件相同（包括颜色格式、透明色和 alpha 透明）。

> 提醒：Pygame 的 Surface 对象用于表示任何一个图像，Surface 对象具有固定的分辨率和像素格式，其实窗体也是一个 Surface 对象。

加载图像后，就可以利用 Surface 对象的 get_rect() 方法获取 Surface 对象的矩形区域，其语法格式如下：

```
Surface.get_rect(**kwargs)
```

get_rect() 方法返回一个 Rect 对象。该矩形对象（Rect）总是以 (0，0) 为起点，width 和 height 为图像的尺寸。

这样就可以把图像复制到窗体上显示，这时要用到 filt() 方法，其语法格式如下：

```
Surface.blit(source, dest)
```

参数 source 是指将指定的 Surface 对象绘制到该对象上。参数 dest 是指绘制的位置，dest 的值可以是 source 的左上角坐标。如果传入一个 Rect 对象给 dest，那么 blit() 会使用它的左上角坐标。

单击菜单栏中的“Run/Run Module”命令或按下键盘上的“F5”，就可以运行程序代码，就可以看到窗体背景图像，如图 14.4 所示。

● 图 14.4　窗体背景图像

14.3.2　加载图像并动起来

窗体设计好后，就可以在窗体上再加载图像，然后让它动起来。

再加载一幅图像，具体代码如下：

```
moveimage = pygame.image.load("bird.gif")
moveposition = moveimage.get_rect()
#定义列表变量，控件图像动画的速度
myspeed = [1,0]
```

注意这里定义一个列表变量，用来控件图像动画的速度。第一个值为 x 方向的移动速度，第二个值为 y 方向的移动速度。

下面在窗体上显示该运动的图像，具体代码如下：

```
myscreen.blit(moveimage,moveposition)
moveposition = moveposition.move(myspeed)
```

注意这些代码放在 pygame.display.update() 代码前面。

这里用到了 Rect 对象的 move() 方法，其语法格式如下：

```
pygame.Rect.move(x, y)
```

返回一个新的 Rect 对象。x 和 y 参数可以是正数或负数，用于指定新对象的偏移地址。

单击菜单栏中的“Run/Run Module”命令或按下键盘上的“F5”，就

可以运行程序代码，就可以看到一只大鸟在海上飞过，如图 14.5 所示。

● 图 14.5　一只大鸟在海上飞过

这时你会发现，大鸟飞得太快，这就需要修改每秒钟中的循环次数，就要用到 pygame.time.Clock().tick()，具体代码如下：

```
pygame.time.Clock().tick(60)        # 设置每秒循环 60 次
```

上述代码放在 pygame.display.update() 代码后面即可。

14.3.3　利用键盘事件控制动画

在程序设计中，事件可以将用户的行为反馈到逻辑层进行处理，pygame 中常用事件及意义如下：

QUIT：用户按下关闭按钮触发的事件。

KEYDOWN：键盘被按下触发的事件。

KEYUP：键盘被放开触发的事件。

MOUSEBUTTONDOWN：鼠标按下触发的事件。

MOUSEBUTTONUP：鼠标松开触发的事件。

MOUSEMOTION：鼠标移动触发的事件。

下面编写代码，利用键备盘上的“↑”、“↓”、“←”、“→”键控制图像的上、下、左、右移动。

```
for event in pygame.event.get() :
        if event.type == pygame.QUIT :
            exit()
```

```
        if event.type == pygame.KEYDOWN :
            if event.key == pygame.K_RIGHT :
                myspeed = [2,0]
            if event.key == pygame.K_LEFT :
                myspeed = [-2,0]
            if event.key == pygame.K_UP :
                myspeed = [0,2]
            if event.key == pygame.K_DOWN :
                myspeed = [0,-2]
        if event.type ==pygame.KEYUP :
            myspeed = [0,0]
```

需要注意的是，添加的键盘事件代码，一定是放在 for 循环中，因为在 pygame 中，所有的事件都需要利用 pygame.event.get() 得到。

当用户按下键盘时，再判断按下的键是什么键，然后在其后面设置图像的速度。

当用户离开键盘时，图像的速度在所有方向都为 0，即静止不动。

单击菜单栏中的“Run/Run Module”命令或按下键盘上的“F5”，就可以运行程序代码,就可以看到一只大鸟在海上飞过,但按下键盘上的方向键,就可以控制图像运动，如图 14.6 所示。

● 图 14.6　利用键盘控制大鸟的飞行

14.3.4　添加背景音乐

在 pygame 中要加载音乐，需要使用 mixer 库中 music 模块，该模块中的常用方法及意义如下：

pygame.mixer.music.load()：载入一个音乐文件用于播放

pygame.mixer.music.play()：开始播放音乐。

pygame.mixer.music.rewind()：重新开始播放音乐。

pygame.mixer.music.stop()：结束音乐播放。

pygame.mixer.music.pause()：暂停音乐播放。

pygame.mixer.music.unpause()：恢复音乐播放。

pygame.mixer.music.fadeout()：淡出的效果结束音乐播放。

pygame.mixer.music.set_volume()：设置音量。

pygame.mixer.music.get_volume() ：获取音量。

pygame.mixer.music.get_busy()：检查是否正在播放音乐。

pygame.mixer.music.set_pos()：设置播放的位置。

pygame.mixer.music.get_pos()：获取播放的位置。

pygame.mixer.music.queue()：将一个音乐文件放入队列中，并排在当前播放的音乐之后。

pygame.mixer.music.set_endevent()：当播放结束时发送一个事件。

pygame.mixer.music.get_endevent()：获取播放结束时发送的事件。

下面添加代码，为动画添加背景音乐。在 pygame.init() 后添加代码，具体如下：

```
    pygame.mixer.init()                              # 初始化混音器
    pygame.mixer.music.load("mynusic.mp3")           # 加载音乐文件
    pygame.mixer.music.set_volume(0.1)               # 设置音量
    pygame.mixer.music.play( loops=-1 )              # 设置播放方式，这
里是循环播放
```

单击菜单栏中的“Run/Run Module”命令或按下键盘上的“F5”，就可以运行程序代码，就可以听到背景音乐。

14.4　绘制各种图形

在 pygame 中，利用 draw 模块中的各种方法，可以绘制各种图形，下面具体讲解一下。

14.4.1 绘制矩形

在 pygame 中，利用 draw 模块中的 rect() 方法绘制矩形，其语法格式如下：

```
pygame.draw.rect(Surface, color, Rect, width)
```

在 Surface 上绘制矩形，第二个参数是线条（或填充）的颜色，第三个参数 Rect 的形式是 ((x, y), (width, height))，表示的是所绘制矩形的区域，其中第一个元组 (x, y) 表示的是该矩形左上角的坐标，第二个元组 (width, height) 表示的是矩形的宽度和高度。width 表示线条的粗细，单位为像素；默认值为 0，表示填充矩形内部。

注意，该方法的返回值是一个 Rect 对象。

单击“开始”菜单，打开 Python 3.7.2 Shell 软件，然后单击菜单栏中的“File/New File”命令，创建一个 Python 文件，并命名为“Python14-3.py”，然后输入如下代码：

```
import pygame      # 导入游戏 pygame 库
# 创建一个窗体，窗体的宽度为 400 像素，高度为 300 像素
myscreen = pygame.display.set_mode((400,300))
# 设置窗体的标题
pygame.display.set_caption(" 绘制矩形 ")
# 背景颜色
bgcolor = (200,0,0)
# 填充颜色
r = 0
g = 100
b = 10
# 设置绘制矩形的初始值
x = 10
y = 10
width = 50
height= 50
# 游戏主循环
while  True :
    for event in pygame.event.get() :
        if event.type == pygame.QUIT :
            exit()
    myscreen.fill(bgcolor)
    for i in range(10,120,10) :
         pygame.draw.rect(myscreen,[r,g+i,b],[x+i,y+i,width+i,
height+i],5)
    pygame.display.update()
```

单击菜单栏中的“Run/Run Module”命令或按下键盘上的“F5”，就可以运行程序代码，就可以看到立体矩形框效果，如图 14.7 所示。

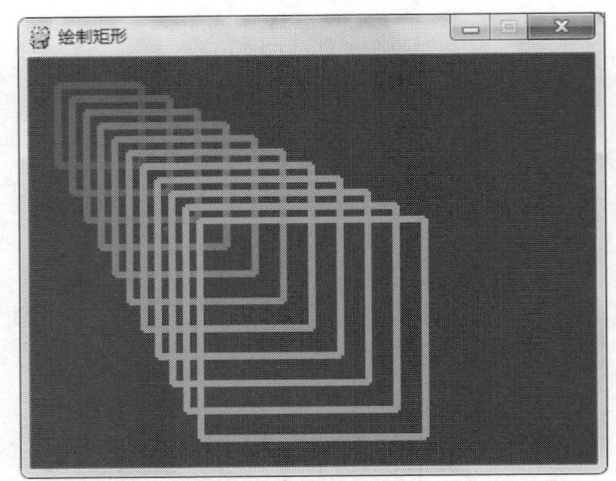

● 图 14.7　立体矩形框效果

14.4.2　绘制圆和椭圆

在 pygame 中，利用 draw 模块中的 circle() 方法绘制圆形，其语法格式如下：

```
pygame.draw.circle(Surface, color, pos, radius, width)
```

第三个参数 pos 是圆心的位置坐标，radius 指定了圆的半径。

利用 draw 模块中的 ellipse() 方法绘制椭圆，其语法格式如下：

```
pygame.draw.ellipse(Surface, color, Rect, width)
```

该方法在矩形 Rect 内部绘制一个内接椭圆。

单击“开始”菜单，打开 Python 3.7.2 Shell 软件，然后单击菜单栏中的“File/New File”命令，创建一个 Python 文件，并命名为“Python14-4.py”，然后输入如下代码：

```
import pygame       # 导入游戏 pygame 库
# 创建一个窗体，窗体的宽度为 600 像素，高度为 300 像素
myscreen = pygame.display.set_mode((600,300))
# 设置窗体的标题
pygame.display.set_caption(" 绘制圆和椭圆 ")
# 背景颜色
bgcolor = (200,0,0)
# 填充颜色
```

```
    r = 100
    g = 0
    b = 0
    #设置绘制矩形的初始值
    x = 10
    y = 10
    width = 100
    height= 50
    #游戏主循环
    while  True :
        for event in pygame.event.get() :
            if event.type == pygame.QUIT :
                exit()
        myscreen.fill(bgcolor)
        for i in range(10,120,10) :
              pygame.draw.ellipse(myscreen,[r,g,b+i],[x+i,y+i,
width+i, height+i],5)
              pygame.draw.circle(myscreen,[r+i,g+2*i,b],
(450,150),i,8)
        pygame.display.update()
```

单击菜单栏中的“Run/Run Module”命令或按下键盘上的“F5”，就可以运行程序代码，就可以看到圆和椭圆效果，如图 14.8 所示。

• 图 14.8　圆和椭圆效果

14.4.3　绘制其他图形

在 pygame 中，利用 draw 模块中的 polygon () 方法绘制多边形，其语法格式如下：

```
pygame.draw.polygon(Surface, color, pointlist, width=0)
```

pointlist 是一个坐标点的列表，表示多边形的各个顶点。其他参数与矩形一样，不再多说。

在 pygame 中，利用 draw 模块中的 arc () 方法绘制弧线，其语法格式如下：

```
pygame.draw.arc(Surface, color, Rect, start_angle, stop_angle, width=1)
```

绘制弧线其实是上面提到的椭圆的一部分。与 ellipse 函数相比，多了两个参数：start_angle 是该段圆弧的起始角度，stop_angle 是终止角度。

在 pygame 中，利用 draw 模块中的 line() 方法绘制线段，其语法格式如下：

```
pygame.draw.line(Surface, color, start_pos, end_pos, width=1)
```

参数 start_pos 和 end_pos 分别表示起始点和终止点，用坐标表示。width 为线条宽度，默认为 1。线条两端自然结束，没有明显的端点（如实心黑点）。

在 pygame 中，利用 draw 模块中的 lines() 方法绘制多条线段，其语法格式如下：

```
pygame.draw.lines(Surface, color, closed, pointlist, width=1)
```

参数 closed 是一个布尔变量，如果 closed 为真，那么表示需要把第一点和最后一点连接起来。这些点来自 pointlist，一个包含坐标点的列表。

在 pygame 中，利用 draw 模块中的 aaline() 方法绘制一条平滑的（消除锯齿）直线段，其语法格式如下：

```
pygame.draw.aaline(Surface, color, startpos, endpos, blend=1)
```

在 pygame 中，利用 draw 模块中的 aalines() 方法绘制多条平滑的（消除锯齿）直线段，其语法格式如下：

```
pygame.draw.aalines(Surface, color, closed, pointlist, blend=1)
```

单击“开始”菜单，打开 Python 3.7.2 Shell 软件，然后单击菜单栏中的

"File/New File"命令，创建一个 Python 文件，并命名为"Python14-5.py"，然后输入如下代码：

```
import pygame      # 导入游戏 pygame 库
import math
# 创建一个窗体，窗体的宽度为 480 像素，高度为 300 像素
myscreen = pygame.display.set_mode((480,300))
# 设置窗体的标题
pygame.display.set_caption(" 绘制其他图形 ")
# 背景颜色
bgcolor = (100,0,0)
points = [(200, 175), (300, 125), (400, 175), (450, 125),
(450, 225), (400, 175), (300, 225)]
# 游戏主循环
while  True :
    for event in pygame.event.get() :
        if event.type == pygame.QUIT :
            exit()
    myscreen.fill(bgcolor)
     pygame.draw.line(myscreen, (255, 0, 0), (5, 100),
(100, 100))
     pygame.draw.arc(myscreen, (0, 255, 0), ((5, 150),
(100, 200)), 0, math.pi/2, 5)
    pygame.draw.polygon(myscreen,(0,0,255),points,0)
    pygame.draw.aaline(myscreen, (255, 255, 0), (120, 10),
(120, 100))
    pygame.display.update()
```

单击菜单栏中的"Run/Run Module"命令或按下键盘上的"F5"，就可以运行程序代码，效果如图 14.9 所示。

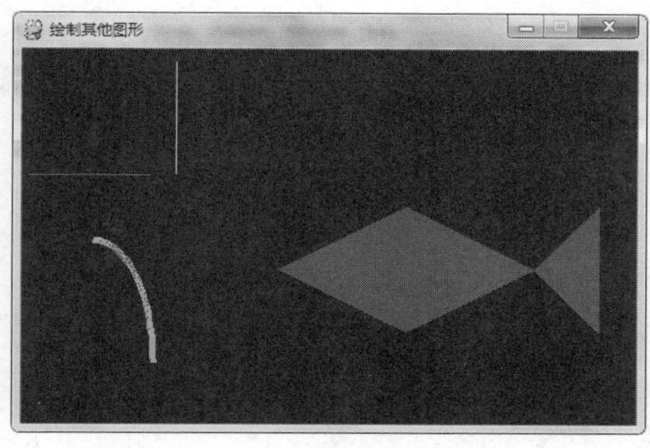

• 图 14.9　绘制其他图形

14.5 精灵和精灵组

pygame.sprite.Sprite 就是 pygame 里面用来实现精灵的一个类，使用时并不需要对它实例化，只需要继承它，然后按需要编写出自己的类即可，因此非常简单实用。到底什么是精灵呢？

精灵是一个个在屏幕上移动的图形对象，并且可以与其他图形对象交互。精灵图形可以是使用 pygame 绘制的图形，也可以是原来就有的图形文件。

创建精灵后，还需要管理精灵，就要用到 pygame.sprite.Group 类，即精灵组，其主要方法及意义如下：

Group.sprites：获得精灵组中的所有精灵。

Group.add：向精灵组中添加精灵。

Group.copy：复制精灵组中的精灵。

Group.remove：移除精灵组中的精灵。

Group.update：更新精灵组中的精灵。

Group.has：判断某精灵是否是精灵组成员。

Group.draw：绘制精灵组中的所有精灵。

Group.clear：清空精灵组中的所有精灵。

14.5.1 编写精灵类

单击“开始”菜单，打开 Python 3.7.2 Shell 软件，然后单击菜单栏中的“File/New File”命令，创建一个 Python 文件，并命名为“mysprite1.py”，然后输入如下代码：

```
import pygame                          # 导入 pygame 库
from random import randint             # 导入随机函数中的 randint
pygame.init()                          # 初始化
# 定义 horse 类
class horse(pygame.sprite.Sprite) :
    #bird 类的构造方法
    def __init__(self):
        pygame.sprite.Sprite.__init__(self)     # 精灵类初始化
        y =randint(10,400)                      # 产生随机数
        # 加载图像并获得位置
```

```
        self.image = pygame.image.load("horse.gif")
        self.rect = self.image.get_rect()
        #设置图像在窗体上的位置
        self.rect.left = 8
        self.rect.top = y
        #设置运行速度
        speed = [4,0]
        self.speed = speed
    #定义 move() 方法
    def  move(self) :
        self.rect = self.rect.move(self.speed)
```

首先导入 pygame 库和 random 随机函数，然后定义 horse 类，接着利用构造方法设置精灵类的属性，如 image、rect、speed 等。

另外，还定义一个 move() 方法，实现精灵的移动。

14.5.2 创建窗体并显示精灵类中的图像精灵

单击“开始”菜单，打开 Python 3.7.2 Shell 软件，然后单击菜单栏中的“File/New File”命令，创建一个 Python 文件，并命名为“Python14-6.py”，然后输入如下代码：

> 提醒：mysprite1.py 和 Python 14-6. py 要保存在同一个文件夹下。在这里都保存在“E:\Python37”中。

```
import pygame       #导入游戏 pygame 库
import mysprite1 as  mys1    #导入精灵类模块并重命名为 mys1
#创建一个窗体，窗体的宽度为 400 像素，高度为 300 像素
myscreen = pygame.display.set_mode((600,480))
#设置窗体的标题
pygame.display.set_caption("调用精灵")
#背景颜色
bgcolor = (200,0,0)
#精灵类实例化
mybird = mys1.bird()
#游戏主循环
while  True :
    for event in pygame.event.get() :
        if event.type == pygame.QUIT :
            exit()
    myscreen.fill(bgcolor)     #填充背景色
    #显示精灵中的图像
    myscreen.blit(mybird.image,mybird.rect)
    pygame.display.update()
```

在这里需要注意的是，导入精灵类模块并重命名为 mys1，然后精灵类实例化，最后显示精灵中的图像。

单击菜单栏中的“Run/Run Module”命令或按下键盘上的“F5”，就可以运行程序代码，效果如图 14.10 所示。

● 图 14.10　创建窗体并显示精灵类中的图像精灵

14.5.3　产生多个精灵并运动

要产生多个精灵，就要利用精灵组管理精灵。首先删除 mybird = mys1.bird()，然后在这个位置添加代码，具体如下：

```
i = 0       #用来控制添加精灵速度
#定义精灵组
group = pygame.sprite.Group()
```

接着删除 myscreen.blit(mybird.image,mybird.rect) 代码，然后在这个位置添加代码，具体如下：

```
        i = i+ 1
        if  i % 30 == 0 :
            #精灵类实例化
            myhorse = mys1.horse()
            group.add(myhorse)      #当变量 i 是 30 的整数倍时添加精灵
        for p in group.sprites() :   #利用 for 循环显示精灵组中的每个
精灵
            p.move()        #精灵移动
```

```
        # 显示精灵
        myscreen.blit(p.image,p.rect)
```

单击菜单栏中的“Run/Run Module”命令或按下键盘上的“F5”，就可以运行程序代码，这时会发现精灵，即“马”复制了很多，并且跑得太快了。

在代码的最后添加如下代码，控制动画的速度。

```
pygame.time.Clock().tick(60)
```

单击菜单栏中的“Run/Run Module”命令或按下键盘上的“F5”，就可以运行程序代码，效果如图 14.11 所示。

● 图 14.11　产生多个精灵并移动

14.6　实例：可以移动的圆

单击“开始”菜单，打开 Python 3.7.2 Shell 软件，然后单击菜单栏中的“File/New File”命令，创建一个 Python 文件，并命名为“Python14-7.py”，然后输入如下代码：

```
import pygame
myscreen = pygame.display.set_mode((480,350))
pygame.display.set_caption(" 可以移动的圆 ")
# 定义圆心的初始坐标
```

```
    mypos = (100,100)
    #程序主循环
    while  True :
        for event in pygame.event.get() :
            if event.type == pygame.QUIT :
                exit()
        #填充背景色
        myscreen.fill((100,120,110))
        #绘制三个同心圆
         myc1  =  pygame.draw.circle(myscreen,(255,0,0),
mypos,30,5)
         myc2  =  pygame.draw.circle(myscreen,(0,255,0),
mypos,60,5)
         myc2  =  pygame.draw.circle(myscreen,(0,0,255),
mypos,90,5)
        #更新显示
        pygame.display.update()
```

上述代码首先创建窗体并设置窗体标题，然后编写主循环，实现退出功能，接着填充背景色并绘制三个同心圆，最后更新显示。

单击菜单栏中的“Run/Run Module”命令或按下键盘上的“F5”，就可以运行程序代码，效果如图 14.12 所示。

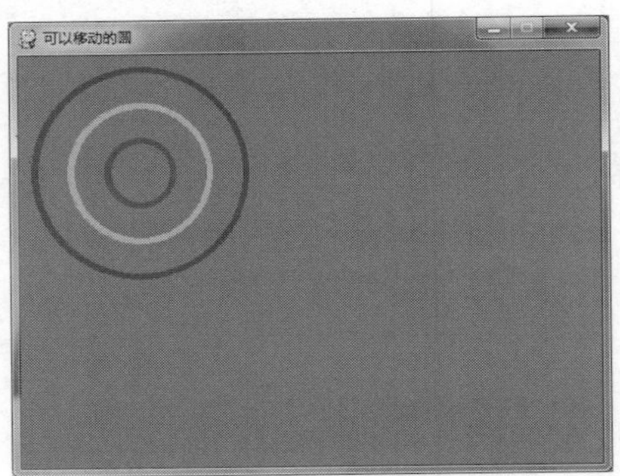

● 图 14.12　绘制三个同心圆

这时按下鼠标左键是不能移动同心圆的。下面添加代码，实现按下鼠标左键就可以移动同心圆，松开鼠标左键，就把同心圆放在当前鼠标的位置。

首先在主循环 while 上面定义一个布尔变量，具体代码如下：

```
mytf = False
```

然后在主循环中编写鼠标事件代码，具体代码如下：

```
for event in pygame.event.get() :
```

```
            if event.type == pygame.QUIT :
                exit()
            # 如果事件是鼠标按下事件
            if  event.type == pygame.MOUSEBUTTONDOWN :
                # 如果按下的是鼠标左键
                if event.button == 1 :
                    mytf = True
            # 如果事件是鼠标松开事件
            if event.type == pygame.MOUSEBUTTONUP :
                if event.button == 1 :
                    mytf = False
    if mytf :
            # 获得鼠标的当前位置
            mypos = pygame.mouse.get_pos()
```

首先判断事件的类型是否是鼠标按下事件，如果是，再判断是不是鼠标左键，如果也是，变量 mytf 为 True。接着判断事件的类型是否是鼠标松开事件，如果是，再判断是不是鼠标左键，如果也是，变量 mytf 为 Flase。

如果变量 mytf 为 True，获得鼠标的当前位置，并赋值给圆的圆心。

单击菜单栏中的“Run/Run Module”命令或按下键盘上的“F5”，就可以运行程序代码，按下鼠标左键，就可以移动同心圆，如图 14.13 所示。

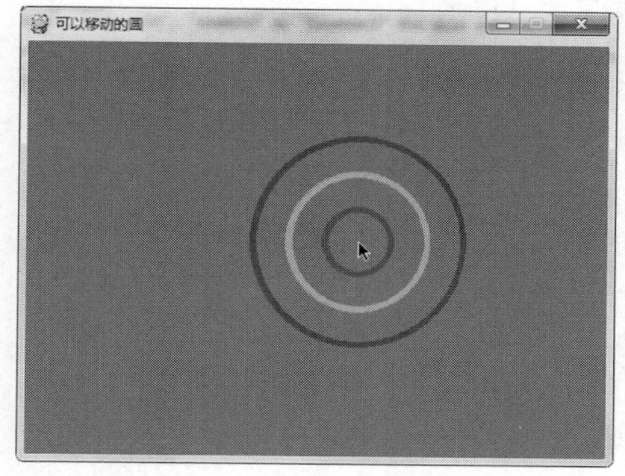

● 图 14.13　移动同心圆

14.7　实例：弹弹猫

单击“开始”菜单，打开 Python 3.7.2 Shell 软件，然后单击菜单栏中的

“File/New File”命令，创建一个 Python 文件，并命名为“Python14-8.py”，然后输入如下代码：

```
import pygame
#创建窗体并设置标题
myscreen = pygame.display.set_mode((400,300))
pygame.display.set_caption("弹弹猫")
#加载图像并获得图像大小
myimg = pygame.image.load("1.jpg")
mypos = myimg.get_rect()
#定义速度
speed =[2,1]
while True :
    for event in pygame.event.get() :
        if event.type == pygame.QUIT :
            exit()
    #填充背景色
    myscreen.fill((255,255,255))
    #显示图像
    myscreen.blit(myimg,mypos)
    #让图像动起来
    mypos =mypos.move(speed)
    #如果碰到窗体左边框或右边框，图像左右翻转，速度方向设置为反向
    if mypos.left < 0 or mypos.right >400 :
        myimg = pygame.transform.flip(myimg,True,False)
        speed[0] = -speed[0]
    #如果碰到窗体上边框或下边框，速度方向设置为反向
    if mypos.top < 0 or  mypos.bottom > 300 :
        speed[1] = -speed[1]
    pygame.display.update()
    pygame.time.Clock().tick(60)
```

单击菜单栏中的“Run/Run Module”命令或按下键盘上的“F5”，就可以运行程序代码，就可以看到弹弹猫效果，如图 14.14 所示。

● 图 14.14　弹弹猫效果

14.8 实例：利用键盘控制动画猫

单击“开始”菜单，打开 Python 3.7.2 Shell 软件，然后单击菜单栏中的“File/New File”命令，创建一个 Python 文件，并命名为“Python14-9.py”，然后输入如下代码：

```
import pygame
#创建窗体并设置标题
myscreen = pygame.display.set_mode((400,300))
pygame.display.set_caption("利用键盘控制动画猫")
#加载图像并获得图像大小
myimg = pygame.image.load("1.jpg")
mypos = myimg.get_rect()
#定义速度
speed =[2,1]
i = 1   #记录帧
change = 1  #记录切换
mytf = False    #开关
while True :
    i= i+ 1   #帧自动加1
    #如果帧是20的整数倍，则开关mytf为真，否则为假
    if i%20 == 0 :
        mytf = True
    else:
        mytf = False
    #如果开关为真，这时开始记录切换，加载第二幅图
    if mytf :
        if change == 1 :
            myimg = pygame.image.load("2.jpg")
            change =2
        #如果change不等于1，就会加载第一幅图，这样就可以显示动画
效果
        else :
            myimg = pygame.image.load("1.jpg")
            change =1
    for event in pygame.event.get():
        if event.type == pygame.QUIT :
            exit()
    #填充背景色
    myscreen.fill((255,255,255))
    #显示图像
    myscreen.blit(myimg,mypos)
    #让图像动起来
```

```
    mypos =mypos.move(speed)
    pygame.display.update()
    pygame.time.Clock().tick(60)
```

单击菜单栏中的“Run/Run Module”命令或按下键盘上的“F5”，就可以运行程序代码，就可以看到动画猫效果，如图 14.15 所示。

● 图 14.15　动画猫效果

接下来添加键盘控制事件，即利用键盘上的“↑”、“↓”、“←”、“→”键控制动画猫的上、下、左、右移动。需要注意的是，按“→”让动画猫向右移动，按“←”让动画猫向左移动时，要转向。

首先在 while 主循环上面添加一个变量，用来控制转动的方向，具体代码如下：

```
direct = “R”
```

接下来在 while 主循环中添加代码，实现动态猫的转向，具体代码如下：

```
    if direct == "R" :
        myimg2 =myimg
    else:
        myimg2 =pygame.transform.flip(myimg,True,False)
```

最后添加键盘事件，具体代码如下：

```
    for event in pygame.event.get():
        if event.type == pygame.QUIT :
            exit()
        if event.type == pygame.KEYDOWN :
            if event.key == pygame.K_LEFT:
                speed =[-2,0]
                direct = "L"
            if event.key == pygame.K_RIGHT :
```

```
                direct ="R"
                speed = [2,0]
            if event.key == pygame.K_UP :
                speed = [0,-2]
            if event.key == pygame.K_DOWN :
                speed = [0,2]
        if event.type == pygame.KEYUP:
            speed = [0,0]
```

单击菜单栏中的“Run/Run Module”命令或按下键盘上的“F5”，就可以运行程序代码，就可以利用方向键控制动画猫的前进方向，如图 14.16 所示。

● 图 14.16　利用方向键控制动画猫的前进方向

第 15 章

Python 的计算机视觉

人脸识别近年来十分火爆，它就是计算机视觉令人着迷的应用之一。人工智能的完整闭环包括感知、认知、推理再反馈到感知的过程，其中视觉在我们的感知系统中占据大部分的感知过程。所以研究视觉是研究计算机感知的重要一步。

本章主要内容包括：

- 计算机视觉的定义与三个层次
- 计算机视觉与人工智能、图像处理、模式识别、机器视觉
- 识别、运动、场景重建和图像恢复
- 计算机视觉系统的组成
- 计算机视觉的应用领域
- OpenCV 包的安装
- CV2 中的几个常用函数
- 实例：读入图像并显示
- 实例：保存图像为另一种格式图像
- 实例：色彩空间转换
- 实例：边缘检测
- 实例：人脸识别
- 实例：眼睛识别

15.1 初识计算机视觉

计算机视觉真正的诞生时间是在 1966 年，MIT 人工智能实验室成立了计算机视觉学科，标志着计算机视觉成为一门人工智能领域中的可研究学科，同时历史的发展也证明了计算机视觉是人工智能领域中增长最快的学科之一。

15.1.1 什么是计算机视觉

计算机视觉（Computer Vision）是指用计算机实现人的视觉功能，即对客观世界的三维场景的感知、识别和理解。

这意味着计算机视觉技术的研究目标是使计算机具有通过二维图像认知三维环境信息的能力。因此不仅需要使机器能感知三维环境中物体的几何信息（形状、位置、姿态、运动等）而且能对它们进行描述、存储、识别与理解。可以认为，计算机视觉与研究人类或动物的视觉是不同的：它借助于几何、物理和学习技术来构筑模型，用统计的方法来处理数据。

15.1.2 计算机视觉的三个层次

20 世纪 80 年代初，MIT 人工智能实验室的 David Marr 出版了一本书《视觉》，他提出了一个观点：视觉是分层的。

David Marr 认为视觉是个信息处理任务，所以应该从三个层次来研究和理解，即信息处理的计算理论、算法、实现算法的机制或硬件，如图 15.1 所示。

第一，信息处理的计算理论，在这个层次研究的是对什么信息进行计算和为什么要进行这些计算。

第二，算法，在这个层次研究的是如何进行所要求的计算，即设计特定的算法。

第三，实现算法的机制或硬件，在这个层次上研究完成某一特定算法的计算结构。

视觉理论使人们对视觉信息的研究有了明确的内容和较完整的基本体系。

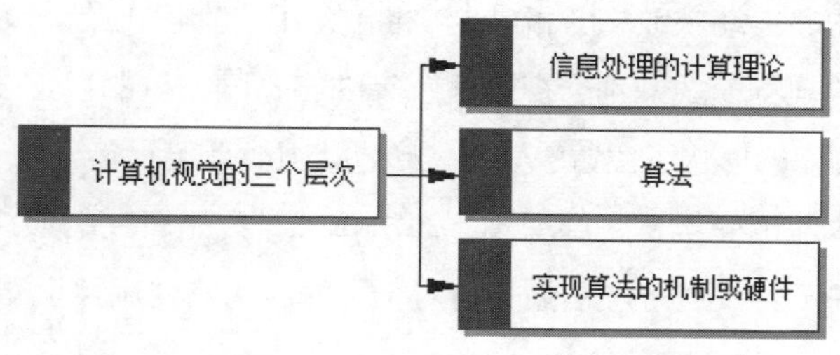

● 图 15.1　计算机视觉的三个层次

15.1.3　计算机视觉与人工智能

人工智能技术主要研究智能系统的设计和有关智能的计算理论与方法。人工智能可分为三个阶段，分别是感知、认知和动作执行，而计算机视觉常被视为人工智能的一个分支。

15.1.4　计算机视觉与图像处理

在图像处理中，人是最终的解释者；在计算机视觉中，计算机是图像的解释者。图像处理算法在机器视觉系统的早期阶段起着很大的作用，它们通常被用来增强特定信息并抑制噪声。计算机视觉系统必须有图像处理模块存在。

15.1.5　计算机视觉与模式识别

模式识别是根据从图像中抽取的统计特性或结构信息，把图像分为设定的类别。图像模式的分类是计算机视觉中的一个重要问题。模式识别中的许多方法可以应用于计算机视觉中。

15.1.6　计算机视觉与机器视觉

计算机视觉技术的研究目标是使计算机具有通过一幅或多幅图像认知周围环境的能力（包括对客观世界三维环境的感知、识别与理解）。这意味着计算机不仅要模拟人眼的功能，而且更重要的是使计算机完成人眼所不能胜任的工作。

机器视觉是建立在计算机视觉理论基础之上的，偏重于计算机视觉技术的工程化，能够自动获取和分析特定的图像，以控制相应的行为。与计算机视觉所研究的视觉模式识别、视觉理解等内容不同，机器视觉技术重点在于感知环境中物体的形状、位置、姿态、运动等几何信息。

两者基本理论框架、底层理论、算法相似，只是研究的最终目的不同。所以实际中并不对其进行严格划分，对于工业应用常使用“机器视觉”，而一般情况下则常用“计算机视觉”。

15.2 计算机视觉应用要解决的经典问题

几乎在每个计算机视觉技术的具体应用都要解决一系列相同的问题，这些经典的问题有 4 个，分别是识别、运动、场景重建、图像恢复，如图 15.2 所示。

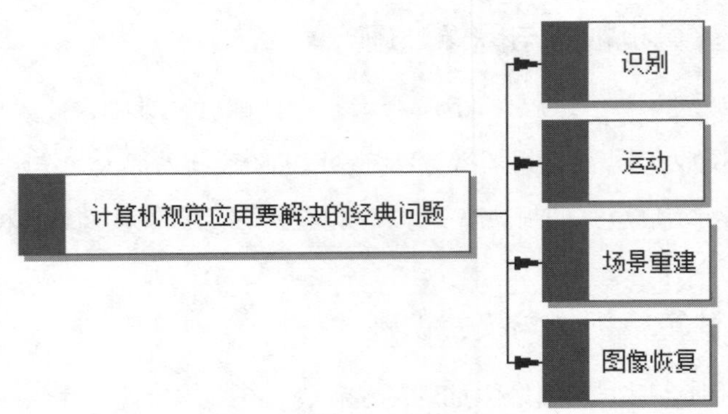

• 图 15.2　计算机视觉应用要解决的经典问题

1. 识别

一个计算机视觉，图像处理和机器视觉所共有的经典问题便是判定一组图像数据中是否包含某个特定的物体，图像特征或运动状态。这一问题通常可以通过机器自动解决，但是到目前为止，还没有某个单一的方法能够广泛地对各种情况进行判定：在任意环境中识别任意物体。现有技术能够也只能够很好地解决特定目标的识别，比如简单几何图形识别，人脸识别，印刷或手写文件识别或者车辆识别。而且这些识别需要在特定的环境中，具有指定的光照，背景和目标姿态要求。

2. 运动

基于序列图像的对物体运动的监测又分两种，分别是自体运动和图像跟踪。

自体运动是指监测摄像机的三维刚性运动。

图像跟踪是指跟踪运动的物体。

3. 场景重建

给定一个场景的两幅或多幅图像或者一段录像，场景重建寻求为该场景建立一个计算机模型 / 三维模型。最简单的情况便是生成一组三维空间中的点。更复杂的情况下会建立起完整的三维表面模型。

4. 图像恢复

图像恢复的目标在于移除图像中的噪声，例如仪器噪声、模糊等。

15.3 计算机视觉系统的组成

计算机视觉系统由五部分组成，分别是图像获取、预处理、特征提取、检测分割和高级处理，如图 15.3 所示。

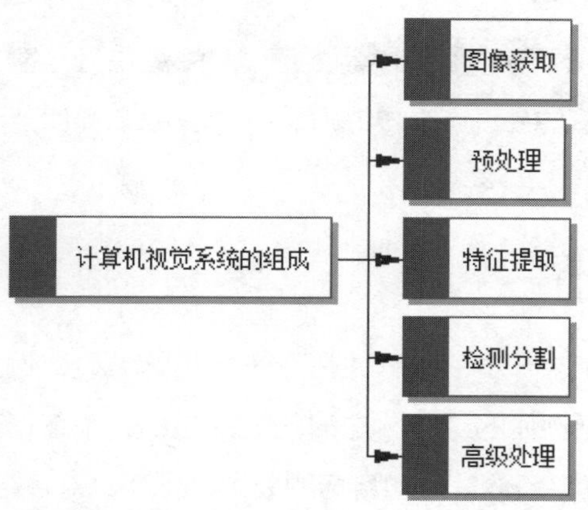

• 图 15.3 计算机视觉系统的组成

15.3.1 图像获取

一幅数字图像是由一个或多个图像感知器产生，这里的感知器可以是各种光敏摄像机，包括遥感设备、X 射线断层摄影仪、雷达、超声波接收器等。取决于不同的感知器，产生的图片可以是普通的二维图像，三维图组或者一个图像序列。图片的像素值往往对应于光在一个或多个光谱段上的强度（灰度图或彩色图），但也可以是相关的各种物理数据，如声波，电磁波或核磁共振的深度、吸收度或反射度。

15.3.2 预处理

在对图像实施具体的计算机视觉方法来提取某种特定的信息前，一种或一些预处理往往被用来使图像满足后继方法的要求。例如：二次取样保证图像坐标的正确、平滑去噪来滤除感知器引入的设备噪声、提高对比度来保证实现相关信息可以被检测到、调整尺度空间使图像结构适合局部应用。

15.3.3 特征提取

从图像中提取各种复杂度的特征。例如：线、边缘提取；局部化的特征点检测如边角检测，斑点检测；更复杂的特征可能与图像中的纹理形状或运动有关。

15.3.4 检测分割

在图像处理的过程中，有时需要通过对图像进行分割来提取有价值的用于后续处理的部分，例如筛选特征点、分割一或多幅图片中含有特定目标的部分。

15.3.5 高级处理

到了高级处理这一步，数据往往具有很小的数量，例如图像中经先前处理被认为含有目标物体的部分。这时的处理包括：验证得到的数据是否符合前提要求；估测特定系数，比如目标的姿态，体积；对目标进行分类等。

高级处理有理解图像内容的含义，是计算机视觉中的高阶处理，主要是在图像分割的基础上再对分割出的图像块进行理解，例如进行识别等操作。

15.4 计算机视觉的应用领域

计算机视觉的应用领域很广，如机器人领域、医学领域、安全领域、运输领域、工业自动化应用领域等。

1. 机器人领域

计算机视觉在机器人领域的具体应用如下：

第一，本地化，即自动确定机器人位置。

第二，导航。

第三，避免障碍。

第四，装配（插入孔、焊接、喷漆等）。

第五，操作（Puma 机器人操作器）。

第六，智能机器人与人交互和服务。

2. 医学领域

计算机视觉在医学领域的具体应用如下：

第一，分类和检测（例如，病变或细胞分类和肿瘤检测）。

第二，2D/3D 分割。

第三，3D 人体器官重建（MRI 或超声波）。

第四，视觉引导的机器人手术。

3. 安全领域

计算机视觉在安全领域的具体应用如下：

第一，生物识别技术（虹膜、指纹、脸部识别）。

第二，监视，即监测某些可疑的活动或行为。

4. 运输领域

计算机视觉在运输领域的具体应用如下：

第一，运输自主车辆安全。

第二，安全，例如驾驶员警惕性监控。

5. 工业自动化应用领域

计算机视觉在工业自动化应用领域的具体应用如下：

第一，工业检查（缺陷检测）。

第二，部件。

第三，条码和包装标签阅读。

第四，对象排序。

第五，文件理解。

15.5 利用 Python 代码实现计算机视觉

前面讲解了计算机视觉的基础知识，下面讲解如何利用 Python 代码实现计算机视觉。

15.5.1 OpenCV 包的安装

OpenCV 的全称是：Open Source Computer Vision Library。OpenCV 是一个基于（开源）发行的跨平台计算机视觉包，可以运行在 Linux、Windows 和 Mac OS 操作系统上。它轻量级而且高效，即由一系列 C 函数和少量 C++ 类构成，同时提供了 Python、Ruby、MATLAB 等语言的接口，实现了图像处理和计算机视觉方面的很多通用算法。

CV2 是 OpenCV 官方的一个扩展库，里面含有各种有用的函数以及进程。

OpenCV 是第三方包，要使用该包，要先安装，安装方法与 Numpy 包安装一样，即单击桌面左下角的“开始”按钮，弹出“开始”菜单，然后在文本框中输入“cmd”， 回车，打开 Windows 系统命令行程序，然后输入如下命令：

```
pip  install  opencv_python
```

输入命令后，回车，即可开始安装，如图 15.4 所示。

OpenCV 包安装成功后，就可以在后面的 Python 程序中进行使用。

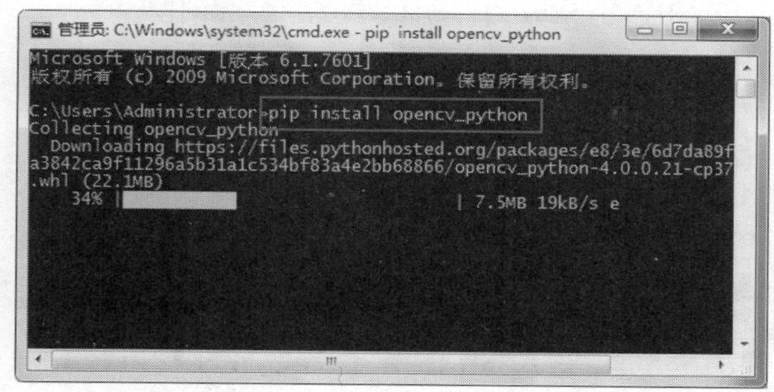

● 图 15.4　正在安装 OpenCV 包

15.5.2　CV2 中的几个常用函数

大多数 CV 应用程序需要将图像作为输入并生成图像作为输出，所以在这里先学习一下几个常用的与图像输入、输出有关的函数。

1.　函数 imread()

函数 imread()：读入图像，有两个参数，第一个参数为要读入的图像文件名，第二个参数为如何读取图像，包括 IMREAD_COLOR：读入一幅彩色图像；IMREAD_GRAYSCALE：以灰度模式读入图像；IMREAD_UNCHANGED：读入一幅图像，并包括其 alpha 通道。

在这里还要注意，读入图像的格式可以为 PNG、JPEG、JPG、TIFF 等。

2.　函数 mshow()

函数 imshow()：创建一个窗口显示图像，有两个参数，第一个参数表示窗口名字，可以创建多个窗口，但是每个窗口不能重名；第二个参数是读入的图像。

需要注意的是，窗口自动适合图像大小。

3.　函数 waitKey()

函数 waitKey()：键盘绑定函数，只有一个参数，表示等待毫秒数，将等待特定的几毫秒，看键盘是否有输入，返回值为 ASCII 值。如果其参数为 0，则表示无限期的等待键盘输入。

4. 函数 destroyAllWindows()

函数 destroyAllWindows()：删除建立的全部窗口。

5. 函数 destroyWindows()

函数 destroyWindows()：删除指定的窗口。

6. 函数 imwrite()

函数 imwrite()：写入图像，有两个参数，第一个为保存文件名，第二个为读入图像。需要注意的是，写入图像的格式可以为 PNG、JPEG、JPG、TIFF 等。

15.5.3 实例：读入图像并显示

下面编写 Python 代码，实现读入图像并显示。

单击“开始”菜单，打开 Python 3.7.2 Shell 软件，然后单击菜单栏中的“File/New File”命令，创建一个 Python 文件，并命名为“Python15-1.py”，然后输入代码，具体如下：

```
# 导入所需要的包
import cv2
# 利用 imread 函数读出图像
image = cv2.imread('flower.jpg')
# 利用 imshow 函数，显示图像
cv2.imshow('myflower',image)
# 删除所有的窗口
cv2.destroyAllwindows()
```

在这里需要注意，Python 文件要与图像保存在同一文件夹中，如图 15.5 所示。

● 图 15.5 Python 文件要与图像保存在同一文件夹中

单击菜单栏中的“Run/Run Module”命令或按下键盘上的“F5”，就可以运行程序代码，结果如图 15.6 所示。

● 图 15.6　显示图像

15.5.4　实例：保存图像为另一种格式图像

单击“开始”菜单，打开 Python 3.7.2 Shell 软件，然后单击菜单栏中的“File/New File”命令，创建一个 Python 文件，并命名为“Python15-2.py”，然后输入代码，具体如下：

```
# 导入所需要的包
import cv2
# 利用 imread 函数读出图像
image = cv2.imread('flower.jpg')
# 利用 imshow 函数，显示图像
cv2.imshow('myflower',image)
# 删除所有的窗口
#cv2.destroyAllwindows()
# 利用 imwrite 函数另存 image 图像为 anotherflower.png
cv2.imwrite('anotherflower.png',image)
```

需要注意的是，读出的图像为 flower.jpg，而保存的图像为 anotherflower.png，虽然看起来是一幅图像，但图像的名称和格式都变了。

单击菜单栏中的“Run/Run Module”命令或按下键盘上的“F5”，就可以运行程序代码，就会在原来图像所在文件夹中多出一个图像文件 anotherflower.png，如图 15.7 所示。

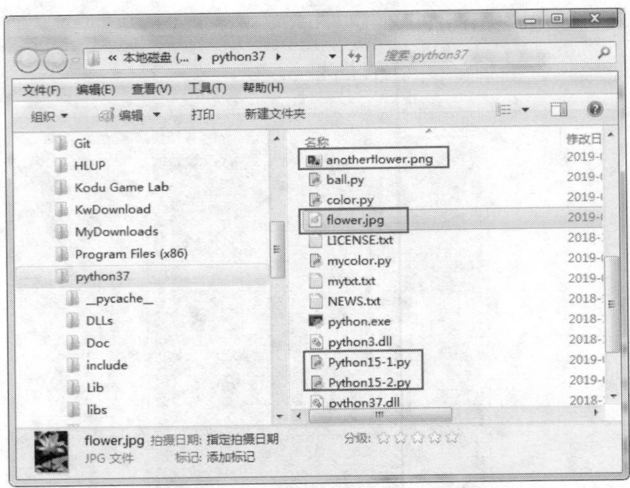

● 图 15.7　保存图像为另一种格式图像

15.5.5　实例：色彩空间转换

在 OpenCV 中，图像不是使用传统的 RGB 颜色存储的，而是以相反的顺序存储的，即以 BGR 顺序存储。因此，读取图像时的默认颜色代码是 BGR。cvtColor() 颜色转换函数用于将图像从一个颜色代码转换为其他颜色代码。

下面举例说明，将图像从 BGR 转换为灰度。单击“开始”菜单，打开 Python 3.7.2 Shell 软件，然后单击菜单栏中的“File/New File”命令，创建一个 Python 文件，并命名为“Python15-3.py”，然后输入代码，具体如下：

```
# 导入所需要的包
import cv2
# 利用 imread 函数读出图像
image = cv2.imread('flower.jpg')
# 利用 imshow 函数显示图像
cv2.imshow('BGR_flower',image)
# 使用 cvtColor 函数将图像转换为灰度
myimage = cv2.cvtColor(image,cv2.COLOR_BGR2GRAY)
# 利用 imshow 函数显示图像
cv2.imshow('gray_flower',myimage)
# 利用 imwrite 函数另存 image 图像为 anotherflower.png
cv2.imwrite('gray_flower.jpg',myimage)
```

单击菜单栏中的“Run/Run Module”命令或按下键盘上的“F5”，就

可以运行程序代码，结果如图 15.8 所示。

• 图 15.8　图像从 BGR 转换为灰度

需要注意的是，在这里把灰色图像另存为 gray_flower.jpg，保存位置为当前文件所在的文件夹中。

15.5.6　实例：边缘检测

人们在看到粗糙的草图后就可以轻松识别出许多物体类型及其姿态。 这也是为什么边缘在人类生活以及计算机视觉应用中扮演重要角色的原因。OpenCV 提供了非常简单而有用的函数 Canny() 来检测边缘。

单击“开始”菜单，打开 Python 3.7.2 Shell 软件，然后单击菜单栏中的“File/New File”命令，创建一个 Python 文件，并命名为“Python15-4.py”，然后输入代码，具体如下：

```
# 导入所需要的包
import cv2
import numpy
# 利用 imread 函数读出图像
image = cv2.imread('flower.jpg')
# 使用 Canny() 函数来检测已读图像的边缘
cv2.imwrite('edges_flower.jpg',cv2.Canny(image,200,300))
# 显示具有边缘的图像
cv2.imshow('edges', cv2.imread('edges_flower.jpg'))
```

单击菜单栏中的“Run/Run Module”命令或按下键盘上的“F5”，就可以运行程序代码，结果如图 15.8 所示。

15.5.7 实例：人脸识别

人脸识别是计算机视觉令人着迷的应用之一，它使其更加逼真。OpenCV 有一个内置的工具来执行人脸识别，即使用 Haar 级联分类器进行边缘检测，如图 15.8 所示。

● 图 15.8　边缘检测

要使用 Haar 级联分类器，就需要相关的数据，这些数据可以在一个文件夹名称 data 中找到。需要注意的是，这些文件都是 .xml 文件，如图 15.9 所示。

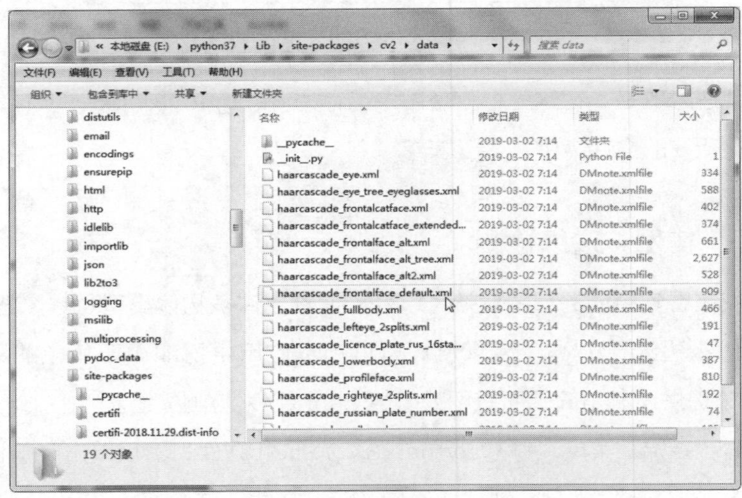

● 图 15.9　xml 文件

要使用某文件，只需把该文件复制粘贴到当前项目下的新文件夹中即可。这时，要把 haarcascade_frontalface_default.xml 文件复制到 Python 的当前文件夹中，如图 15.10 所示。

下面来编写 Python 代码实现人脸识别。单击“开始”菜单，打开 Python 3.7.2 Shell 软件，然后单击菜单栏中的“File/New File”命令，创建一个 Python 文件，并命名为“Python15-5.py”，然后输入代码，具体如下：

```
#导入所需要的包
import cv2
import numpy
```

```
    # 使用 HaarCascadeClassifier 来识别脸部
    face_detection=cv2.CascadeClassifier('haarcascade_frontalface_
default.xml')
    # 读出要识别的图像
    img = cv2.imread('face3.jpg')
    # 将图像转换为灰度，因为 HaarCascadeClassifier 会接受灰色图像
    gray = cv2.cvtColor(img, cv2.COLOR_BGR2GRAY)
    # 使用 face_detection.detectMultiScale，执行实际的人脸识别
    faces = face_detection.detectMultiScale(gray, 1.3, 5)
    # 围绕整个脸部绘制一个矩形
    for (x,y,w,h) in faces:
       img = cv2.rectangle(img,(x,y),(x+w, y+h),(255,0,255),3)
    # 保存人脸识别后的图像
    cv2.imwrite('face3_AB.jpg',img)
    # 显示人脸识别后的图像
    cv2.imshow("face3_AB.jpg",img)
```

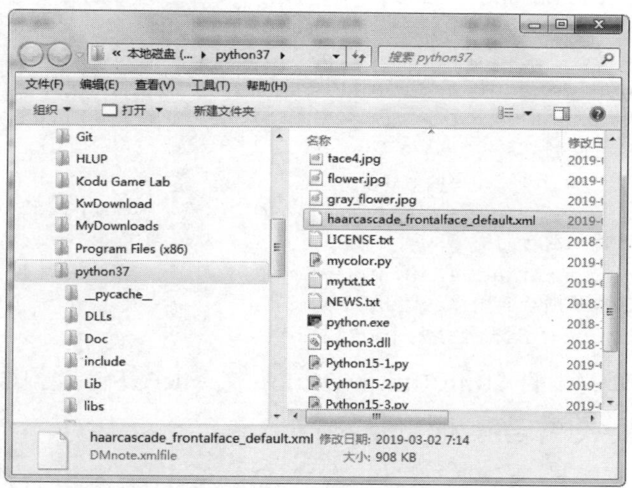

● 图 15.10　把 haarcascade_frontalface_default.xml 文件复制到 Python 当前文件夹

单击菜单栏中的“Run/Run Module”命令或按下键盘上的“F5”，就可以运行程序代码，结果如图 15.11 所示。

● 图 15.11　人脸识别

15.5.8　实例：眼睛识别

眼睛识别是计算机视觉的另一个引人注目的应用，它使其更加逼真。OpenCV 有一个内置

的工具来执行眼睛识别，即 Haar 级联分类器。

首先把 haarcascade_eye.xml 文件复制到 Python 当前文件夹中，然后就可以编写 Python 代码，实现眼睛识别。

单击“开始”菜单，打开 Python 3.7.2 Shell 软件，然后单击菜单栏中的“File/New File”命令，创建一个 Python 文件，并命名为“Python15-6.py”，然后输入代码，具体如下：

```
#导入所需要的包
import cv2
import numpy
#使用 HaarCascadeClassifier 来识别眼睛
eye_detection=cv2.CascadeClassifier('haarcascade_eye.xml')
#读出要识别的图像
img = cv2.imread('face4.jpg')
#将图像转换为灰度，因为 HaarCascadeClassifier 会接受灰色图像
gray = cv2.cvtColor(img, cv2.COLOR_BGR2GRAY)
#使用 eye_detection.detectMultiScale，执行实际的眼睛识别
eyes = eye_detection.detectMultiScale(gray, 1.03, 5)
#围绕眼睛绘制矩形
for (x,y,w,h) in eyes:
   img = cv2.rectangle(img,(x,y),(x+w, y+h),(255,0,255),2)
#保存眼睛识别后的图像
cv2.imwrite('face4_AB.jpg',img)
#显示眼睛识别后的图像
cv2.imshow("face4_AB.jpg",img)
```

单击菜单栏中的“Run/Run Module”命令或按下键盘上的“F5”，就可以运行程序代码，结果如图 15.12 所示。

● 图 15.12　眼睛识别

第 16 章

Python 编程案例

通过 Python 编程案例，可以提高我们对 Python 编程的综合认识，并真正掌握编程的核心思想及技巧，从而学以致用。

本章主要内容包括：

➢ 案例：手机销售系统
➢ 案例：钟表动画效果
➢ 案例：弹球游戏
➢ 案例：雨滴动画效果
➢ 案例：大球吃小球动画效果

16.1 案例：手机销售系统

单击“开始”菜单，打开 Python 3.7.2 Shell 软件，然后单击菜单栏中的“File/New File”命令，创建一个 Python 文件，并命名为“Python16-1.py”。

首先定义列表变量，该列表变量嵌套字典，存放手机信息，具体代码如下：

```
phone_list = [{'名称':'iPhone7','价格':'3899','数量':'8'},{'名称':'iPhone8','价格':'6899','数量':'1'}]
```

16.1.1 查看手机信息功能

自定义 query_phone() 函数，实现查看手机信息功能，具体代码如下：

```
def query_phone(type):
# 查询时，输出的类型 1.输出详细信息（名称，价格，库存） 2.输出产品名称
    for x in range(0, len(phone_list)):
        # 根据索引取出手机信息字典
        phone = phone_list[x]
        name = phone['名称']
        # 判断输出的类型
        if type == 1:
            price = phone['价格']
            count = phone['数量']
            # 输出详细信息
            print('序号：%s  产品名称：%s  产品价格：%s  产品库存数量：%s'%(x, name, price, count),"\n")
        else:
            print('序号：%s  产品名称：%s'%(x, name),"\n")
    print("*"*60)
```

16.1.2 购买手机功能

自定义 buy_phone() 函数，实现购买手机功能，具体代码如下：

```
def buy_phone():
    if len(phone_list) <= 0:
```

```
        print('当前无商品信息！')
        return
    print('1.选择序号查看手机详情：')
    print('2.返回')
    num = int(input('请选择您的操作：'))
    while num not in range(1, 3):
        num = int(input('选项错误，请重新选择：'))
    if num == 1:
        # 输入选择产品序号
        index = int(input('请输入查看的产品序号：'))
        while index not in range(0, len(phone_list)):
            index = int(input('选项错误，请重新选择：'))
        # 根据index的值，取出小字典
        phone = phone_list[index]
        # 输出产品序号、名称、价格、库存
        print('序号：%s  产品名称：%s  产品价格：%s  产品库存：
%s'%(index,phone['名称'],phone['价格'],phone['数量']))
        # 是否购买
        print('1.购买')
        print('2.返回')
        num = int(input('请选择：'))
        while num not in range(1, 3):
            num = int(input('选项错误，请重新选择：'))
        if num == 1:
            count = int(phone['数量'])
            count = count - 1
            if count == 0:
                # 手机卖完了
                print('%s 已售罄，请及时补货！'%phone['名称'])
                phone_list.remove(phone)
            else:
                # 更改库存量
                phone['数量'] = count
                print("手机已成功卖出！")
                return
```

16.1.3 更改手机信息功能

自定义 update_phone() 函数，实现更改手机信息功能，具体代码如下：

```
def update_phone():
    print('1.添加新产品')
    print('2.修改原有产品')
    print('3.返回')
    num = int(input('请选择您的操作：'))
    while num not in range(1, 4):
        num = int(input('选项错误，请重新选择：'))
    if num == 1:
```

```
        # 包括产品名称、价格、库存
        name = input('请输入添加的产品名称: ')
        price = input('请输入添加的产品价格: ')
        # 转换为数字
        count = int(input('请输入添加的产品库存量: '))
        while count <= 0:
            count = int(input('库存量不能小于 1，请重新输入: '))
        # 将产品信息组装为一个小字典
        phone = {'名称':name, '价格':price, '数量':count}
        # 将小字典添加到大列表中
        phone_list.append(phone)
    elif num == 2:
        if len(phone_list) <= 0:
            print('当前无商品信息! ')
            return
        # 查询手机详细信息
        query_phone(1)
        index = int(input('请输入要修改的产品序号: '))
        while index not in range(0, len(phone_list)):
            index = int(input('序号有误，请重选: '))
        # 根据 index 取出手机信息字典
        phone = phone_list[index]
        # 取出原来的名称
        old_name = phone['名称']
        phone['名称'] = input('请输入修改后的名称 (%s): '%old_
name)
            phone['价格'] = input('请输入修改后的价格 (%s):
'%phone['价格'])
          count = int(input('请输入修改后的库存量 (%s): '%phone
['数量']))
        # 库存量不能为 0
        while count <= 0:
            count = int(input('库存不能小于 1，请重新输入: '))
        phone['数量'] = count
        print('修改成功 !')
    else:
        return          # 结束函数执行
```

16.1.4 编写主函数

接着利用 while 循环语句，调用各函数，实现手机销售系统，具体代码如下：

```
while True:
    print('\n1. 查看所有手机品牌 ')
    print('2. 更改产品信息 ')
    print('3. 退出程序 \n')
```

```
# 选择操作:
num = int(input('选择您的操作: '))
while num not in range(1, 5):
    num = int(input('选项错误，请重新选择: '))
if num == 1:
    query_phone(2) # 调用 query_phone()，实现查看手机信息
    buy_phone()    # 调用 buy_phone()，实现购买手机功能
elif num == 2:
    update_phone() # 调用 update_phone()，实现更改手机信息功能
else:
    break          # 结束循环
```

16.1.5　手机销售系统运行效果

下面来看一下手机销售系统运行效果。

单击菜单栏中的“Run/Run Module”命令或按下键盘上的“F5”，就可以运行程序代码，结果如图 16.1 所示。

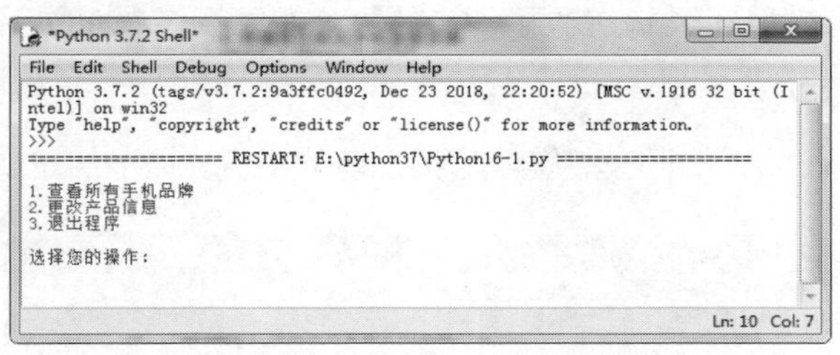

● 图 16.1　手机销售系统

在这里可以看到，输入“1”，可以查看所有手机品牌；输入“2”，可以更改产品信息；输入“3”，可以退出程序。

在这里先输入“1”，回车，就可以看到手机品牌的序号和产品名称信息，如图 16.2 所示。

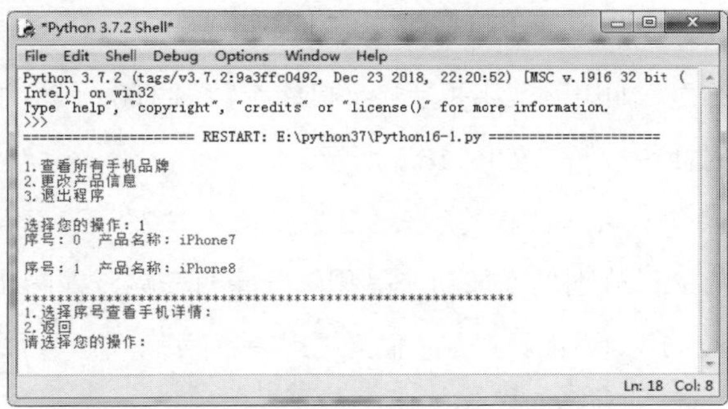

● 图 16.2　查看所有手机品牌

在这里只能看到手机的名称，要想查看详细信息，还要再输入“1”，这时又显示“请输入查看的产品序号”，在这里输入“0”，可以看以 iPhone7 的详细信息，如图 16.3 所示。

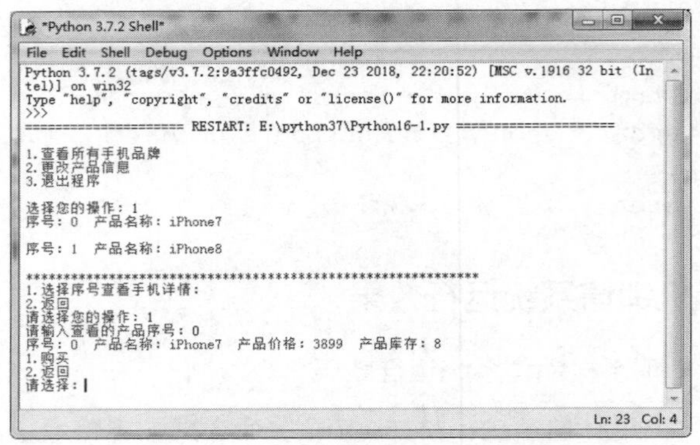

● 图 16.3　0 序号产品的详细信息

如果你要购买该手机，就要输入“1”；如果不喜欢该款手机，就要输入“2”，即返回。

在这里输入“1”，回车，您就购买了该款手机，提示信息如图 16.4 所示。

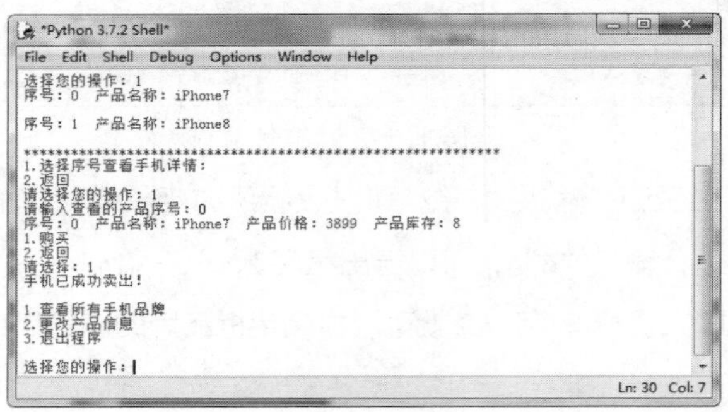

● 图 16.4　购买该款手机

需要注意的是，如果购买手机后，手机库存数量为 0，就会提示“iPhone8 已售罄，请及时补货！”，如图 16.5 所示。

在这里输入“2”，可以更新产品信息。输入“2”后，可以看到有两种更新产品信息功能，分别是添加新产品和修改原有产品，如图 16.6 所示。

在这里输入“1”，添加新产品。输入“1”后，回车，就可以添加产品名称、产品价格、产品库存量，如图 16.7 所示。

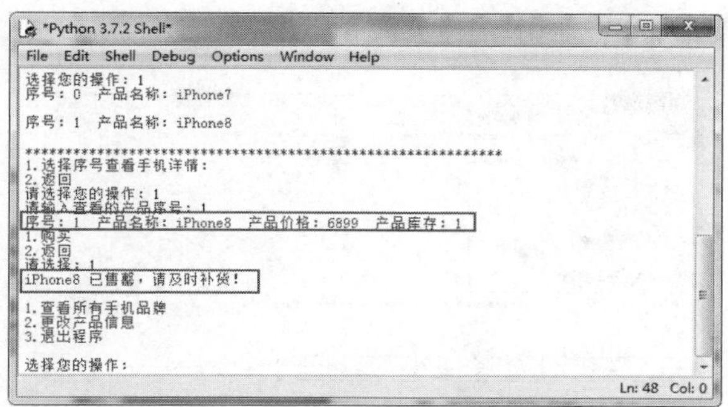

• 图 16.5　手机库存数量为 0 后的提示信息

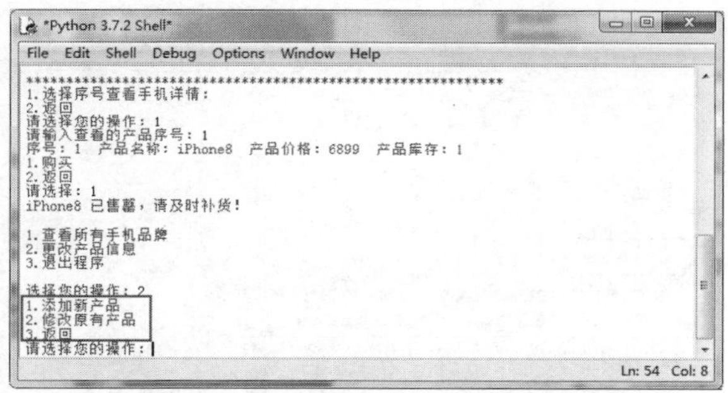

• 图 16.6　添加新产品和修改原有产品

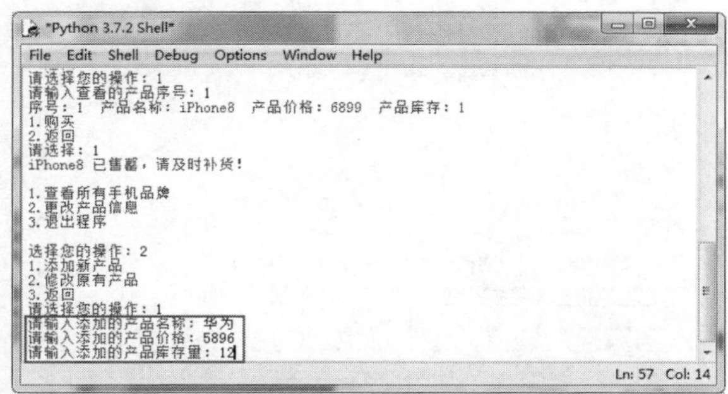

• 图 16.7　添加产品名称、产品价格和产品库存量

在这里产品名称为“华为”，产品价格为“5896”，产品库存量为“12”，然后回车，就把手机产品信息添加到列表中。

手机产品信息添加到列表中后，利用提示信息，就可以查看刚添加的手机信息，如图 16.8 所示。

下面“修改原有产品”，原有产品的信息如图 16.9 所示。

输入要修改的产品序号，在这里输入“0”，回车，就可以修改产品名称、产品价格、产品库存量，修改信息如图 16.10 所示。

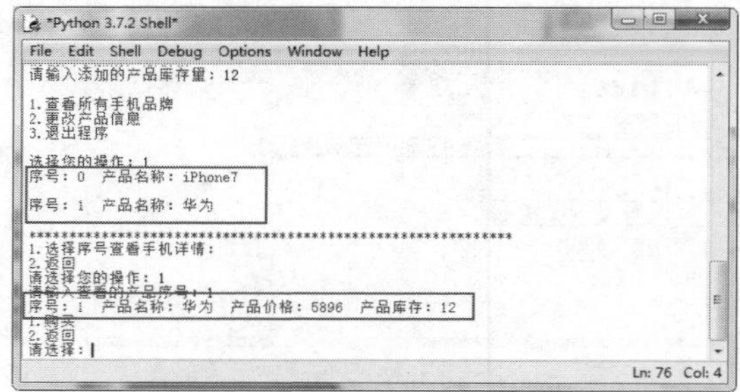

● 图 16.8　添加的手机信息

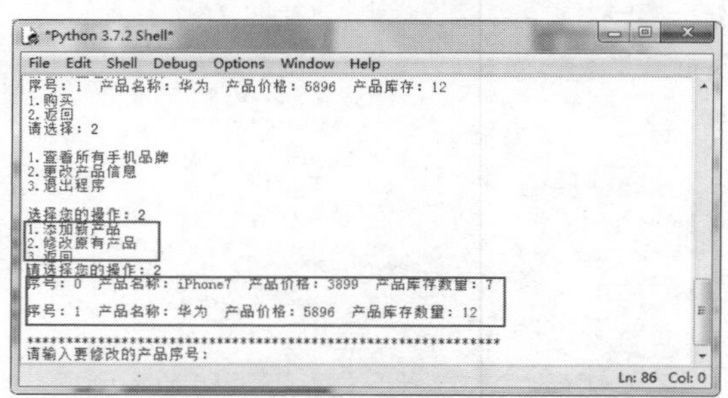

● 图 16.9　原有产品的信息

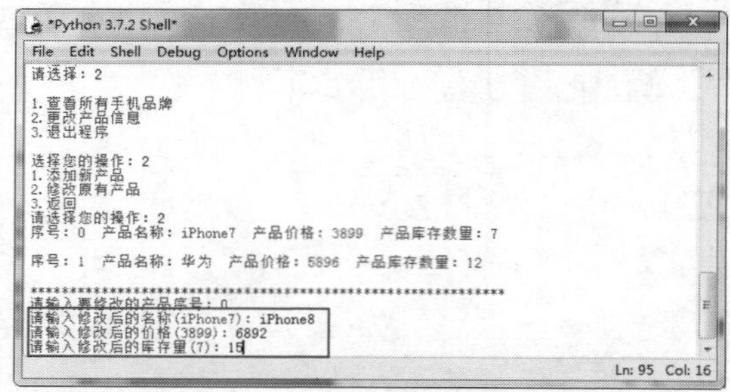

● 图 16.10　修改产品的信息

正确输入修改产品后的信息，然后回车，就可以成功修改原有产品的信息。

16.2　案例：钟表动画效果

单击“开始”菜单，打开 Python 3.7.2 Shell 软件，然后单击菜单栏中的

“File/New File”命令，创建一个 Python 文件，并命名为“Python16-2.py”。

首先导入 turtle 标准库和 datetime 模块，具体代码如下：

```
import turtle                      # 导入 turtle 标准库
from datetime import *             # 导入 datetime 模块
```

在绘制时钟时，常常会抬起画笔，向前运动一段距离后，再落笔绘制，所以这里自定义 Skip() 函数，具体代码如下：

```
def Skip(step):
    turtle.penup()          # 抬笔
    turtle.forward(step)    # 向前移动
    turtle.pendown()        # 落笔
```

在这里可以看到向前运动多少像素，由自定义函数的参数 step 决定。

在绘制时钟时，需要绘制时针、分针和秒针，这里是通过自定义 mkHand() 函数，注册多边形形状，然后通过该函数绘制时钟的三个指针。mkHand() 函数代码如下：

```
def mkHand(name, length):
    turtle.reset()
    # 调用 Skip() 函数，移动一段距离再落笔
    Skip(-length * 0.1)
    # 开始记录多边形的顶点，当前的乌龟位置是多边形的第一个顶点
    turtle.begin_poly()
    turtle.forward(length * 1.1)
     # 停止记录多边形的顶点，当前的乌龟位置是多边形的最后一个顶点，将
与第一个顶点相连
    turtle.end_poly()
    # 返回最后记录的多边形。
    handForm = turtle.get_poly()
    turtle.register_shape(name, handForm)
```

接下来自定义 Init()，进行绘制时钟前的初始化。即定义 global 变量，设置乌龟模式为“logo”，设置时钟的时针、分针、秒针长度和名字，定义三个画笔分别获取时针、分针、秒针的形状，再定义一个画笔，准备绘制文字。Init() 函数代码具体如下：

```
def Init():
    # 使用 global 关键字声明，这样就可以在其他自定义函数中调用这些变量
    global secHand, minHand, hurHand, printer
    # 设置乌龟模式为 "logo"，即初始方向向上（北），旋转方向为顺时针
     # 如果乌龟模式为 "standard"，即初始方向向右（东），旋转方向为逆
```

```
时针
        turtle.mode("logo")
        # 调用 mkHand() 函数，设置时钟的时针、分针、秒针长度和名字
        mkHand("secHand", 135)
        mkHand("minHand", 125)
        mkHand("hurHand", 90)
        secHand = turtle.Turtle()          # 建立一个画笔的对象
        secHand.pencolor("green")          # 设置该画笔颜色为绿色
        secHand.shape("secHand")           # 获取注册的 secHand 形状，
即秒针形状
        minHand = turtle.Turtle()
        minHand.pencolor("red")
        minHand.shape("minHand")
        hurHand = turtle.Turtle()
        hurHand.pencolor("blue")
        hurHand.shape("hurHand")
        for hand in secHand, minHand, hurHand: # 利用 for 循环设置
时针、分针、秒针的形状大小
            hand.shapesize(1, 1, 3)       # 设置形状的拉伸大小和轮廓
线宽度，第一个参数为垂直拉伸、第二个参数为水平拉伸
            hand.speed(0)
        # 建立输出文字画笔
        printer = turtle.Turtle()
        # 隐藏画笔的形状
        printer.hideturtle()
        # 抬笔
        printer.penup()
```

接下来自定义 SetupClock() 函数，绘制时钟的外框，具体代码如下：

```
    def SetupClock(radius):
        turtle.reset()
        turtle.pensize(7)            # 画笔大小为 7
        for i in range(60):          # 利用 for 绘制钟表的外框
            Skip(radius) # 调用 Skip() 函数，移动一段距离，再落笔开始画
            if i % 5 == 0:       # 如果是 5 的倍数，则要画 20 像素的实线
                turtle.pencolor("red")
                turtle.forward(20)
                Skip(-radius - 20)
                Skip(radius + 20)
                if i == 0:              # 如果 i 为 0，则写数字 12
                        turtle.write(int(12), align="center",
font=("Courier", 14, "bold"))
                elif i == 30:     # 其他是 5 的倍数的数，都写 i/5 的数
                    Skip(25)
                        turtle.write(int(i/5), align="center",
font=("Courier", 14, "bold"))
```

```
                    Skip(-25)
                elif (i == 25 or i == 35):
                    Skip(20)
                        turtle.write(int(i/5), align="center",
font=("Courier", 14, "bold"))
                    Skip(-20)
                else:
                        turtle.write(int(i/5), align="center",
font=("Courier", 14, "bold"))
                Skip(-radius - 20)
            else:
                turtle.dot(5,"blue")      # 如果不是 5 的倍数，画 5
像素的小圆点
                Skip(-radius)              # 调用 Skip() 函数
            turtle.right(6)                # 顺时针旋转 6 度
```

接下来自定义 Week() 函数，显示当前日期是星期几，具体代码如下：

```
def Week(t):
    week = ["星期一", "星期二", "星期三",
            "星期四", "星期五", "星期六", "星期日"]
    return week[t.weekday()]
```

在这里定义了 week 列表，然后在列表索引中，调用了当前日期，即 datetime.todya() 中的 weekday() 方法。

然后自定义 Date() 函数，显示当前日期的年、月、日，具体代码如下：

```
def Date(t):
    y = t.year
    m = t.month
    d = t.day
    return "%s 年 %d 月 %d 日" % (y, m, d)
```

接下来，自定义 Tick() 函数，实现时钟表针的动态显示效果。

```
def Tick():
    t = datetime.today()                        # 获取当前的日期和时间
    second = t.second + t.microsecond * 0.000001
    minute = t.minute + second / 60.0
    hour = t.hour + minute / 60.0
    secHand.setheading(6 * second)   # 设置秒针当前朝向为 angle
角度
    minHand.setheading(6 * minute)   # 设置分针当前朝向为 angle
角度
    hurHand.setheading(30 * hour)    # 设置时针当前朝向为 angle
角度
    turtle.tracer(False)
```

```
    printer.pencolor("blue")
    printer.forward(65)
    # 调用 Week 函数，写入当前日期是星期几
    printer.write(Week(t), align="center",
                  font=("Courier", 14, "bold"))
    printer.back(130)
    # 调用 Date() 函数，写入当前日期
    printer.write(Date(t), align="center",
                  font=("Courier", 14, "bold"))
    printer.home()
    # 打开动画效果
    turtle.tracer(True)
    # 每过 100 毫秒，调用 Tick() 函数一次
    turtle.ontimer(Tick, 100)     # 调用 ontimer 事件
```

然后自定义 main() 主函数，调用前面定义的函数，实现运行的时钟效果，具体代码如下：

```
def main():
    # 关闭动画效果
    turtle.tracer(False)
    # 调用 Init() 函数
    Init()
    # 调用 InitetupClock() 函数
    SetupClock(160)
    # 打开动画效果
    turtle.tracer(True)
    Tick()
    turtle.mainloop()     # 启动事件循环
```

最后调用主函数即可，具体代码如下：

```
main()      # 调用 main() 主函数
```

单击菜单栏中的“Run/Run Module”命令或按下键盘上的“F5”，就可以运行程序代码，就可以看到运行的时钟效果，如图 16.11 所示。

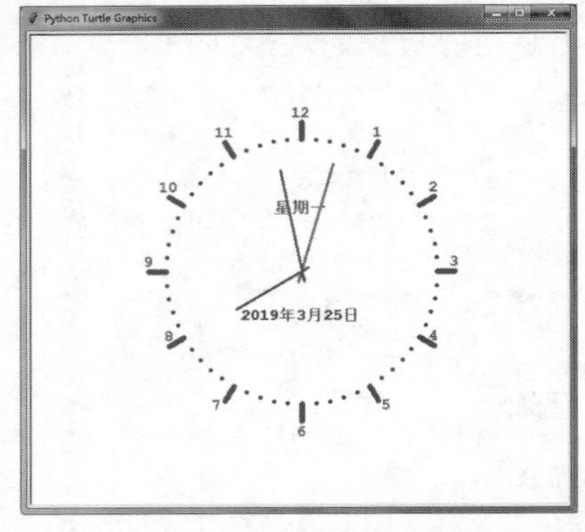

• 图 16.11　运行的时钟效果

16.3　案例：弹球游戏

单击“开始”菜单，打开 Python 3.7.2 Shell 软件，然后单击菜单栏中的“File/New File”命令，创建一个 Python 文件，

并命名为“Python16-3.py”。

16.3.1 弹球游戏界面效果

下面添加代码，实现弹球游戏界面效果。首先导入 tkinter 库并重命名为 tk，然后创建一个窗体，在窗体上添加画布，在画布上添加圆环球和长方形档板，具体代码如下：

```
import tkinter as tk                # 导入 tkinter 库，并重命名为 tk
mywindow = tk.Tk()                  # 创建一个窗体
mywindow.title(" 弹球游戏 ")        # 设置窗体的标题
# 创建画布并布局
mycanvas = tk.Canvas(mywindow,width=400,height=300,
bg="yellow")
mycanvas.pack()
curx1 = 100
cury1 = 100
curx2 = 120
cury2 = 120
x1 = 50
y1 = 280
x2 = x1+70
y2 = y1+5
mycanvas.create_oval(curx1,cury1,curx2,cury2,fill="red",
outline="red",tag="myball")
mycanvas.create_rectangle(x1,y1,x2,y2,fill="blue",outline=
"blue",tag="myrec")
```

单击菜单栏中的“Run/Run Module”命令或按下键盘上的“F5”，就可以运行程序代码，效果如图 16.12 所示。

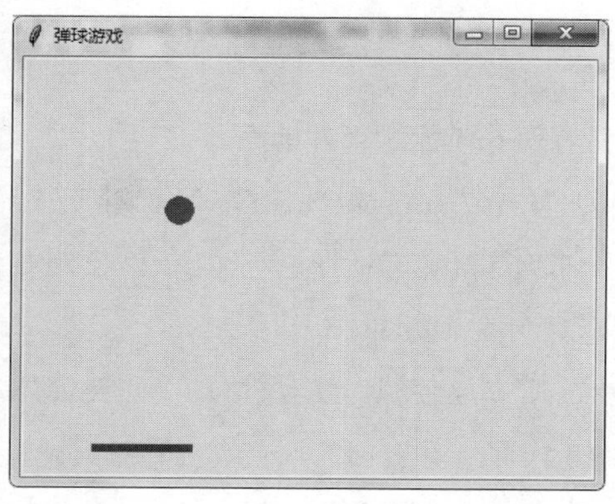

● 图 16.12　弹球游戏界面效果

16.3.2 挡板移动效果

下面添加代码，实现按下键盘上的“→”键，键盘向右移动，但碰到窗体右侧边框，就不再移动，并显示提示对话框。按下键盘上的“←”键，键盘向左移动，但碰到窗体左侧边框，就不再移动，并显示提示对话框。

首先添加画布的绑定事件，具体代码如下：

```
mycanvas.bind_all("<KeyPress-Left>",mymove)
mycanvas.bind_all("<KeyPress-Right>",mymove)
```

绑定事件代码放在前面的创建的挡板代码后即可。

由于接下来要使用提示对话框，所以要先导入 messagebox 模块，具体代码如下：

```
from tkinter  import messagebox           # 导入 messagebox 模块
```

上述代码放在 import tkinter as tk 代码后面。

下面来编写 mymovo() 函数，具体代码如下：

```
def mymove(event) :
    global  x1
    if event.keysym == "Left" :
        mycanvas.move("myrec",-5,0)
        x1 = x1 - 5
        if x1 <=  0 :
            messagebox.showinfo("提示对话框","碰到窗体边框了，
不能向左再移动了！ ")
    else :
        mycanvas.move("myrec",5,0)
        x1 = x1 + 5
        if  x1 >= 330 :
            messagebox.showinfo("提示对话框","碰到窗体边框了，
不能向右再移动了！ ")
```

注意这段代码放在画布的绑定事件前面。

单击菜单栏中的“Run/Run Module”命令或按下键盘上的“F5”，就可以运行程序代码，按下键盘上的“→”，挡板就会向右移动，碰到窗体右边边界就会弹出提示对话框，如图 16.13 所示。

按下键盘上的“←”，挡板就会向左移动，碰到窗体左边边界就会弹出提示对话框，如图 16.14 所示。

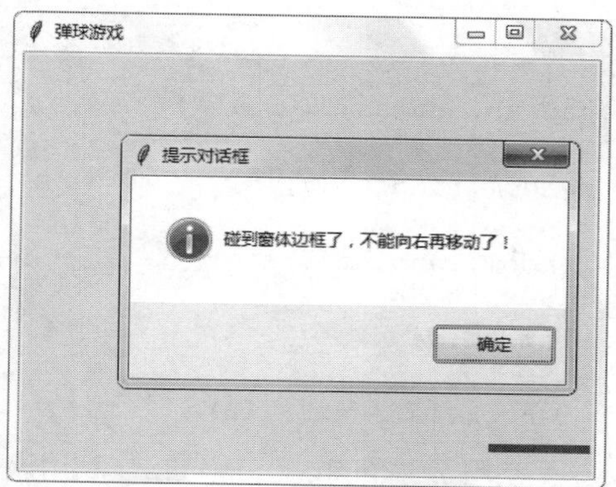

● 图 16.13　碰到窗体右边边界弹出的提示对话框

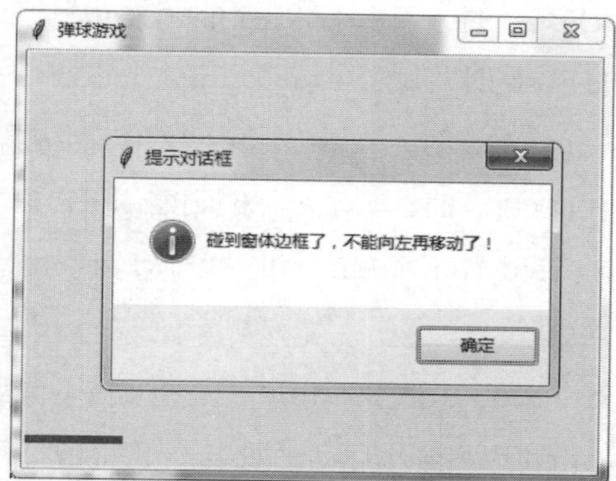

● 图 16.14　碰到窗体左边边界弹出的提示对话框

16.3.3　小球动画效果

小球动画效果要用到时间模块和随机数，所以首先要导入这两个标准库，具体代码如下：

```
import time                                    # 导入时间模块
import random                                  # 导入 random 模块
```

注意这些代码在 from tkinter import messagebox 代码后面。

接下来定义两个随机变量，然后编写 while 循环语句，实现小球在窗体上的随机运动，但碰到窗体边界时，就会反向运动，具体代码如下：

```
a= random.randint(7,15)
b= random.randint(7,15)
while True :
    mycanvas.move("myball",a,b)
```

```
        mywindow.update()
        time.sleep(0.1)
        pos = mycanvas.coords("myball")
        if pos[0] <= 0:
            a = random.randint(7,15)
        if pos[1] <= 0 :
            b = random.randint(7,15)
        if pos[2] >= 400 :
            a = -random.randint(7,15)
        if pos[3] >= 300 :
            b = -random.randint(7,15)
```

需要注意的是，这里使用了画布的 coords() 方法。利用该方法获得“myball”小球的 x1、y1、x2、y2 的坐标值。

当 x1，即 pos[0]<=0 时，表示小球碰到窗体左边框。

当 y1，即 pos[1]<=0 时，表示小球碰到窗体上边框。

当 x2，即 pos[2]>=400 时，表示小球碰到窗体右边框。

当 y2，即 pos[2]>=300 时，表示小球碰到窗体下边框。

注意上述代码放在 mycanvas.bind_all(“<KeyPress-Right>”，mymove) 代码后面。

单击菜单栏中的“Run/Run Module”命令或按下键盘上的“F5”，就可以运行程序代码，就可以看到小球动画效果，如图 16.15 所示。

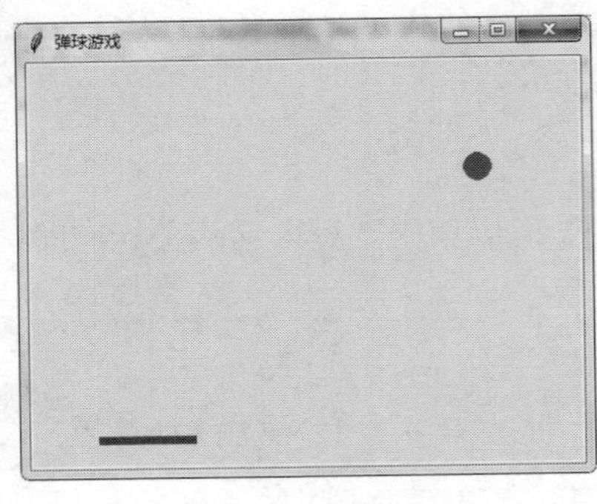

（a）向下运动效果

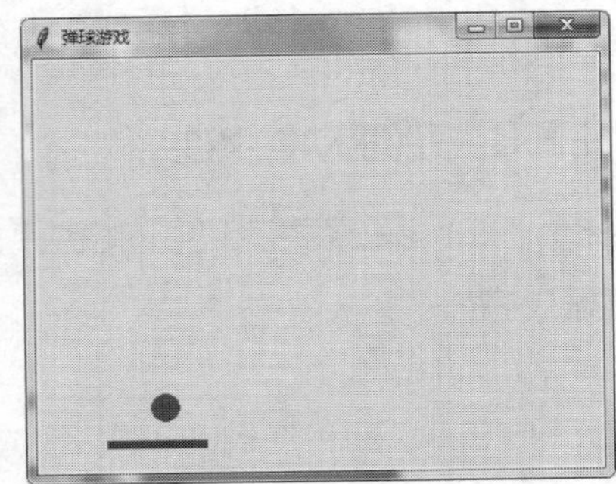

（b）向上运动效果

● 图 16.15　小球动画效果

16.3.4　弹球游戏的得分

首先定义两个变量，分别统计小球碰到挡板的得分和小球没有碰到挡板落地的得分，具体代码如下：

```
myturenum = 0
myfalsenum =0
```

放到 while ture：代码前面。

接下来，在代码的最后添加代码如下：

```
if  pos[3]>= 280 and pos[3]<=285 :
        if pos[2]>= x1 and pos[2]<=x1+70 :
            b = -random.randint(7,15)
            myturenum = myturenum + 1
            mycanvas.create_text(100,10,tag="my1",text="得
分是: %d"%myturenum)
            mycanvas.delete("my1")
            mycanvas.create_text(100,10,tag="my1",text="得
分是: %d"%myturenum)
            if myturenum>= 10 :
                messagebox.showinfo("提示对话框","你已得 10
分，游戏结束！ ")
                break
        else :
            myfalsenum = myfalsenum +1
            mycanvas.create_text(300,10,tag="my2",text="失
败的次数是: %d"%myfalsenum)
            mycanvas.delete("my2")
            mycanvas.create_text(300,10,tag="my2",text="失
败的次数是: %d"%myfalsenum)
            if myfalsenum >= 10 :
                messagebox.showinfo("提示对话框","你已失败
10 次，游戏结束！ ")
                break
```

如何判断小球是否碰到挡板呢？判断小球落到挡板的垂直位置时，即落到 208~285 之间时，小球的 x 坐标是否在挡板的 x 坐标之间，代码是：

```
if  pos[3]>= 280 and pos[3]<=285 :
        if pos[2]>= x1 and pos[2]<=x1+70 :
```

如果满足条件，上球就向上移动，得分加 1，当得分超过 10 分时，弹出提示对话框，显示得 10，游戏结束。

如果小球落到挡板的垂直位置时，没有碰到挡板，直接落下来，失败次数加 1，当失败次数超过 10 分时，弹出提示对话框，显示 " 你已失败 10 次，游戏结束！ "。

单击菜单栏中的“Run/Run Module”命令或按下键盘上的“F5”，就可以运行程序代码，就可以玩弹球游戏，如图 16.16 所示。

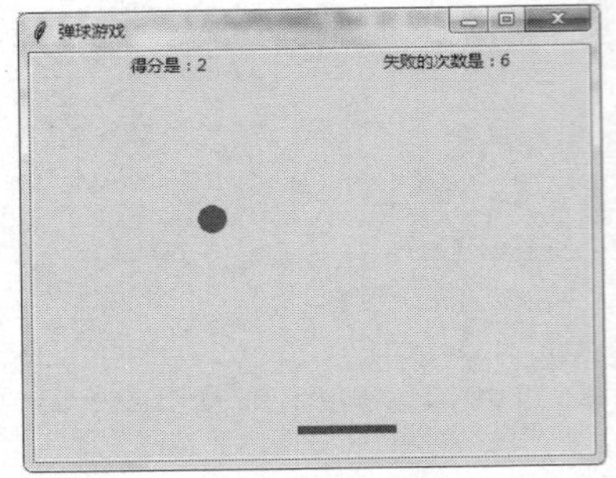

（a）弹球游戏得分情况

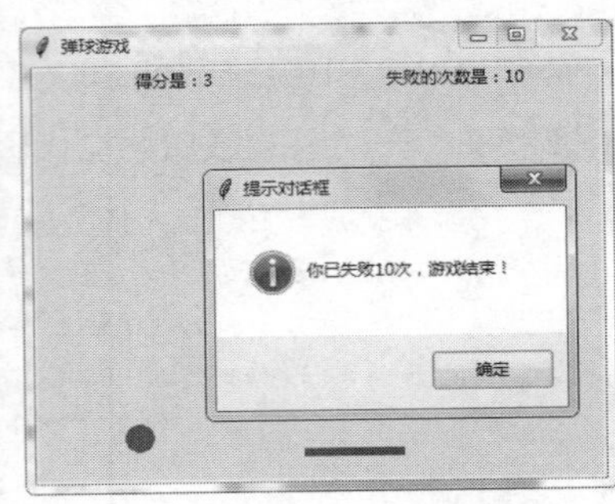

（b）失败 10 次提示对话框

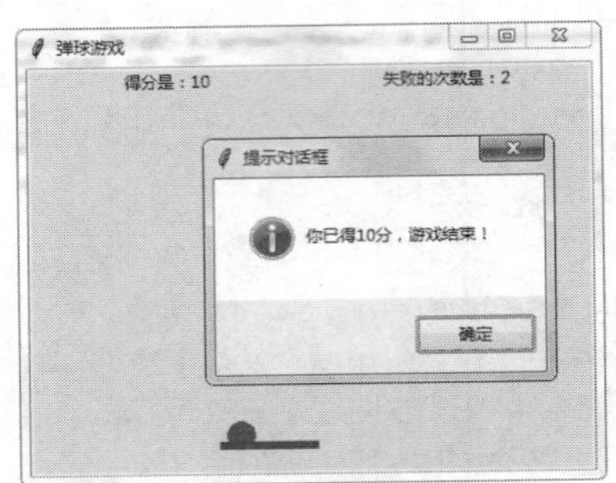

（c）得 10 分的提示对话框

● 图 16.16　弹球游戏

16.4　案例：雨滴动画效果

单击“开始”菜单，打开 Python 3.7.2 Shell 软件，然后单击菜单栏中的“File/New File”命令，创建一个 Python 文件，并命名为“Python16-4.py”，然后输入如下代码：

```
import numpy as np                    # 导入 numpy 库并重命名为 np
from matplotlib import pyplot as plt      # 从 matplotlib 库中导入 pyplot 模块并重命名为 plt
from matplotlib import animation          # 从 matplotlib 库中导入 animation 模块
```

```
myfig,ax = plt.subplots()                    # 定义图形对象
n = 50
size_min = 50
size_max = 50*50
P = np.random.uniform(0,1,(n,2))     # 随机产生一个二维数组，这些数值在 0~1 之间
S = np.linspace(size_min, size_max, 50)     # 产生 50 个分布数
# 绘制散点图
scat = ax.scatter(P[:,0], P[:,1], s=S, lw = 0.5,edgecolors="red", facecolors='None')
```

首先导入所需要模块，即 numpy、pyplot 和 animation，然后定义图形对象和数据。随后利用随机函数取在 0~1 之间的随机数，接着又产生分布数，利用这些随机数绘制散点图。绘制散点图的方法的语法格式如下：

```
scatter(x,y, s, alpha = 0.5,edgecolors, facecolors)
```

各参数意义如下：

x：散点的 x 坐标值。

y：散点的 y 坐标值。

s：散点的形状大小。

alpha：散点的透明度。

edgecolors：散点的边框颜色。

facecolors：散点的填充颜色。

如果要查看散点效果，可以在最后加 plt.show() 代码。单击菜单栏中的 "Run/Run Module" 命令或按下键盘上的 "F5"，就可以运行程序代码，效果如图 16.17 所示。

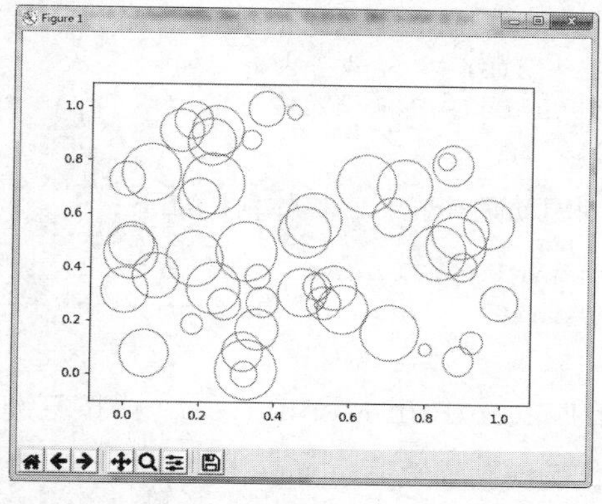

● 图 16.17　散点效果

下面移除坐标轴的标记，具体代码如下：

```
ax.set_xlim(0,1), ax.set_xticks([])
ax.set_ylim(0,1), ax.set_yticks([])
```

上述代码放在 plt.show() 代码前，然后单击菜单栏中的“Run/Run Module”命令或按下键盘上的“F5”，就可以运行程序代码，效果如图 16.18 所示。

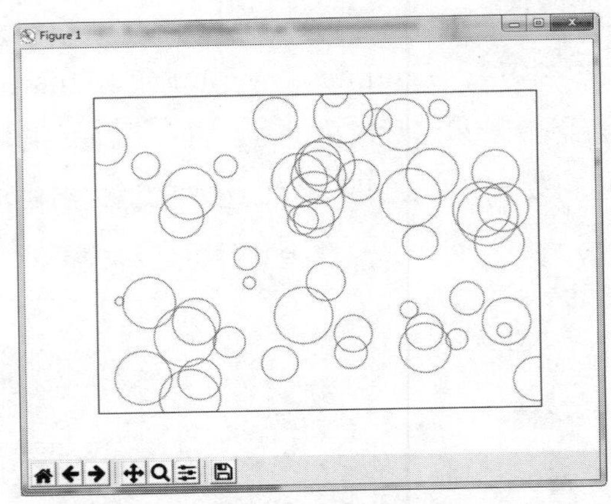

● 图 16.18　移除坐标轴的标记

接下来定义更新函数，具体代码如下：

```
def update(frame):
    global P, S
    S += (size_max - size_min) / n
    i = frame % 50
    P[i] = np.random.uniform(0,1,2)   # P[i] = P[i,:], 同时改变
x,y 两个位置的值
    S[i] = size_min       # 从最小的形状开始
    scat.set_sizes(S)     # 设置大小
    scat.set_offsets(P)   # 设置偏置
    return scat,
```

然后，就可以创建动画并显示，具体代码如下：

```
myani = animation.FuncAnimation(fig = myfig, func =
update,init_func=init , interval=1,frames =myframesdot )
plt.show()
```

单击菜单栏中的“Run/Run Module”命令或按下键盘上的“F5”，就可以运行程序代码，雨滴动画效果如图 16.19 所示。

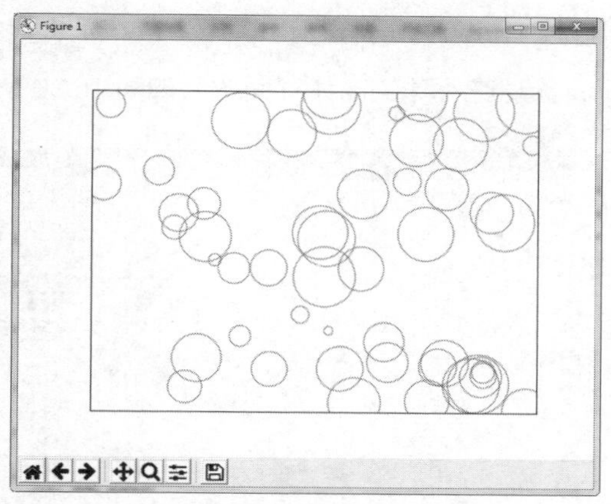

● 图 16.19 雨滴动画效果

16.5 案例：大球吃小球动画效果

单击“开始”菜单，打开 Python 3.7.2 Shell 软件，然后单击菜单栏中的“File/New File”命令，创建一个 Python 文件，并命名为“Python16-5.py”。

16.5.1 大球吃小球的窗体界面

下面添加代码，以实现大球吃小球的窗体界面。首先导入 pygame 库，然后创建窗本并设置标题，然后编写主循环，实现关闭按钮功能，最后填充背景色并更新窗体，具体代码如下：

```
import  pygame
pygame.init()
myscreen = pygame.display.set_mode((600,400))
pygame.display.set_caption(" 大球吃小球动画效果 ")
while True:
    for event in pygame.event.get():
        if event.type == pygame.QUIT :
            exit()
    myscreen.fill((255,255,255))
    pygame.display.update()
```

单击菜单栏中的“Run/Run Module”命令或按下键盘上的“F5”，就可以运行程序代码，大球吃小球的窗体界面效果如图 16.20 所示。

● 图 16.20　大球吃小球的窗体界面

16.5.2　显示三个随机颜色的运动小球

这里是利用列表来存储运动小球的数据信息。但需要注意的是，在列表中嵌套了字典。

在 while 主循环前，添加如下代码：

```
#定义一个列表，但该列表中嵌套字典，用来保存多个球
#每个球要保存：半径，圆心坐标，颜色，X的速度 Y的速度
myall_balls = [
        {
            'r':random.randint(5,15),
             'pos':(50,50),
             'color':(mycolor()),
            'x_speed': random.randint(-1, 1),
            'y_speed': random.randint(-1, 1),
            'live':True
        },
        {
            'r': random.randint(5, 15),
            'pos': (100, 100),
            'color': (mycolor()),
            'x_speed': random.randint(-1, 1),
            'y_speed': random.randint(-1, 1),
            'live': True
        },
```

```
            {
                'r': random.randint(10, 15),
                'pos': (450, 200),
                'color': (mycolor()),
                'x_speed': random.randint(-1, 1),
                'y_speed': random.randint(-1, 1),
                'live': True
            }
        ]
```

需要注意的是，这里调用了 mycolor() 函数，该函数的功能是产生随机颜色。另外，这里需要调用随机函数，所以导入随机函数及 mycolor() 函数代码如下：

```
import  random
# 产生随机颜色函数
def mycolor():
        return  random.randint(0,255),random.randint(0,255),
random.randint(0,255)
```

上述代码放在 import pygame 后面。

接下来让三个随机颜色的小球显示在窗体上并运动，具体代码如下：

```
# 利用 for 循环列表 myall_balls 中的所有小球，最初只有三个小球
    for ball in myall_balls:
        # 取出球原来的位置（x 坐标和 y 坐标）、x 方向的速度和 y 方向的
速度
        x,y = ball['pos']
        x_speed = ball['x_speed']
        y_speed = ball['y_speed']
        # 如果碰到右边框，x 方向的速度反方向运行
        if x + ball['r'] >= 600:
            x_speed *= -1
        # 如果碰到左边框，x 方向的速度也反方向运行
        if x-ball['r'] <= 0:
            x_speed *= -1
        # 如果碰到上边框，y 方向的速度也反方向运行
        if y+ball['r'] >= 400:
            y_speed *= -1
        # 如果碰到下边框，y 方向的速度也反方向运行
        if y-ball['r'] <= 0:
            y_speed *= -1
        # 设置 x 和 y 坐标
        x += x_speed
        y += y_speed
        # 绘制圆球
```

```
            pygame.draw.circle(myscreen,ball['color'],(x,y),
ball['r'])
            # 更新球的坐标，让三个小球动起来
            ball['pos'] = x,y
            ball['x_speed'] = x_speed
            ball['y_speed'] = y_speed
```

注意上述代码在 myscreen.fill((255,255,255)) 代码后面。

单击菜单栏中的“Run/Run Module”命令或按下键盘上的“F5”，就可以运行程序代码，就可以看到三个小球来回运动效果，如图 16.21 所示。

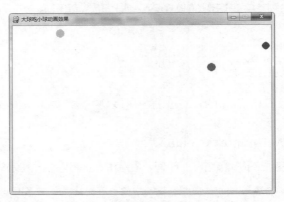

● 图 16.21　三个小球来回运动效果

16.5.3　当小球相碰时大球吃小球

接下来实现当小球相碰时大球吃小球，具体代码如下：

```
# 利用 for 循环继续判断
            for ball1 in myall_balls:
                if myall_balls.index(ball) == myall_balls.index
(ball1):
                    pass
                else:
                    # 取出另一球的 x 和 y 值
                    other_x,other_y = ball1['pos']
                    #dx 为两个球之间的水平距离
                    dx = x-other_x
                    #dy 为两个球之间的垂直距离
                    dy = y-other_y
                   # 变量 distance 为水平距离的平方加上垂直距离的平方后，
再开方的值
                    distance =math.sqrt(dx ** 2+dy ** 2)
```

```
            # 如果变量 distance 的值小于两个球的半径和
            if distance < ball['r'] + ball1['r']:
                if ball['r'] >ball1['r']:
                    # 大球吃掉小球
                      ball['r'] = int(ball['r'] + ball1
['r']/5)
                    # 删除小球
                    myall_balls.remove(ball1)
```

上述代码放在 ball[‘y_speed’] = y_speed 后面。

需要注意的是，这里使用了 sqrt() 函数，该函数在 math 模块中，所以要导入该模块，具体代码如下：

```
import  math
```

上述代码放在 import random 后面。

单击菜单栏中的“Run/Run Module”命令或按下键盘上的“F5”，就可以运行程序代码，就可以看到当两个小球相碰时，大球就吃掉小球，如图 16.22 所示。

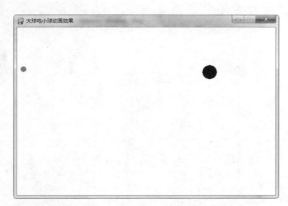

● 图 16.22 当小球相碰时大球吃掉小球

注意界面中的三个小球，变成两个小球了，即一个小球吃掉了另一个小球。

16.5.4 单击增加一个随机颜色的小球

动画界面中，小球越多越有意思，下面来通过单击增加随机颜色的小球，具体代码如下：

```
for event in pygame.event.get():
        if event.type == pygame.QUIT :
```

```
            exit()
        if event.type == pygame.MOUSEBUTTONDOWN:
            if event.button == 1 :
                # 单击增加一个随机颜色的小球
                ball = {
                    'r': random.randint(5, 15),
                    'pos': event.pos,
                        'color': (random.randint(0, 255),
random.randint(0, 255), random.randint(0, 255)),
                    'x_speed': random.randint(-1, 1),
                    'y_speed': random.randint(-1, 1),
                    'live': True
                    }
                # 保存球
                myall_balls.append(ball)
```

单击菜单栏中的“Run/Run Module”命令或按下键盘上的“F5”，就可以运行程序代码，单击就会增加小球，当小球相碰时，大球吃小球，如图 16.23 所示。

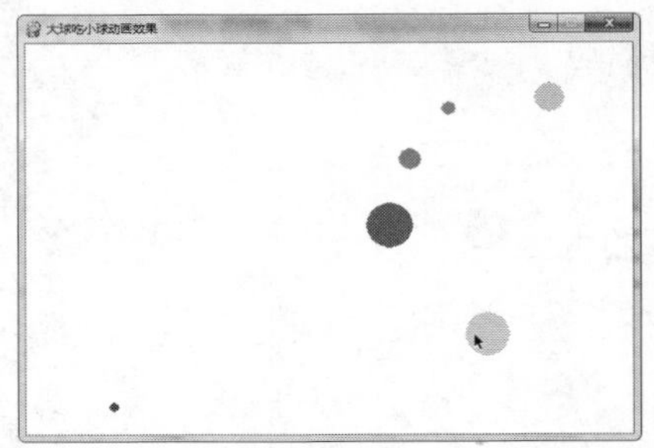

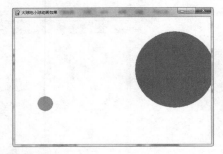

● 图 16.23　大球吃小球增加小球效果

读者意见反馈表

亲爱的读者：

感谢您对中国铁道出版社有限公司的支持，您的建议是我们不断改进工作的信息来源，您的需求是我们不断开拓创新的基础。为了更好地服务读者，出版更多的精品图书，希望您能在百忙之中抽出时间填写这份意见反馈表发给我们。随书纸制表格请在填好后剪下寄到：北京市西城区右安门西街8号中国铁道出版社有限公司大众出版中心 张亚慧 收（邮编：100054）。或者采用传真（010-63549458）方式发送。此外，读者也可以直接通过电子邮件把意见反馈给我们，E-mail地址是：lampard@vip.163.com。我们将选出意见中肯的热心读者，赠送本社的其他图书作为奖励。同时，我们将充分考虑您的意见和建议，并尽可能地给您满意的答复。谢谢！

所购书名：____________________

个人资料：

姓名：__________ 性别：______ 年龄：______ 文化程度：________

职业：____________ 电话：__________ E-mail：________

通信地址：____________________ 邮编：________

您是如何得知本书的：

□书店宣传 □网络宣传 □展会促销 □出版社图书目录 □老师指定 □杂志、报纸等的介绍 □别人推荐

□其他（请指明）____________________

您从何处得到本书的：

□书店 □邮购 □商场、超市等卖场 □图书销售的网站 □培训学校 □其他

影响您购买本书的因素（可多选）：

□内容实用 □价格合理 □装帧设计精美 □带多媒体教学光盘 □优惠促销 □书评广告 □出版社知名度

□作者名气 □工作、生活和学习的需要 □其他

您对本书封面设计的满意程度：

□很满意 □比较满意 □一般 □不满意 □改进建议

您对本书的总体满意程度：

从文字的角度 □很满意 □比较满意 □一般 □不满意

从技术的角度 □很满意 □比较满意 □一般 □不满意

您希望书中图的比例是多少：

□少量的图片辅以大量的文字 □图文比例相当 □大量的图片辅以少量的文字

您希望本书的定价是多少：

本书最令您满意的是：

1.

2.

您在使用本书时遇到哪些困难：

1.

2.

您希望本书在哪些方面进行改进：

1.

2.

您需要购买哪些方面的图书？对我社现有图书有什么好的建议？

您更喜欢阅读哪些类型和层次的理财类书籍（可多选）？

□入门类 □精通类 □综合类 □问答类 □图解类 □查询手册类

您在学习计算机的过程中有什么困难？

您的其他要求：